国防科技图书出版基金

空时分组码识别理论与技术

Theory and Technology of Recognition for Space – Time Block Code

张立民　闫文君　凌　青　钟兆根　著

国防工業出版社

·北京·

图书在版编目(CIP)数据

空时分组码识别理论与技术 / 张立民等著. — 北京:
国防工业出版社, 2022.1
ISBN 978-7-118-12311-1

Ⅰ. ①空… Ⅱ. ①张… Ⅲ. ①分组码 Ⅳ.
①O157.4

中国版本图书馆 CIP 数据核字(2021)第 173320 号

※

国防工業出版社 出版发行
(北京市海淀区紫竹院南路 23 号 邮政编码 100048)
三河市腾飞印务有限公司印刷
新华书店经售

*

开本 710×1000 1/16 **印张** 14 **字数** 232 千字
2022 年 1 月第 1 版第 1 次印刷 **印数** 1—2000 册 **定价** 108.00 元

国防书店:(010)88540777 书店传真:(010)88540776
发行业务:(010)88540717 发行传真:(010)88540762

致　读　者

本书由中央军委装备发展部国防科技图书出版基金资助出版。

为了促进国防科技和武器装备发展，加强社会主义物质文明和精神文明建设，培养优秀科技人才，确保国防科技优秀图书的出版，原国防科工委于1988年初决定每年拨出专款，设立国防科技图书出版基金，成立评审委员会，扶持、审定出版国防科技优秀图书。这是一项具有深远意义的创举。

国防科技图书出版基金资助的对象是：

1. 在国防科学技术领域中，学术水平高，内容有创见，在学科上居领先地位的基础科学理论图书；在工程技术理论方面有突破的应用科学专著。

2. 学术思想新颖，内容具体、实用，对国防科技和武器装备发展具有较大推动作用的专著；密切结合国防现代化和武器装备现代化需要的高新技术内容的专著。

3. 有重要发展前景和有重大开拓使用价值，密切结合国防现代化和武器装备现代化需要的新工艺、新材料内容的专著。

4. 填补目前我国科技领域空白并具有军事应用前景的薄弱学科和边缘学科的科技图书。

国防科技图书出版基金评审委员会在中央军委装备发展部的领导下开展工作，负责掌握出版基金的使用方向，评审受理的图书选题，决定资助的图书选题和资助金额，以及决定中断或取消资助等。经评审给予资助的图书，由中央军委装备发展部国防工业出版社出版发行。

国防科技和武器装备发展已经取得了举世瞩目的成就，国防科技图书承担着记载和弘扬这些成就，积累和传播科技知识的使命。开展好评审工作，使有限的基金发挥出巨大的效能，需要不断摸索、认真总结和及时改进，更需要国防科技和武器装备建设战线广大科技工作者、专家、教授，以及社会各界朋友的热情支持。

让我们携起手来，为祖国昌盛、科技腾飞、出版繁荣而共同奋斗！

国防科技图书出版基金
评审委员会

国防科技图书出版基金
2019 年度评审委员会组成人员

序

空时分组码于 1999 年由 Alamouti 提出，是一种基于分集思想的编码方式。它在空间域和时间域两维上对信号进行编码，能够有效地克服传统多输入多输出（MIMO）系统中的多径衰落，在不牺牲带宽的前提下提供最大的分集增益和较大的编码增益。当前，空时编码技术已在 IEEE802.16e 和 IEEE802.11n 中被定义为 5G 无线通信系统的重要组成部分，并广泛应用于 CDMA2000、宽带码分多址（WCDMA）、无线局域网（WLAN）等无线通信系统中。

进行空时分组码识别的必要性：首先，空时分组码识别分析主要用于非合作的通信侦察领域。特别是军事领域中，被侦察方的通信参数（编码方式、编码参数等）是很难预先获得的，通常需要对信道编码方式进行分析。因此，信道编码识别是通信侦察领域一项重要的工作。正确的信道编码识别分析对于实施灵巧的通信干扰，特别是网络攻击具有非常重要的意义。

其次，认知无线电的蓬勃发展给无线通信带来无限可能。在认知无线电中，通信体制、通信方式和通信参数是不断变化的，如何智能选择合适的通信体制、通信方式和通信参数是认知无线电需要解决的关键问题，因此接收方必须能够正确地对接收信号进行识别分析，以选择最优的传输方案。

作者长期致力于信道编码识别算法的研究，取得了一系列成果，对于信道编码技术有着深入的了解和前沿的探索。本书是第一本介绍空时分组码识别技术的著作，不仅汇集了空时分组码识别的经典方法，融入了作者的科研成果，而且反映了现阶段该技术的最新进展。本书中对于空时分组码识别特征提取、相关特性使用等问题都有着新颖而富有启发性的见解，对于其他信号识别具有借鉴意义。本书内容进一步完善了通信侦察技术领域的理论体系，对通信和信号处理专业本科生、研究生及相关从业人员具有很好的参考价值。

2020 年 12 月

前言

空时分组码(STBC)是 MIMO 通信系统中最常见的一种编码技术,它能够提供较高的分集增益,缓解无线信道中由于多径衰落造成的性能下降。STBC 信号采用的线性编码方式能够为接收机提供最大的分集增益,同时也为 STBC 信号识别提供了可能。在非合作 MIMO 通信中,STBC 信号识别能够为后续的解调、解码提供先验信息。因此,STBC 信号识别技术是非合作条件下 MIMO 通信的重要研究内容。

STBC 信号最早是在 1999 年 Alamouti 发表的论文中提起的,经过 20 余年的迅速发展,国内外关于 STBC 信号编码、译码的技术已经相当成熟,但是到目前为止,还没有一本专著专门讨论 STBC 信号识别问题,国内的文献也相对较少。鉴于此,我们在总结国内外优秀文献的基础上,加入了我们团队研究的最新成果,对 STBC 信号识别技术进行了系统的讨论和总结。本书的目的在于对 MIMO - STBC 通信系统的识别技术进行系统的归纳,希望能够帮助读者理解和掌握其中的关键技术。

本书适用于对 STBC 编码信号感兴趣,并有一定的编码研究基础的专业研究人员;同时也可供相关专业研究生参考。本书不再详细介绍具体的 STBC 信号编码原理,主要侧重于它的识别技术。本书尽量用灵活通用的方式介绍概念、模型和算法,以便读者更好地理解,并在具体的应用中采用。

全书分为 7 章,除第 1 章和第 7 章外,其余各章都是首先介绍 STBC 信号识别技术原理,然后讨论具体的算法及其适用范围。

第 1 章简要介绍了 STBC 编码方式,以及 STBC 识别技术的研究历史和主流方法,阐述了 STBC 技术背景、现有的算法以及发展趋势。

第 2 章讨论了基于最大似然法的 STBC 信号识别方法,介绍了最大似然法的基本原理、优缺点及适用范围。

第 3 章讨论了相关矩阵法基本原理,其中相关矩阵又分为二阶矩阵和四阶矩阵,二阶矩阵一般适用于多接收天线的 STBC 通信系统,四阶矩阵一般适用于单接收天线的 STBC 通信系统。

第 4 章讨论了基于谱的识别算法原理,其中谱分为二阶谱和四阶谱,又包括循环谱和频谱,具体介绍基于循环谱与频谱的识别算法的基本原理,并且总结了其优缺点和适用范围。

第5章讨论了STBC-OFDM信号的识别算法，其中主流方法分为基于FOLP的方法、基于K-S检测的方法、基于循环谱的方法和相关方程的方法，具体介绍了算法的基本原理，并且总结了其优缺点和适用范围。

第6章讨论了STBC信号的调制识别算法，重点讨论了基于四阶累积量的STBC信号识别算法和STBC-OFDM信号识别算法，具体介绍了算法的基本原理，并且总结了其优缺点和适用范围。

第7章讨论了空频分组码(SFBC)信号识别，重点介绍了空频分组码的编码方式以及识别算法，并详细介绍了算法原理和实验结果。

各章中用于STBC编码的识别分析方法均经过我们仿真验证通过，很多是我们团队最新的研究成果。

由于STBC信号识别技术处于通信的前沿领域，这就决定了STBC识别技术也必须不断地发展和完善，与时俱进。由于能力和水平有限，书中或多或少地会出现一些错误，诚挚邀请相关领域的研究人员批评与指正。

著者

2020.12

目录

CONTENTS

第1章 绪论

1.1 空时分组码

1.1.1 空时分集

无线通信一个重要的研究领域是提高数据传输的可靠性,其中非常具有前景的技术是多输入多输出(Multiple – Input Multiple – Output,MIMO)技术和空时编码(Space – Time Code,STC)技术[1-5]。空时编码技术能够充分利用MIMO通信系统信道容量,线性空时分组码(Space – Time Block Code,STBC)是空时编码中最主要的编码方式,包括线性离散码[6]、正交空时分组码[7-8]和准正交空时分组码[9]。MIMO – STBC 通信系统已经在 IEEE802.16e 和 IEEE802.11n 中被定义为5G 无线通信系统中重要的组成部分。本书涉及的空时分组码识别技术主要是指正交的空时分组码(简称空时分组码)。

空时分组码是一种基于 MIMO 通信系统中的编码技术,它基于分集技术,能够有效克服多径衰落现象。无线通信系统中影响通信质量的一个重要因素是时变的多径衰落,而克服多径衰落的重点和难点是在多径衰落信道中减小误码率或提高接收信号质量[10]。理论上,减小时变多径衰落最好的办法是功率控制。接收机接收到信号后,将信道信息反馈给发射机,发射机接收到信道信息后对发射信号进行校正,以保证接收机接收到正确的信号,这就需要提高发射机发射功率。然而在实际操作中,由于发射机功率的限制和发射设备的成本问题,发射机不能无限制地提高发射功率。另外,由于信道信息未知,接收机需要估计信道信息并反馈给发射机,这无疑降低了无线通信系统传输的效率。在反馈机制存在的同时也增加了接收端和发射端设备的复杂度,实际使用比较困难。解决这一问题的有效途径是分集技术,其基本原理是将复杂多变的瑞利信道转化为稳定可靠的高斯信道。时间分集与频率分集在时间交织和纠错编码上能够在一定程度改善通信系统性能,同样的技术还有扩频技术。但当信道变化,相干带宽大于信道扩展带宽时，扩频技术效果不是很理想。天线分集技术是一种有效地减少多径衰落影响的技术。通过在发射机和接收机使用多个天线，并在接收机进行接收合并，能够一定程度上克服多径衰落的影响，同时提高传输信号的质量。

天线分集又分为接收分集和发射分集，接收分集是在接收端采用多天线获得较大的性能增益。使用接收分集同样存在发射功率和成本的问题，无论是发射机还是接收机，天线的增多会增加发射或接收设备的功率和成本；然而单纯在发射基站增加发射天线数从而得到发射增益这一方案则是非常有益的，发射机增加的天线可以改善整个小区的通信质量且不需要增加用户接收的成本，它不需要在接收机估计信道信息，不需要增加反馈机制，这无论对于通信运营商还是用户都是乐于接受的。无论是民用接收设备还是军用接收设备，越小的接收设备越有利于推广应用，特别是在军事通信应用上，现代化的单兵作战要求更加简单明快的通信设备和手段。增加基站的复杂度、减少接收机复杂度是今后无线通信系统设计的最基本的要求。

空时分组码利用多个发射天线在各时间周期内的时域和空域的相关性进行编码，在不牺牲带宽的情况下提供最大的分集增益和较大编码增益，是一种能够提高译码性能、传输速率和无线通信系统容量的有效编码方式。1999 年，Alamouti[7]提出了一种两个发射天线的空时分组码（简单的发射分集技术），Tarokh[8]等在其基础上，基于正交理论概括总结后提出正交空时分组码技术。STBC 将输入符号分组映射到空域和时域，产生正交序列，并通过不同的发射天线进行传输。

对于空时分组码，核心的评价标准是提供发射分集、编码码元发射率以及发射时隙的多少。发射天线的分集度取决于空时编码矩阵的设计方案，如要完全分集，则至少保证编码矩阵是满秩的。如果配置了多个接收天线，则总的分集度是发射天线数量与接收天线数量的乘积。码元发射率是每单位码元周期内的发射码元的个数。发射时隙是空时编码的长度，即码元周期。设计空时编码最一般的目的是在保持全分集发射的情况下，使码元发射率（速率）最大且发射时隙最小。

1.1.2 最大比接收合并

最大比接收合并（Maximal Ratio Receive Combining, MRRC）是基于接收分集的思想，两分支接收分集如图 1－1[7]所示。在给定时间周期内，信号 s_0 由发射天线发射，信道系数建模为复乘性干扰，由幅度响应和相位响应组成，发射天线和接收天线 0 之间的信道定义为 h_0，发射天线和接收天线 1 之间的信道定义

为 h_1，分别为

$$h_0 = \alpha_0 e^{j\theta_0} \tag{1-1}$$

$$h_1 = \alpha_1 e^{j\theta_1} \tag{1-2}$$

考虑接收端的噪声和干扰，接收基带信号定义为

$$r_0 = h_0 s_0 + n_0 \tag{1-3}$$

$$r_1 = h_1 s_0 + n_1 \tag{1-4}$$

式中：n_0、n_1 分别为复噪声和干扰。

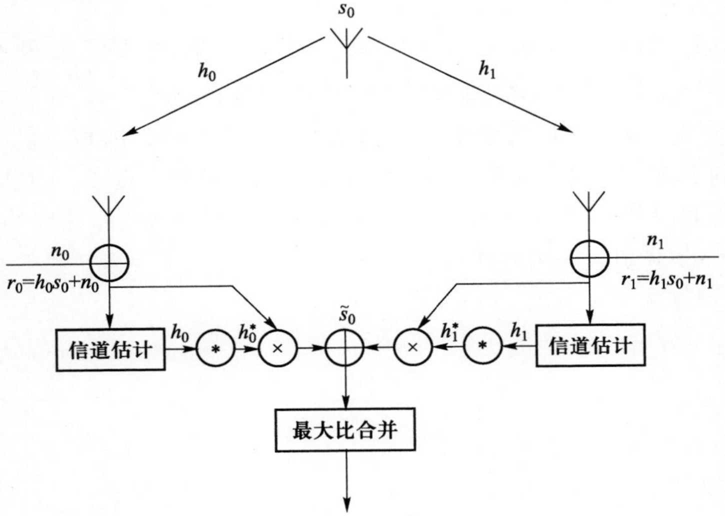

图 1-1 MRRC 框图

假定 n_0 和 n_1 是高斯分布，最大似然比的准则是：选择信号 s_i 当且仅当式(1-5)成立：

$$d^2(r_0;h_0s_i) + d^2(r_1;h_1s_i) \leqslant d^2(r_0;h_0s_k) + d^2(r_1;h_1s_k),\ \forall i \neq k \tag{1-5}$$

式中：$d^2(x,y)$ 为 x 和 y 平方欧几里得距离，且有

$$d^2(x,y) = (x-y)(x^*-y^*) \tag{1-6}$$

给定 r_0 和 r_1，采用线性合并算法恢复 $\tilde{s}_0$：

$$\tilde{s}_0 = w_0 r_0 + w_1 r_1 = (w_0 h_0 + w_1 h_1)s_0 + w_0 n_0 + w_1 n_1 \tag{1-7}$$

式中：w_0、w_1 为权系数。

$\tilde{s}_0$信噪比为

$$\mathrm{SNR}=\frac{|w_0h_0+w_1h_1|^2\times \mathrm{E}[\,|s|^2]}{(|w_0|^2+|w_1|^2)\sigma^2} \tag{1-8}$$

式中:σ^2 为噪声功率。

通过选择合适的 w_0 和 w_1 最大化 SNR,采用柯西 - 施瓦兹不等式,由式(1 - 8)可得

$$\mathrm{SNR}=\frac{|w_0h_0+w_1h_1|^2\times \mathrm{E}[\,|s|^2]}{(|w_0|^2+|w_1|^2)\sigma^2}\leqslant\frac{|h_0|^2+|h_1|^2}{\sigma^2}\times \mathrm{E}[\,|s|^2] \tag{1-9}$$

当且仅当 $w_i=h_i^*,i=0,1$ 时等号成立。

由式(1 - 9)可见,SNR 与 $|h_0|^2+|h_1|^2$ 成正比,因此,即使 h_0 和 h_1 某一个为 0,也可以从 $\tilde{s}$ 检测出 s。如果衰落服从瑞利分布,$|h_0|^2+|h_1|^2$ 服从 χ^2 分布,而且 $\mathrm{SNR}_a\to\infty$(SNR_a 为信道平均信噪比),s 检测错误的概率随 SNR_a^{-2} 衰减,而瑞利衰落单天线收发系统中检测错误概率随 SNR_a^{-1} 衰减。如果误码率与 SNR 关系曲线用双对数坐标表示,系统的分集阶数就是误码率曲线的斜率。假定 w_0 和 w_1 依据最优准则选择,分集阶数为 2。

对于两分支 MRRC,接收信号表示为

$$\tilde{s}_0=h_0^*r_0+h_1^*r_1=h_0^*(h_0s_0+n_0)+h_1^*(h_1s_0+n_1)=(\alpha_0^2+\alpha_1^2)s_0+h_0^*n_0+h_1^*n_1 \tag{1-10}$$

因此,当且仅当下式成立时选择 s_i:

$$(\alpha_0^2+\alpha_1^2-1)\,|s_i|^2+d^2(\tilde{s}_0,s_i)\leqslant(\alpha_0^2+\alpha_1^2-1)\,|s_k|^2+d^2(\tilde{s}_0,s_k),\ \forall\, i\neq k \tag{1-11}$$

对于 PSK 信号,$|s_k|^2=|s_i|^2=E_s$,E_s 为信号能量,式(1 - 11)可以简化,选择 s_i 当且仅当下式成立:

$$d^2(\tilde{s}_0,s_i)\leqslant d^2(\tilde{s}_0,s_k),\ \forall\, i\neq k \tag{1-12}$$

1.1.3 Alamouti 编码模型

1. 两个发射天线单接收天线通信系统

与 1.1.1 节对应的是发射分集,采用两个发射天线单接收天线通信系统。在某一时刻,发射信号为 s,加权系数分别为 w_0 和 w_1,接收信号为

$$y=h_0w_0s+h_1w_1s+n \tag{1-13}$$

式中:n 为噪声;h_0、h_1 为信道增益。

信噪比表示为

$$\mathrm{SNR} = \frac{|h_0 w_0 + h_1 w_1|^2}{\sigma^2} \times \mathrm{E}[|s|^2] \tag{1-14}$$

假设 w_0 和 w_1 不变,SNR 与 $|h_0|^2$($|h_1|^2$)具有相同的统计分布,但是如果权系数是变化的,与信道系数无关,发射分集不可能达到2。因此,在信道已知的情况下,且权系数 w_0 和 w_1 为 h_0 和 h_1 的函数,发射分集性能能达到 SNR_a^{-2} 一样的误码率;但是,如果不知道信道系数,就不能达到分集效果。为了达到分集效果,可以采用两个时间片发射信号,在第一个时间片仅第一个天线发射,在第二个时间片第二个天线发射:

$$y_0 = h_0 s + n \tag{1-15}$$

$$y_1 = h_1 s + n \tag{1-16}$$

其误码率与最大似然比合并一样,但是数据速率只有一半。

2. Alamouti 码

牺牲信息速率很容易达到发射分集,而空时分组码主要是解决信息速率最大化和误码率的矛盾,1999 年 Alamouti 基于发射分集思想提出了一种两个发射天线的空时分组码(简单的发射分集技术),命名为 Alamouti(AL)码,是最早的空时分组码之一。Alamouti[7]空时分组码两个发射分集方案采用两个发射天线和一个接收天线。当使用一个接收天线时,这种发射分集方案所获得的分集增益与使用一个发射天线、两个接收天线,接收机采用最大比合并的分集方案所获得分集增益相同。且 Alamouti 空时分组码方案很容易扩展到 N 个接收天线的情况,此时,空时分组码的分集增益为 $2N$。

Alamouti 提出的两个发射天线的分集技术如图 1-2 所示,信源发送的二进制比特首先进行调制。假设采用 M 进制的调制星座,有 $m = \log_2 M$。把从信源来的二进制信息比特每 m 个比特分为一组,对连续的两组比特进行星座映射,得到两个调制符号 s_0 和 s_1。然后把这两个符号送入编码器按照如下方式编码:

$$\boldsymbol{S} = \begin{bmatrix} s_0 & s_1 \\ -s_1^* & s_0^* \end{bmatrix}^{\mathrm{T}} \tag{1-17}$$

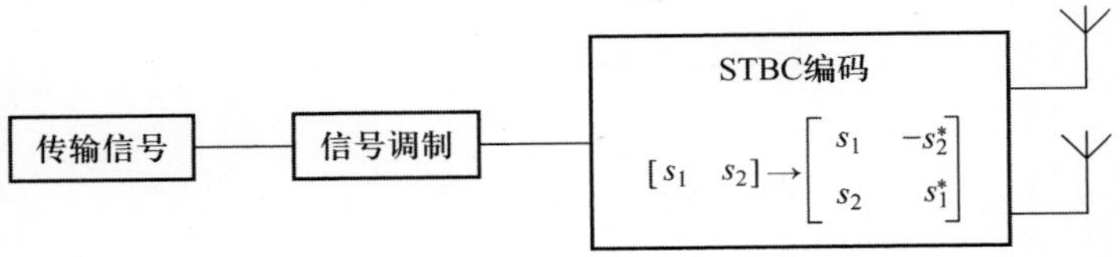

图 1-2 空时分组码编码结构

空时特性：编码后的符号分别从两个天线发射，第一个时刻发射 s_0 和 s_1，第二个时刻发射 $-s_1^*$ 和 s_0^*，从编码方式上可以看出，空时分组码同时从空域和时域上进行编码，因此称为空时码。

正交特性：Alamouti 空时分组码满足正交特性，其编码矩阵满足：

$$\boldsymbol{SS}^{\mathrm{H}}=\begin{bmatrix}|s_0|^2+|s_1|^2 & 0\\ 0 & |s_0|^2+|s_1|^2\end{bmatrix}=(|s_0|^2+|s_1|^2)\boldsymbol{I}_2 \quad (1-18)$$

即同一个符号内，从两个发射天线发射的信号满足正交性。其中 $\boldsymbol{S}^{\mathrm{H}}$ 表示信号的共轭转置。由于空时分组码具有正交特征，其识别和译码相对容易，这也是空时分组码得到广泛应用的原因。

图 1－3 是两个 Alamouti 空时分组码接收方案。在给定的符号周期，两个信号同时通过两个天线传输，来自天线 0 的信号定义为 s_0，来自天线 1 的信号定义为 s_1。在下一个符号周期，信号 $-s_1^*$ 通过天线 0 发射，信号 s_0^* 通过天线 1 发射，其中，“ * ”代表复共轭。在时间 t 的信道建模为复乘性干扰 $h_0(t)$ 和 $h_1(t)$，假设在两个连续的符号周期内，信道保持不变。因此：

$$\begin{cases}h_0(t)=h_0(t+T)=h_0=\alpha_0\mathrm{e}^{\mathrm{j}\theta_0}\\ h_1(t)=h_1(t+T)=h_1=\alpha_1\mathrm{e}^{\mathrm{j}\theta_1}\end{cases} \quad (1-19)$$

式中：T 为符号周期。

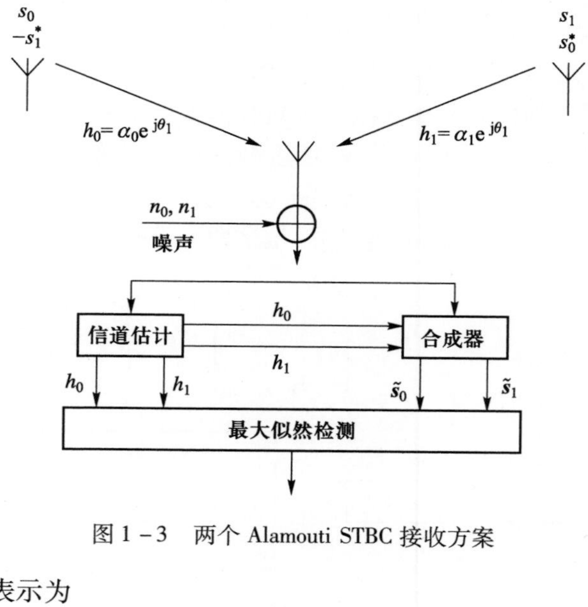

图 1－3 两个 Alamouti STBC 接收方案

接收信号表示为

$$\begin{cases} r_0 = r(t) = h_0 s_0 + h_1 s_1 + n_0 \\ r_1 = r(t+T) = -h_0 s_1^* + h_1 s_0^* + n_1 \end{cases} \tag{1-20}$$

式中：r_0、r_1 分别为时间 t 和时间 $t+T$ 的接收信号；n_0、n_1 为复随机变量，代表接收机的噪声和干扰。

如图 1-3 所示，两个合并的信号传输到最大似然检测器：

$$\begin{cases} \tilde{s}_0 = h_0^* r_0 + h_1 r_1^* \\ \tilde{s}_1 = h_1^* r_0 - h_0 r_1^* \end{cases} \tag{1-21}$$

把式(1-19)和式(1-20)代入式(1-21)，可得

$$\begin{cases} \tilde{s}_0 = (\alpha_0^2 + \alpha_1^2) s_0 + h_0^* n_0 + h_1 n_1^* \\ \tilde{s}_1 = (\alpha_0^2 + \alpha_1^2) s_1 - h_0 n_1^* + h_1^* n_0 \end{cases} \tag{1-22}$$

合并的信号传输到最大似然检测器，利用式(1-11)和式(1-12)对 $\tilde{s}_0$ 和 $\tilde{s}_1$ 进行判决。

3. 两个发射天线和 M 个接收天线

为了提高分集阶数，采用多个接收天线。为了给系统提供 $2M$ 的分集阶数，采用两个发射天线和 M 个接收天线。因此接收信号为

$$r_0 = h_0 s_0 + h_1 s_1 + n_0 \tag{1-23}$$

$$r_1 = -h_0 s_1^* + h_1 s_0^* + n_1 \tag{1-24}$$

$$r_2 = h_2 s_0 + h_3 s_1 + n_2 \tag{1-25}$$

$$r_3 = -h_2 s_1^* + h_3 s_0^* + n_3 \tag{1-26}$$

式中：n_0、n_1、n_2 和 n_3 为复高斯随机变量。

基于最大似然检测信号为

$$\tilde{s}_0 = h_0^* r_0 + h_1 r_1^* + h_2^* r_2 + h_3 r_3^* \tag{1-27}$$

$$\tilde{s}_1 = h_1^* r_0 - h_0 r_1^* + h_3^* r_2 - h_2 r_3^* \tag{1-28}$$

上式化简可得

$$\tilde{s}_0 = (\alpha_0^2 + \alpha_1^2 + \alpha_2^2 + \alpha_3^2) s_0 + h_0^* n_0 + h_1 n_1^* + h_2^* n_2 + h_3 n_3^* \tag{1-29}$$

$$\tilde{s}_1 = (\alpha_0^2 + \alpha_1^2 + \alpha_2^2 + \alpha_3^2) s_1 - h_0 n_1^* + h_1^* n_0 - h_2 n_3^* + h_3^* n_2 \tag{1-30}$$

合并的信号通过最大比合并判决信号，选择 s_i 的准则为

$$(\alpha_0^2 + \alpha_1^2 + \alpha_2^2 + \alpha_3^2 - 1)|s_i|^2 + d^2(\tilde{s}_0, s_i) \leqslant (\alpha_0^2 + \alpha_1^2 + \alpha_2^2 + \alpha_3^2 - 1)|s_k|^2 + d^2(\tilde{s}_0, s_k) \tag{1-31}$$

对于 PSK 信号为

$$d^2(\tilde{s}_0,s_i)\leqslant d^2(\tilde{s}_0,s_k),\ \forall i\neq k \tag{1-32}$$

同样,对于 s_1,判决准则为

$$(\alpha_0^2+\alpha_1^2+\alpha_2^2+\alpha_3^2-1)|s_i|^2+d^2(\tilde{s}_1,s_i)\leqslant(\alpha_0^2+\alpha_1^2+\alpha_2^2+\alpha_3^2-1)|s_k|^2+d^2(\tilde{s}_1,s_k) \tag{1-33}$$

对于 PSK 信号为

$$d^2(\tilde{s}_1,s_i)\leqslant d^2(\tilde{s}_1,s_k),\ \forall i\neq k \tag{1-34}$$

1.1.4 STBC 一般编码规则

1.1.3 节对 Alamouti 码编码规则做了详细介绍,AL 码是空时分组码编码基础,现在抽象到一般的 STBC 编码规则。将两个空时分组码扩展到多发射天线条件下,如图 1-4 所示[11],其中 n_t 为发射天线数量。

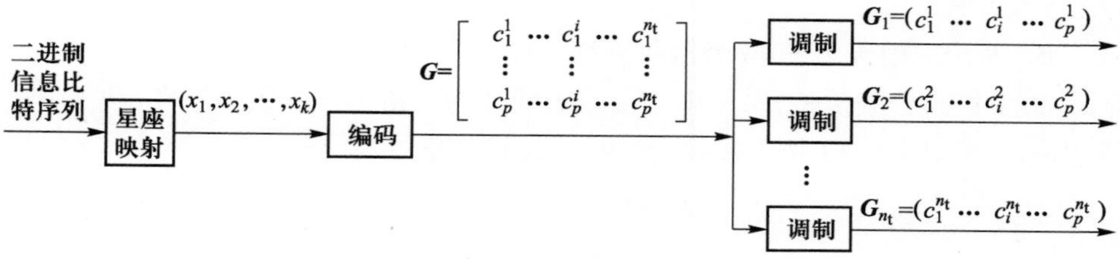

图 1-4 空时分组码编码器流程图

采用 M 进制调制,用 S 表示星座集合。每 $m=\log M_2$ 个比特映射一个星座点,即一个符号 x_i,来自信源的二进制信息每 km 个比特为一组进行调制后共可得到 k 个符号 $(x_1,x_2,\cdots,x_k)$;再把这 k 个符号送入空时分组编码器,根据编码矩阵进行编码,编码后的码矩阵分别从 n_t 个发射天线上同时发送到信道。

采用列正交编码矩阵 $\boldsymbol{G}$ 对 $(x_1,x_2,\cdots,x_k)$ 进行空时编码。其中 $c_p^i(i=1,2,\cdots,n_t;p=1,2,\cdots,P)$ 为 $(x_1,x_2,\cdots,x_k)$ 及其共轭的线性组合。经过编码矩阵后得到空时分组码矩阵,每个矩阵有 P 个时刻,并从 n_t 个发射天线同时发送。因此,空时分组码矩阵的各列符号是由同一副天线在不同时刻发送的。每个空时分组码矩阵有 k 个符号,累积占用了 P 个时刻,可定义空时分组码的码率为

$$R=k/P \tag{1-35}$$

它表示单位时间内平均发送的调制符号的个数。例如 AL 码的码率为 1。由于编码矩阵 $\boldsymbol{G}$ 正交,且 $c_p^i(i=1,2,\cdots,n_t;p=1,2,\cdots,P)$ 为 $(x_1,x_2,\cdots,x_k)$ 及其共轭的线性组合,则有

$$G^{H}G=\alpha(|x_1|^2+|x_2|^2+\cdots+|x_k|^2)I_{n_t} \tag{1-36}$$

式中:α 为常数,它与码率有关。

编码矩阵 G 的正交性使得对于一个给定发射天线数目的通信系统,可以获得满发射分集;此外,接收端接收到的不同发射天线的信号,可以通过简单的并行处理实现最大译码。AL 码是复发送矩阵中唯一的码率为 1 且满分集的空时分组码编码方案。

其他类型的空时分组码例如:

3×4 空时分组码编码矩阵为

$$G=\begin{bmatrix} s_1 & -s_2^* & s_3^* & 0 \\ s_2 & s_1^* & 0 & -s_3^* \\ s_3 & 0 & -s_1^* & s_2^* \end{bmatrix} \tag{1-37}$$

$$G=\begin{bmatrix} s_1 & 0 & s_2 & -s_3 \\ 0 & s_1 & s_3^* & s_2^* \\ -s_2^* & -s_3 & s_1^* & 0 \end{bmatrix} \tag{1-38}$$

3×8 空时分组码编码矩阵为

$$G=\begin{bmatrix} s_1 & -s_2 & -s_3 & -s_4 & s_1^* & -s_2^* & -s_3^* & -s_4^* \\ s_2 & s_1 & s_4 & -s_3 & s_2^* & s_1^* & s_4^* & -s_3^* \\ s_3 & -s_4 & s_1 & s_2 & s_3^* & -s_4^* & s_1^* & s_2^* \end{bmatrix} \tag{1-39}$$

1.1.5 本书研究的空时分组码

在本书剩余章节,无特殊说明的话,主要研究以下四种空时分组码。

考虑具有 n_t 个发射天线、n_r 个接收天线的无线通信系统,每组线性 STBC 码传输的符号数为 n,码矩阵中符号 $S=[s_1,s_2,\cdots,s_n]$,码矩阵长度为 L,定义生成的 $n_t\times L$ 维 STBC 矩阵为 $C_u^{STBC}(S_v)$,上标 STBC 表示码矩阵的类型,$C_u(S_v)$ 表示第 v 个传输块的第 u 列,其中 $0<u\leqslant L$。

(1) 空间复用(Spatial Multiplexing,SM,严格地说 SM 并非空时分组码):发射天线数 $n_t=j$,码矩阵长度 $L=1$,码矩阵中符号数 $n=j$,可得

$$C^{SM}(S)=[s_1,s_2,\cdots,s_j]^T \tag{1-40}$$

(2) Alamouti STBC(简称 AL):发射天线数 $n_t=2$,码矩阵长度 $L=2$,码矩阵中符号数 $n=2$,可得

$$C^{\mathrm{AL}}(\boldsymbol{S})=\begin{bmatrix} s_1 & -s_2^* \\ s_2 & s_1^* \end{bmatrix} \tag{1-41}$$

(3) STBC3：发射天线数 $n_t=3$，码矩阵长度 $L=4$，码矩阵中符号数 $n=3$，可得

$$C^{\mathrm{STBC3}}(\boldsymbol{S})=\begin{bmatrix} s_1 & 0 & s_2 & -s_3 \\ 0 & s_1 & s_3^* & s_2^* \\ -s_2^* & -s_3 & s_1^* & 0 \end{bmatrix} \tag{1-42}$$

(4) STBC4：发射天线数 $n_t=3$，码矩阵长度 $L=8$，码矩阵中符号数 $n=4$，可得

$$C^{\mathrm{STBC4}}(\boldsymbol{S})=\begin{bmatrix} s_1 & -s_2 & -s_3 & -s_4 & s_1^* & -s_2^* & -s_3^* & -s_4^* \\ s_2 & s_1 & s_4 & -s_3 & s_2^* & s_1^* & s_4^* & -s_3^* \\ s_3 & -s_4 & s_1 & s_2 & s_3^* & -s_4^* & s_1^* & s_2^* \end{bmatrix} \tag{1-43}$$

1.2 空时分组码识别技术

1.2.1 空时分组码识别的意义

在无线通信系统中，通信信号的识别是介于信号探测和信号解码的中间过程，是无线通信的一个重要的研究领域。随着通信行业的发展，通信参数识别问题广泛存在于民用和军用领域中。相关技术包括信号参数识别，如载波频偏、时延、带宽、调制方式、编码方式和载波数量等[12-17]，甚至在非合作条件下确定通信的协议或者标准。特别是在军事无线通信领域中，信号识别成为智能通信领域研究的主要组成部分，如信号侦察、无线电监测、干扰识别和电子战等[18]。

对于一个未知的信号，在截获信号后，一般要经过信号检测及参数估计、信道编码识别和协议分析，最终得到所需的情报信息，整个过程如图 1-5 所示。其中，信号检测及参数估计包括检测有无信号、估计信号载频等信号参数、多址方式分析和调制方式分析，信道编码识别和协议分析包括 Turbo 码分析、扰码分析和空时分组码分析等。信道编码作为中间一个必不可少的环节，为后续的信号处理提供相应的参数。而且，在非合作的电子侦察领域，如何从信息码流中正确识别出信道编码的类型及相关参数从而正确解码，是电子侦察从信号层跨

入信息层的第一步，对于电子对抗从信号战走向比特战具有重要意义。因此，对STBC识别技术分析是从信号层跨入信息层的一个飞跃。此外，信道编码识别技术的另一个可能应用领域是基于通信电台或通信系统所采用的信道编码方式的不同，实现对不同型号通信电台或通信系统个体的识别。

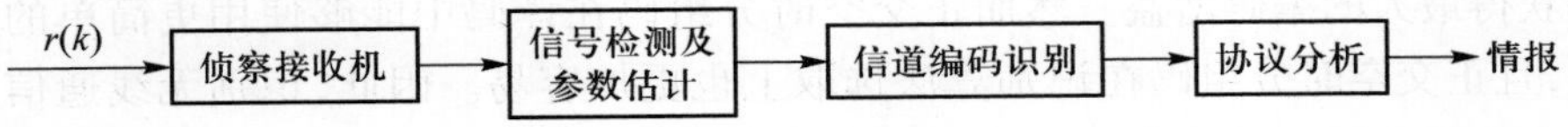

图1-5　信号识别内容

信号识别技术的发展经历了从单输入单输出（Single-Input Single-Output，SISO）和单输入多输出（Single-Input Multiple-Output，SIMO）系统到多输入多输出（MIMO）系统的过程。SISO和SIMO系统中信号识别类型可分为调制识别[19-21]、单载波（Single Carrier，SC）信号和正交频分复用（Orthogonal Frequency Division Multiplexing，OFDM）信号识别[22-24]、信源数量识别[25-27]等。随着MIMO技术的发展，新的问题出现在多发射天线系统中，包括MIMO系统发射天线数量的识别[28-31]、空时分组码的识别等。此外，部分SISO条件下适用的调制算法在MIMO条件下不再适用。

1.2.2　本书研究内容

本书主要讨论在具有空时分组码的无线通信系统中空时分组码识别的相关关键技术，包括空时分组码的类型识别、正交识别和调制识别。

空时分组码的类型识别（除特殊说明外，本书中的STBC识别均指类型识别）是本书最主要的研究内容。由上述可知，STBC类型识别是无线通信侦察中的一个重要过程，对解调和解码有着重要的影响，然而STBC的类型识别还是一个很少研究的领域。在STBC类型识别中，由于部分多接收天线条件下的算法不能适用于单接收天线条件下，其类型识别分为多天线条件下STBC识别问题和单天线条件下STBC识别问题。增加基站的复杂度，减少接收端复杂度是今后无线通信系统设计的最基本需求，单天线是多天线的极端情况。在某些特定场合，由于天线大小、造价、平台空间和战争中人为的破坏，往往只存在一个接收天线，如微小卫星平台的无线电监测等领域，以及星载自动识别系统（Automatic Identification System，AIS）信号的接收等[31-33]。同时，单兵装备设计的简易性也要求接收设备尽量简单，天线数量尽可能少。单天线识别比多天线识别更加复杂，主要原因：一是单接收天线条件下可以利用的样本数减少；二是部分多接收天线条件下接收信号的相关特性在单接收天线条件下不再适用。由于单接收天线条件下的算法同样适用于多接收天线条件下，因此单接收天线条件下 STBC 识别算法需要单独研究。此外,单载波和 OFDM 条件下空时分组码的识别略有不同,在本书中将分类讨论。

由前述内容可知,使用的空时分组码通常分为正交空时分组码和准正交空时分组码。正交空时分组码的传输能够获得满发射分集;准正交空时分组码能够获得最大的编码增益。然而正交空时分组码在译码中能够使用更简单的算法,且正交空时分组码在识别算法选取上也更加容易。因此,识别无线通信系统中空时分组码是否正交对空时分组码的识别和译码具有重要意义。本书所述的空时分组码调制识别和类型识别算法均建立在正交空时分组码的基础上,因此 STBC 的正交性识别也是一个重要内容。

具有空时分组码的无线通信信号的调制识别与普通信号的调制识别略有区别。一方面由于空时分组码的正交性,部分调制识别算法更加容易;另一方面空时分组码的特殊编码方式使得部分调制识别算法稍有不同。这也是一个重要研究内容。

1.2.3 空时分组码识别研究现状

空时分组码的识别技术分为 STBC 识别和正交性识别、调制识别、天线数量识别。其中,由于 STBC 识别的特殊性,还可分为单接收天线条件下 STBC 识别和多接收天线条件下 STBC 识别。由于识别出空时分组码的类型的同时也识别出了天线数量,因此天线数量识别技术的研究不再重要。本节重点针对 STBC 识别、正交性识别和调制识别进行研究。

1. STBC 识别

如图 1-6 所示,STBC 识别算法主要分为基于最大似然的识别算法[34]和基于特征参数(Feature - Based, FB)的识别算法两类[35-60]。基于最大似然的算法仅适用关于单载波条件下,基于特征参数的算法既有考虑单载波系统的[35-55]也有考虑 OFDM 系统的[56-60]。

STBC 识别算法最终归结为多维假设检验问题,且假设检验的维数与待识别的 STBC 类型的数量相同。基于最大似然的算法[34]的识别结果取决于特定的概率密度函数(Probability Density Function, PDF),其中 PDF 由接收信号的假设检验决定,通常用信道系数或噪声能量的函数来表示。对每个假设检验,接收信号的 PDF 可通过两种方式进行计算,然后采用最大似然比检验(Likelihood Ratio Test, LRT)进行判决。这两种方式是取未知参数的平均值或取未知参数的估计值。前者通常采用平均最大似然比检验(Average LRT, ALRT)算法,该算法提供了贝叶斯意义上的最优解,即使得平均正确识别概率最大;然而其算法复杂度较高,需要预先知道传输信号的传输参数,且对信号匹配程度较为敏感,如频偏和时延。次优的解决方案也是建立在 LB 基础上,降低了复杂度,但它同样对信号匹配程度较为敏感。

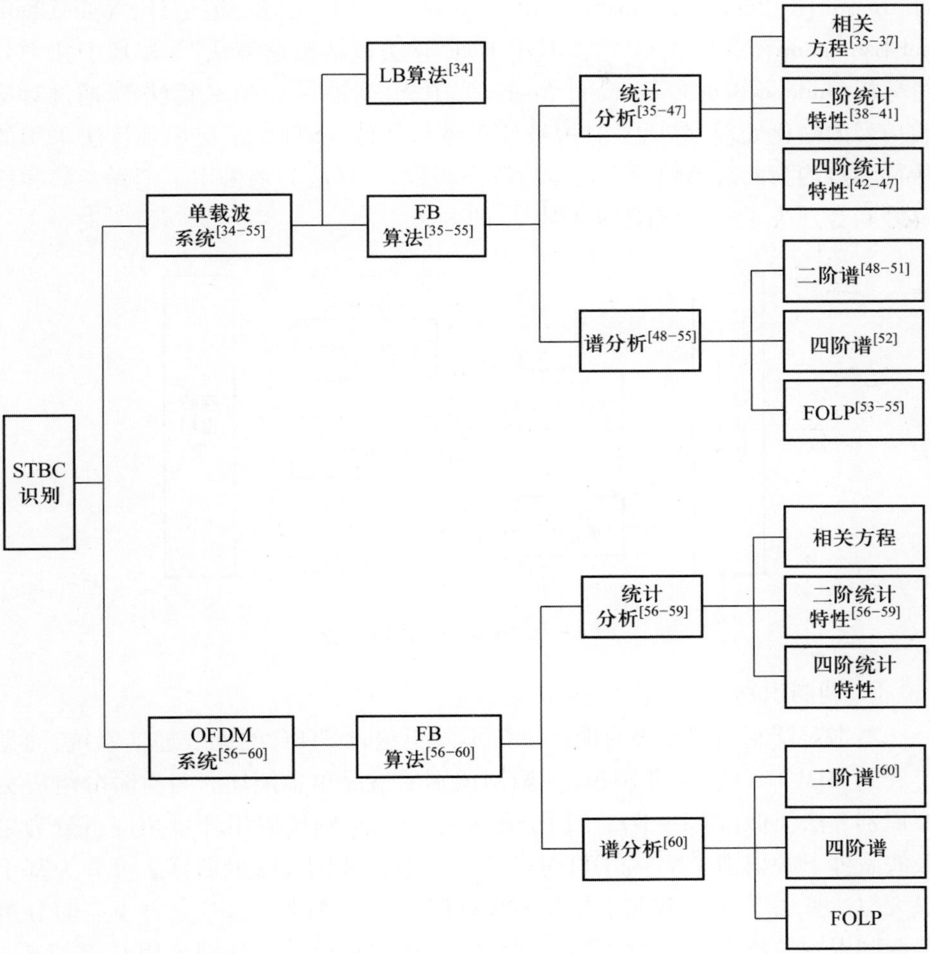

图 1-6 STBC 识别算法

2. 正交性识别

STBC 正交识别是空时分组码类型识别的前提条件,通过正交识别能确定传输信号是正交空时分组码还是准正交空时分组码或者非空时分组码。在正交空时分组码条件下和其他传输信号条件下的接收信号识别方法是不同的,许多学者利用正交空时分组码的正交特性提出了更简单的空时分组码类型识别算法,因此对 STBC 正交识别进行研究具有重要意义。

如图1－7所示，到目前为止，STBC正交识别均考虑单载波条件的情况，且均为基于特征参数的算法[61-63]，根据算法对信道信息的需求分为需要信道估计(Required Channel Estimation, RCE)算法[61-62]和无需信道估计(None Channel Estimation, NCE)算法[63]。其中RCE算法包括恒模算法[61]和基于独立分量分析(Independent Component Analysis, ICA)算法[62]。NCE算法[63]通过对接收信号的白化处理，避免了对信号信息进行估计。STBC正交识别算法采用的特征参数均为四阶累积量。在检验特征参数时，算法分别采用了消噪参数和稀疏度联合判决[61-62]及自定义判决[63]的方法。

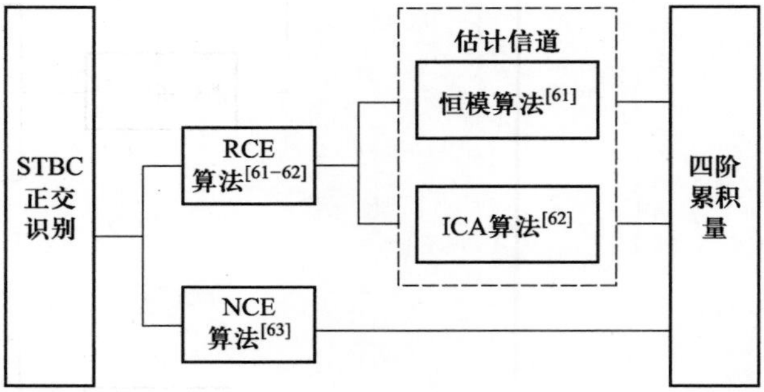

图1－7　STBC正交识别算法

3. 调制识别

本书对调制识别方法的现状分析不限于包含STBC的无线通信系统，而是扩展到MIMO系统，并将STBC下调制识别的情况单独阐述。与空时分组码类型识别算法类似(图1－8)，空时分组码的调制识别按应用环境角度可分为单载波条件下的识别[64-77]和OFDM[78-80]条件下的识别，按识别算法可分为基于最大似然算法[64-69,78]和基于特征参数算法[70-80]。针对STBC条件下空时分组码调制识别的特点，钱国兵[64]、凌青[73]和M. Marey[77]等分别采用基于ALRT、四阶统计特性和二阶统计特性的方法进行了识别。

基于最大似然算法通过对接收信号的最大似然方程取最大值的方式进行识别，通常接收端需要一些先验信息。基于特征参数的算法从接收信号中获取调制方式的特征参数估计值，并将估计值与不同调制方式对应的理论值进行比较，从而进行识别。到目前为止，通用条件下的调制识别算法较为丰富，针对具有STBC信号的特定算法较少[64,73,77]，本书将着重对具有STBC信号的调制识别进行讨论。

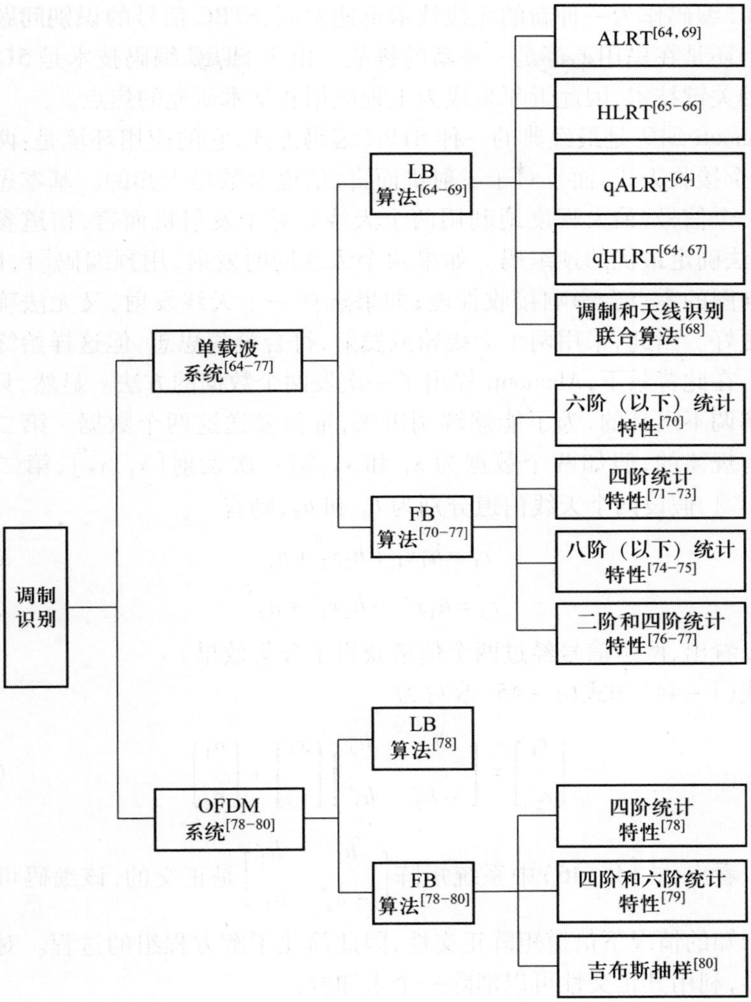

图1-8 调制识别算法

1.3 STBC技术的时代背景

STBC技术是由MIMO技术发展而来的，MIMO技术一般分为空间复用和分集两类。其中，空间复用技术同时发送多个数据流；分集技术只发送一个数据流，主要是用来缓解无线信道的不稳定衰落造成性能下降。本书介绍的STBC编码本质上是一种分集技术。

STBC 编码作为一种新的无线技术迅速发展,STBC 信号的识别问题无论是在军用上还是在民用上都是一种新的挑战。由于 STBC 编码技术是 5G 无线通信系统的关键技术,因此近年来成为工程应用和学术研究的焦点。

Alamouti 编码是最经典的一种 STBC 编码方式,它的应用环境是:两个发射天线,一个接收天线,而且对于发射机而言,信道参数是未知的。基本思想是一次发射一个信号,最大程度地利用两个天线。对于发射机而言,信道参数是未知的,无法确定最优的预编码。如果两个天线同时发射,用预编码[1,1],用户在其方向图的零点会影响接收性能;如果选择一个天线发射,又无法确定哪一个天线更好。因此,采用两个天线轮流发射,符合分集思想,但这样始终浪费一个天线。在此背景下,Alamouti 提出了一次发两个数据的方法。显然,只有一个天线是解调不出来的,为了能够解调出来,重新发送这两个数据。第二次发送数据是有规律的,假如两个数据为 x_1 和 x_2,第一次发射$[x_1,x_2]$,第二次发射$[x_2^*,-x_1^*]$,假设两个天线信道分别为 h_1 和 h_2,则有

$$r_1=h_1x_1+h_2x_2+n_1 \tag{1-44}$$

$$r_2=h_1x_2^*-h_2x_1^*+n_2 \tag{1-45}$$

可以看出,两个信号经过两个信道获得了分集效果。

把式(1-44)和式(1-45)改写为

$$\begin{bmatrix} r_1 \\ r_2^* \end{bmatrix}=\begin{bmatrix} h_1 & h_2 \\ -h_2^* & h_1^* \end{bmatrix}\begin{bmatrix} x_1 \\ x_2 \end{bmatrix}+\begin{bmatrix} n_1 \\ n_2 \end{bmatrix} \tag{1-46}$$

可以看出,式(1-46)中系统矩阵$\begin{bmatrix} h_1 & h_2 \\ -h_2^* & h_1^* \end{bmatrix}$是正交的,该编码可以实现在信道未知的情况下信道矩阵正交性,因此简化了解方程组的过程。对方程组进行变形,利用其正交性可以消除一个未知数:

$$h_1^*r_1-h_2r_2^*=(|h_1|^2+|h_2|^2)x_1+h_1^*n_1-h_2^*n_2^* \tag{1-47}$$

$$h_2^*r_1+h_1r_2^*=(|h_1|^2+|h_2|^2)x_2+h_2^*n_1-h_1n_2^* \tag{1-48}$$

因此,对信号的估计结果为

$$\hat{x}_1=\frac{h_1^*r_1-h_2r_2^*}{(|h_1|^2+|h_2|^2)} \tag{1-49}$$

$$\hat{x}_2=\frac{h_2^*r_1+h_1r_2^*}{(|h_1|^2+|h_2|^2)} \tag{1-50}$$

Alamouti 编码的本质非常简单,在之前 Tarokh 提出了空时网格码(STTC)

概念，但是其原理非常复杂，后来Alamouti提出Alamouti码，且之后出现一系列这样的编码，现在统称为STBC。

1.4 STBC识别技术的典型问题

STBC编码方式简单，而且性能稳定，因此得到广泛应用，如STBC应用在WiFi上，目前在高铁上通信也广泛采用STBC编码方式。由于Alamouti编码是广播系统，与此对应的MIMO复用是单播系统。由于随机波束赋形造成了信号的衰落，因此把随机波束赋形和Alamouti编码结合使用，可以通过Alamouti编码来减轻衰落的深度。

STBC广泛应用在无线通信中，给信号的识别问题带来了新的挑战。传统的识别方法只是停留在对信号的信号层识别，一般到调制方式的识别为止，对信息层的研究不多。本书就是总结国内外优秀成果，加入了作者团队的最新研究成果编写而成。

主流的信号识别方法为最大似然法和特征提取方法。最大似然法是在假设不同类型信号接收情况下，根据接收信号的似然函数判决接收信号的类型。此外，计算最大似然函数需要预先知道相位、频率、时偏和信道参数，因此识别问题变成一个合成的多假设测试问题。由于最大似然法需要预先知道信号参数，因此不适合全盲的场合，在很大程度上依赖估计参数的正确性。最大似然函数能够提供信号识别的性能的最优解，为识别性能提供一个上界。

特征提取是利用不同信号特征的差异判断接收信号的类型，而现在接收信号一般是时域形式，很多情况没有明显的特征，这就需要转换到其他域，如频域和分数域，从其他域去找到其不同之处；或者利用信号的统计特性，如四阶统计特性和二阶统计。总而言之，特征提取关键之处是找到信号的特征，至于找到信号特征如何识别已经是很成熟的技术。

最大似然法能够提供信号识别的最优性能，但是需要一些先验信息，不适用于非合作通信场合；基于特征提取的算法能够提供次最优性能，不需要先验信息，适用于非合作通信场合。本书针对STBC信号识别，主要采用二阶相关函数、四阶累积量及相关函数和四阶循环谱等，采用工具无论如何变化，关键的一点是都找到不同信号的特征，而且最重要的是利用了STBC信号在编码矩阵内是相关的，而在编码矩阵外是不相关的这一特点，充分利用信号的统计特性找到待识别信号的不同之处。

第 2 章

基于最大似然的空时分组码识别方法

最大似然法能够达到最优识别性能，但是它需要先验信息，如信道矩阵、调制方式和噪声功率，因此最大似然法只适用于合作通信中。其原理是假定待识别目标的先验概率相等，最终识别的目标是使最大似然函数达到最大值。最大似然法分为平均似然比检验（ALRT）法、二阶统计量（Second - Order Statistics，SOS）法和码参数（Code Parameter，CP）法，都是假定信道为频率平坦块衰落信道。

2.1 信号模型和假设

2.1.1 线性 STBC 信号模型

考虑线性空时分组码(n_t, n, l)，其中n_t为发射天线数，l为编码矩阵$\boldsymbol{C}(s)$长度，n为编码矩阵$\boldsymbol{C}(s)$传递符号个数。空时编码器由n个符号$\boldsymbol{s} = [s_1, s_2, \cdots, s_n]^{\mathrm{T}}$生成一个$n_t \times l$块矩阵，由$\boldsymbol{C}(s)$表示。$\boldsymbol{C}(s)$一般表示为

$$\boldsymbol{C}(s) = [\boldsymbol{A}_1 \tilde{\boldsymbol{s}}, \cdots, \boldsymbol{A}_l \tilde{\boldsymbol{s}}] \tag{2-1}$$

式中：$2n$维向量$\tilde{\boldsymbol{s}} = [\mathrm{Re}(\boldsymbol{s}^{\mathrm{T}}), \mathrm{Im}(\boldsymbol{s}^{\mathrm{T}})]^{\mathrm{T}}$由向量$\boldsymbol{s}$的实部和虚部堆叠。$n_t \times 2n$维编码矩阵$\boldsymbol{A}_u (1 \leqslant u \leqslant l)$由发射端采用的编码方式决定。空时分组码的类型非常多，如空间复用、线性 STBC[13]、准正交空时分组码（QOSTBC）[16]和正交 STBC（OSTBC）[14-15]。

1. 空间复用（SM）

$\mathrm{SM}(n_t, n_t, 1)$编码器是把n_t个符号生成一个$n_t \times 1$维矩阵，即

$$\boldsymbol{C}(s) = \begin{bmatrix} s_1 \\ \vdots \\ s_n \end{bmatrix} = \boldsymbol{A}_1 \tilde{\boldsymbol{s}} \tag{2-2}$$

式中：$\tilde{s}=[\mathrm{Re}(\boldsymbol{s}^{\mathrm{T}}),\mathrm{Im}(\boldsymbol{s}^{\mathrm{T}})]^{\mathrm{T}}$；编码矩阵 $\boldsymbol{A}_1$ 表示为

$$\boldsymbol{A}_1=[\boldsymbol{I}_{n_t}\quad \mathrm{j}\boldsymbol{I}_{n_t}] \tag{2-3}$$

其中：$\boldsymbol{I}_{n_t}$ 为 $n_t\times n_t$ 维单位矩阵。

2. AL 码

AL(2,2,2)编码器是把两个符号生成 2×2 维矩阵，即

$$\boldsymbol{C}(s)=\begin{bmatrix} s_1 & -s_2^* \\ s_2 & s_1^* \end{bmatrix} \tag{2-4}$$

同理可以推导出

$$\boldsymbol{A}_1=\begin{bmatrix} 1 & 0 & \mathrm{j} & 0 \\ 0 & 1 & 0 & \mathrm{j} \end{bmatrix} \tag{2-5}$$

$$\boldsymbol{A}_2=\begin{bmatrix} 0 & -1 & 0 & \mathrm{j} \\ 1 & 0 & -\mathrm{j} & 0 \end{bmatrix} \tag{2-6}$$

2.1.2 通信信号模型

假定接收机与发射机是严格同步的，即每次在最优的采样间隔进行采样。在非合作通信环境下，通过基于符号定时估计器[81]或基于接收样本的循环相关函数[82]可实现信号同步。

假定信道为准静态频率平坦 MIMO 信道，信道建模为 $n_r\times n_t$ 维矩阵，n_r 代表接收天线数，因此第 v 个接收块可以表示为

$$\boldsymbol{Y}_v=\boldsymbol{H}\boldsymbol{C}(\boldsymbol{s})+\boldsymbol{B}_v \tag{2-7}$$

式中：$n_r\times L$ 维矩阵 $\boldsymbol{B}_v=[\boldsymbol{b}_v(0),\cdots,\boldsymbol{b}_v(L-1)]$ 表示加性噪声。

对 $\boldsymbol{Y}_v$ 实部和虚部进行堆叠，可得

$$\begin{bmatrix} \mathrm{Re}(\boldsymbol{Y}_v) \\ \mathrm{Im}(\boldsymbol{Y}_v) \end{bmatrix}=\overline{\boldsymbol{H}}\begin{bmatrix} \mathrm{Re}(\boldsymbol{C}(\boldsymbol{s})) \\ \mathrm{Im}(\boldsymbol{C}(\boldsymbol{s})) \end{bmatrix}+\begin{bmatrix} \mathrm{Re}(\boldsymbol{B}_v) \\ \mathrm{Im}(\boldsymbol{B}_v) \end{bmatrix} \tag{2-8}$$

其中：$2n_r\times 2n_t$ 维矩阵 $\overline{\boldsymbol{H}}$ 可以表示为

$$\overline{\boldsymbol{H}}=\begin{bmatrix} \mathrm{Re}(\boldsymbol{H}) & -\mathrm{Im}(\boldsymbol{H}) \\ \mathrm{Im}(\boldsymbol{H}) & \mathrm{Re}(\boldsymbol{H}) \end{bmatrix} \tag{2-9}$$

为了后续推导方便，接收块应表示为列向量。定义 $2n_r l$ 维列向量 $\tilde{\boldsymbol{y}}_v$ 和 $\tilde{\boldsymbol{b}}_v$ 为

$$\tilde{\boldsymbol{y}}_v = \text{vec}\begin{Bmatrix} \text{Re}(\boldsymbol{Y}_v) \\ \text{Im}(\boldsymbol{Y}_v) \end{Bmatrix} \tag{2-10}$$

$$\tilde{\boldsymbol{b}}_v = \text{vec}\begin{Bmatrix} \text{Re}(\boldsymbol{B}_v) \\ \text{Im}(\boldsymbol{B}_v) \end{Bmatrix} \tag{2-11}$$

式中：vec{·}代表向量化。

对式(2-8)重新定义，可得

$$\tilde{\boldsymbol{y}}_v = (\boldsymbol{I}_l \otimes \overline{\boldsymbol{H}})\boldsymbol{M}_C \tilde{\boldsymbol{s}}_v + \tilde{\boldsymbol{b}}_v \tag{2-12}$$

式中：$2ln_t \times 2n$ 维矩阵取决于空时分组码 C 的类型，n 为每个编码矩阵传递的符号数；$\boldsymbol{M}_C$ 为编码矩阵按照实部和虚部重新排列后的向量，且有

$$\boldsymbol{M}_C = \begin{bmatrix} \text{Re}(\boldsymbol{A}_1) \\ \text{Im}(\boldsymbol{A}_1) \\ \vdots \\ \text{Re}(\boldsymbol{A}_l) \\ \text{Im}(\boldsymbol{A}_l) \end{bmatrix} \tag{2-13}$$

2.1.3 假设条件

在本节算法中，假定条件如下：

(1) $2ln_r \times 2n$ 维等效信道$(\boldsymbol{I}_l \otimes \overline{\boldsymbol{H}})\boldsymbol{M}_C$ 为列满秩矩阵。

(2) 噪声向量 $\boldsymbol{b}_v(u)$是一个复平稳遍历高斯过程，它的零均值协方差矩阵为 $\sigma^2\boldsymbol{I}_{n_r}$，也就是说 $\boldsymbol{b}_v(u) \sim N_C(0,\sigma^2\boldsymbol{I}_{n_r})$，其中 $N_C(\mu,\boldsymbol{\Sigma})$表示零均值协方差矩阵 $\boldsymbol{\Sigma}$ 的复多维高斯分布。噪声向量 $\boldsymbol{b}_v(u)$与信号是相互独立的。

(3) 发射符号 s 是独立同分布，且属于星座 M，由 M 个状态组成。平均符号能量 $\text{E}[|s|^2]$归一化为1，符号 s 的实部和虚部不相关且方差为0.5。

(4) 假定接收机截获 N_b 个空时块 $\boldsymbol{Y} = [\boldsymbol{Y}_1, \boldsymbol{Y}_2, \cdots, \boldsymbol{Y}_{N_b}]$，也就是说第一个截获的样本和最后一个截获的样本分别对应空时块的始端和末端。

在本节中，假设(1)的充分必要条件是当且仅当信道和噪声功率是未知的。对于 STBC 信号，其秩 $\text{rank}(\boldsymbol{M}_C) = 2n$。如果 $\text{rank}(\boldsymbol{H}) = n_r$，满足(1)成立的必要条件是不等式 $n_r \geqslant (n/l)$。假设(2)是显然的。假设(3)对于大多数复调制是成立的，包括 QAM。假设(4)是为了简化下面的数学计算，当假设(4)不成立时，本算法也是成立的。

2.1.4 基于似然比检验的 STBC 识别

本节解决的是 STBC 信号识别问题,抽象为具体的问题是给定 N 个接收信号向量 $\boldsymbol{Y}$,在可能的 STBC 集合 $\boldsymbol{\Theta}$ 中发现发射端信号采用的 STBC 编码方式。该问题可以看成一个多维假设检验问题。假定待识别 STBC 类型的先验概率相等,使得最大似然函数值最大的类型就是所要识别的 STBC 类型。似然函数可定义为

$$\hat{C} = \arg\max_{C \in \Theta} \log(\Lambda[\boldsymbol{Y} \mid C, X]) \tag{2-14}$$

式中:C 为空时分组码类型;X 为通信参数;鉴于假设(3)和假设(4),似然函数可以表示为

$$\log(\Lambda[\boldsymbol{Y} \mid C, X]) = \sum_{v=1}^{N_{\mathrm{b}}} \log(\Lambda[\tilde{\boldsymbol{y}}_v \mid C, X]) \tag{2-15}$$

其中:$N_{\mathrm{b}} = (N/l)$ 为假设条件下接收块的总数量;$\log(\Lambda[\tilde{\boldsymbol{y}}_v \mid C, X])$ 为接收块 $\tilde{\boldsymbol{y}}_v$ 的似然函数。

2.2 最优法

本节选择最优最大似然法[4,83]进行 STBC 的调制识别。在信道矩阵 $\boldsymbol{H}$、调制方式 M 和噪声能量 σ^2 已知的条件下,该算法能提供最优识别性能。由于式(2-14)中的似然函数是取所有数据符号的最大似然的平均值,且这些数据符号为来自星座 M 的独立同分布的变量,因此该算法又称为平均似然比检验。

2.2.1 似然方程

设发射符号是概率密度函数为 $f(\boldsymbol{s})$ 的随机变量,计算 $\Lambda[\tilde{\boldsymbol{y}}_v \mid C, \boldsymbol{H}, \sigma^2, \boldsymbol{s}]$ 的平均值可得到似然函数 $\log(\Lambda[\tilde{\boldsymbol{y}}_v \mid C, \boldsymbol{H}, \sigma^2, M]$,因此

$$\Lambda[\tilde{\boldsymbol{y}}_v \mid C, \boldsymbol{H}, \sigma^2, M] = \int_{\boldsymbol{s}} \Lambda[\tilde{\boldsymbol{y}}_v \mid C, \boldsymbol{H}, \sigma^2, \boldsymbol{s}] f(\boldsymbol{s})\,\mathrm{d}\boldsymbol{s} \tag{2-16}$$

向量 $\boldsymbol{s}$ 的 n 个元素属于离散星座 M,由 m 个状态组成(假设3),因此概率密度函数为

$$f(\boldsymbol{s})=\begin{cases}1/m^n, \boldsymbol{s}\in M^n\\ 0, 其他\end{cases} \tag{2-17}$$

将式(2-17)代入式(2-16),可得

$$\Lambda[\tilde{\boldsymbol{y}}_v \mid C,\boldsymbol{H},\sigma^2,M]=\frac{1}{m^n}\sum_{\boldsymbol{s}\in M^n}\Lambda[\tilde{\boldsymbol{y}}_v \mid C,\boldsymbol{H},\sigma^2,\boldsymbol{s}] \tag{2-18}$$

式中:$\Lambda[\tilde{\boldsymbol{y}}_v \mid C,\boldsymbol{H},\sigma^2,\boldsymbol{s}]$为$\boldsymbol{Y}_v$在条件$C$、$\boldsymbol{H}$、$\sigma^2$和$\boldsymbol{s}$下的似然函数。

在高斯分布噪声下,可得

$$\log(\Lambda[\boldsymbol{Y}\mid C,\boldsymbol{H},\sigma^2,M])=-N_{\mathrm{b}}\log(m^n(\pi\sigma^2)^{n_r l})+\sum_{v=1}^{N_{\mathrm{b}}}\log\left(\sum_{\boldsymbol{s}\in M^n}\exp\left[-\frac{\|\boldsymbol{y}_v-(\boldsymbol{I}_l\otimes\overline{\boldsymbol{H}})\boldsymbol{m}_C\tilde{\boldsymbol{s}}\|_{\mathrm{F}}^2}{\sigma^2}\right]\right) \tag{2-19}$$

式中:$\|\ \|_{\mathrm{F}}^2$表示F范数(Frobenius norm)。

最终识别出的STBC就是使函数$\log(\Lambda[\boldsymbol{Y}\mid C,\boldsymbol{H},\sigma^2,M])$达到最大值的STBC。

可采用平均正确识别概率衡量算法的性能,其定义为当所有的STBC候选者的先验概率相等时,平均正确概率为

$$P_{\mathrm{c}}=\frac{1}{q}\sum_{i=1}^{q}p(\Omega_i\mid\Omega_i) \tag{2-20}$$

式中:q为待选的STBC数量;$p(\Omega_i\mid\Omega_i)$为发射端发射的是空时分组码Ω_i、选择空时分组码Ω_i的条件概率。

实验评估了算法在不同的信噪比条件下的性能,因此信噪比定义为

$$\mathrm{SNR}=10\lg\frac{P}{\sigma^2} \tag{2-21}$$

式中:P为发射信号的总功率,且有

$$P=(1/l)\mathrm{E}[\mathrm{tr}[\boldsymbol{C}(s)\boldsymbol{C}^{\mathrm{H}}(s)]]$$

2.2.2 优缺点分析

最优分类器能够提供最优的识别性能,但该算法主要存在以下缺点:

(1) 计算复杂度较高,似然函数的计算复杂度为$O(4n_tN(n+n_rl)M^n)$,因此,在当n数量较大时或者在高阶调制下算法计算复杂度较高。

(2) 最大似然法中,计算似然函数$\log\Lambda[\tilde{\boldsymbol{y}}_v\mid C,\boldsymbol{H},\sigma^2,M]$需要预先知道$C$、$\boldsymbol{H}$、$\sigma^2$和$M$,然而在非合作场景这些参数经常是未知的。

2.3 SOS－STBC 法

假定接收信号为独立同分布的高斯随机变量，其均值和协方差矩阵分别为 0 和 $\boldsymbol{\Psi}_{C,\boldsymbol{H},\sigma_w^2}$。调制方式对 SOS－STBC 识别算法无影响。因此，使得最大似然函数 $\log(\Lambda[\boldsymbol{Y}\mid\boldsymbol{\Psi}_{C,\boldsymbol{H},\sigma_w^2}])$ 最大的 STBC 类型就是需要识别的类型。与最优的 ALRT 算法相比，SOS 算法计算复杂度为 $O(n_t N(n+n_r l))$，复杂度较低。同时，通过估计未知参数 $\boldsymbol{H}$ 和 σ_w^2，SOS 算法可以应用到非合作场合[84-85]。因此，算法的识别性能会受估计算法的精度影响。

2.3.1 似然方程

由于加性噪声 $\tilde{\boldsymbol{b}}_v$ 和发射符号 $\tilde{\boldsymbol{s}}_v$ 均值为零，$\mathrm{E}[\tilde{\boldsymbol{y}}_v]=0$。由假设条件(3)可得

$$\mathrm{E}[\tilde{\boldsymbol{s}}_v\tilde{\boldsymbol{s}}_v^{\mathrm{T}}]=\frac{1}{2}\boldsymbol{I}_{2n} \tag{2-22}$$

由于 $\boldsymbol{b}_v(u)\sim N_c(0,\sigma^2\boldsymbol{I}_{n_r})$ 和假设条件(2)，因此

$$\mathrm{E}[\tilde{\boldsymbol{b}}_v\tilde{\boldsymbol{b}}_v^{\mathrm{T}}]=\frac{\sigma^2}{2}\boldsymbol{I}_{2n_r l} \tag{2-23}$$

由式(2－12)、式(2－22)和式(2－23)，可得接收信号的协方差矩阵为

$$\begin{aligned}\boldsymbol{\Sigma}_{C,\boldsymbol{H},\sigma^2} &= \mathrm{E}[\tilde{\boldsymbol{y}}_v\tilde{\boldsymbol{y}}_v^{\mathrm{T}}]\\ &= (\boldsymbol{I}_l\otimes\overline{\boldsymbol{H}})\boldsymbol{m}_C\mathrm{E}[\tilde{\boldsymbol{s}}_v\tilde{\boldsymbol{s}}_v^{\mathrm{T}}]\boldsymbol{m}_C^{\mathrm{T}}(\boldsymbol{I}_l\otimes\overline{\boldsymbol{H}}^{\mathrm{T}})+\mathrm{E}[\tilde{\boldsymbol{b}}_v\tilde{\boldsymbol{b}}_v^{\mathrm{T}}]\\ &= \frac{1}{2}(\boldsymbol{I}_l\otimes\overline{\boldsymbol{H}})\boldsymbol{m}_C\boldsymbol{m}_C^{\mathrm{T}}(\boldsymbol{I}_l\otimes\overline{\boldsymbol{H}}^{\mathrm{T}})+\frac{\sigma^2}{2}\boldsymbol{I}_{2n_r l}\end{aligned} \tag{2-24}$$

采用高斯近似，$\tilde{\boldsymbol{y}}_v\sim N(0,\boldsymbol{\Sigma}_{C,\boldsymbol{H},\sigma^2})$，其中 $N(\cdot)$ 为多维高斯分布。因此，在条件协方差矩阵 $\boldsymbol{\Sigma}_{C,\boldsymbol{H},\sigma^2}$ 下 $\tilde{\boldsymbol{y}}_v$ 的似然函数为

$$\Lambda[\tilde{\boldsymbol{y}}_v\mid\boldsymbol{\Sigma}_{C,\boldsymbol{H},\sigma^2}]=\frac{1}{(2\pi)^{n_r l}\left|\boldsymbol{\Sigma}_{C,\boldsymbol{H},\sigma^2}\right|^{\frac{1}{2}}}\exp\left[-\frac{1}{2}\tilde{\boldsymbol{y}}_v^{\mathrm{T}}\boldsymbol{\Sigma}_{C,\boldsymbol{H},\sigma^2}^{-1}\tilde{\boldsymbol{y}}_v\right] \tag{2-25}$$

式中：$|\cdot|$代表矩阵行列式。

由式(2－23)和式(2－15)可得 $\boldsymbol{Y}$ 的似然函数为

$$\begin{aligned}\log(\Lambda[\boldsymbol{Y}\mid\boldsymbol{\Sigma}_{C,\boldsymbol{H},\sigma^2}]) &= \sum_{v=1}^{N_\mathrm{b}}\log(\Lambda[\tilde{\boldsymbol{y}}_v\mid\boldsymbol{\Sigma}_{C,\boldsymbol{H},\sigma^2}]) \\ &= -N_\mathrm{b}\log(2\pi)^{n_\mathrm{r}l}\ |\boldsymbol{\Sigma}_{C,\boldsymbol{H},\sigma^2}|^{\frac{1}{2}} - \frac{1}{2}\sum_{v=1}^{N_\mathrm{b}}\tilde{\boldsymbol{y}}_v^{\mathrm{T}}\boldsymbol{\Sigma}_{C,\boldsymbol{H},\sigma^2}^{-1}\tilde{\boldsymbol{y}}_v\end{aligned} \tag{2-26}$$

由于

$$\tilde{\boldsymbol{y}}_v^{\mathrm{T}}\boldsymbol{\Sigma}_{C,\boldsymbol{H},\sigma^2}^{-1}\tilde{\boldsymbol{y}}_v = \mathrm{tr}[\boldsymbol{\Sigma}_{C,\boldsymbol{H},\sigma^2}^{-1}\tilde{\boldsymbol{y}}_v\tilde{\boldsymbol{y}}_v^{\mathrm{T}}] \tag{2-27}$$

因此

$$\log(\Lambda[\boldsymbol{Y}\mid\boldsymbol{\Sigma}_{C,\boldsymbol{H},\sigma^2}]) = -N_\mathrm{b}ln_\mathrm{r}\log(2\pi) - \frac{N_\mathrm{b}}{2}(\log(|\boldsymbol{\Sigma}_{C,\boldsymbol{H},\sigma^2}|) - \frac{N_\mathrm{b}}{2}\mathrm{tr}[\boldsymbol{\Sigma}^{-1}{}_{C,\boldsymbol{H},\sigma^2}\boldsymbol{R}]) \tag{2-28}$$

式中：$\boldsymbol{R}$ 为估计的协方差矩阵，且有

$$\boldsymbol{R} = \frac{1}{N_\mathrm{b}}\sum_{v=1}^{N_\mathrm{b}}\tilde{\boldsymbol{y}}_v\tilde{\boldsymbol{y}}_v^{\mathrm{T}} \tag{2-29}$$

最后，使最大似然函数 $\log(\Lambda[\boldsymbol{Y}\mid\boldsymbol{\Sigma}_{C,\boldsymbol{H},\sigma^2}])$取得最大值的 STBC 为识别出的 ST-BC 类型。

2.3.2 优缺点分析

SOS－STBC 法相对于最优法具有以下优势：

（1）调制方式可以未知；

（2）似然函数仅取决于 SOS，更容易实现；

（3）SOS－STBC 分类器能延伸到很多盲场合。

在非合作条件下，由于接收端协方差矩阵 $\boldsymbol{\Sigma}_{C,\boldsymbol{H},\sigma^2}$是未知的，无法对式(2－28)中的似然函数直接评估。然而，似然函数可以采用混合似然比检测(Hybrid－Likelihood Radio Test, HLRT)[4]近似计算。首先假定 C 是已知的，未知参数 σ^2 和 $\boldsymbol{H}$ 已经估计；然后利用估计值 $\hat{\sigma}^2$ 和 $\hat{\boldsymbol{H}}$ 计算 $\boldsymbol{\Sigma}_{C,\hat{\boldsymbol{H}},\hat{\sigma}^2}$；最后最大化似然函数 $\log(\Lambda[\boldsymbol{Y}\mid\boldsymbol{\Sigma}_{C,\hat{\boldsymbol{H}},\hat{\sigma}^2}])$。

若 C 是正交 STBC，则可对信道和噪声进行最优联合估计[84]。若 C 是非正交 STBC 信号，则联合估计难度很大。次最优的解决方法是分别估计信道和噪声功率。

定义 2.1 设 $\boldsymbol{\Sigma}_{C,\boldsymbol{H},\sigma^2}$特征值为 $\lambda_1 \geqslant \lambda_2 \geqslant \cdots \geqslant \lambda_{2n_r l}$，则最小的 $2n_r l - 2n$ 个特征值等于 $\sigma^2/2$，即

$$\lambda_{2n+1} = \lambda_{2n+2} = \cdots = \lambda_{2n_r l} = \frac{\sigma^2}{2} \tag{2-30}$$

证明：由于假设条件(1)、(2)和(3)成立，式(2-24)中 $\boldsymbol{\Sigma}_{C,\boldsymbol{H},0}$的秩等于 $2n$，也就是 $\boldsymbol{\Sigma}_{C,\boldsymbol{H},0}$最小的 $2(n_r l - n)$特征值等于 0，因此 $\boldsymbol{\Sigma}_{C,\boldsymbol{H},\sigma^2}$最小的 $2(n_r l - n)$特征值等于 $\sigma^2/2$。

根据定义 2.1，噪声功率的估计值[86]为

$$\hat{\sigma}^2 = \frac{1}{n_r l - n} \sum_{k=2n+1}^{2n_r l} \rho_k \tag{2-31}$$

式中：$\rho_1 \geqslant \rho_2 \geqslant \cdots \geqslant \rho_{2n_r l}$为估计协方差矩阵 $\boldsymbol{R}$ 的特征值。

到目前为止，许多算法涉及估计信道 $\hat{\boldsymbol{H}}$[84,87-90]，然而这些算法在估计信道时使得误差会不同程度影响到 STBC 的识别。文献[91]指出，算法[87-88]没有满足这一要求。

2.4 CP 法

识别出 n_t、n 和 l 三个码参数，就能够识别出 STBC 类型。例如，对于 AL 码和 ST3 码，可以通过识别发射天线 n_t 个数从而达到识别目的；对于 SM 和 AL 码，可以通过识别码长 l 从而达到识别目的；对于具有相同接收天线和相同码长的 STBC，可以通过识别每个 STBC 块的符号数 n 识别 STBC 码型。盲识别发射天线数是一个经典的问题，已经有很成熟的算法[29-31]。本节主要解决码长 l 和每个 STBC 块的符号数 n 的识别。

2.4.1 似然方程

考虑 STBC(n_t,n,l)，由定义 2.1，协方差矩阵 $\boldsymbol{\Sigma}_{n,l} = \mathrm{E}[\tilde{\boldsymbol{y}}_v \tilde{\boldsymbol{y}}_v^{\mathrm{T}}]$表示为

$$\boldsymbol{\Sigma}_{n,l} = \sum_{k=1}^{2n} \left(\lambda_k - \frac{\sigma^2}{2}\right) \boldsymbol{v}_k \boldsymbol{v}_k^{\mathrm{T}} + \frac{\sigma^2}{2} \boldsymbol{I}_{2n_r l} \tag{2-32}$$

式中：$\boldsymbol{\Sigma}_{n,l}$的特征值为 $\lambda_1 \geqslant \lambda_2 \geqslant \cdots \geqslant \lambda_{2n}$，特征向量为 $\boldsymbol{v}_1, \boldsymbol{v}_2, \cdots, \boldsymbol{v}_{2n}$。

识别问题归结为给定观察量 $\boldsymbol{Y}$ 的集合和似然函数 $\log(\Lambda[\boldsymbol{Y} \mid \boldsymbol{\Sigma}_{n,l}])$，选择

一个最适合观察量的模型。当有很多个备选的模型时，选择的模型是使最大似然函数 $L(n,l)$ 取得最大值的模型[89]：

$$L(n,l)=\log(\Lambda[\boldsymbol{Y}\mid\hat{\boldsymbol{\Sigma}}_{n,l}])-\phi(z) \tag{2-33}$$

式中，$\hat{\boldsymbol{\Sigma}}_{n,l}$ 为 $\boldsymbol{\Sigma}_{n,l}$ 的最大似然估计；$\phi(z)$ 为补偿因子，取决于该模型中独立调整参数 z 的数目。

1. $\log(\Lambda[\boldsymbol{Y}\mid\hat{\boldsymbol{\Sigma}}_{n,l}])$ 表达式

ML 估计值 $\boldsymbol{v}_k$、λ_k 和 σ^2 表示为

$$\tilde{\boldsymbol{v}}_k=\boldsymbol{u}_k,k=1,2,\cdots,2n \tag{2-34}$$

$$\hat{\lambda}_k=\rho_k,k=1,2,\cdots,2n \tag{2-35}$$

$$\hat{\sigma}^2=\frac{1}{n_{\mathrm{r}}l-n}\sum_{k=2n+1}^{2n_{\mathrm{r}}l}\rho_k \tag{2-36}$$

式中：$\rho_1\geqslant\cdots\geqslant\rho_{2n_{\mathrm{r}}l}$ 和 $\boldsymbol{u}_1,\boldsymbol{u}_2,\cdots,\boldsymbol{u}_{2n_{\mathrm{r}}l}$ 分别为 $\boldsymbol{R}$ 的特征值和特征向量。

因此

$$\mathrm{tr}[\hat{\boldsymbol{\Sigma}}_{n,l}^{-1}\boldsymbol{R}]=2n_{\mathrm{r}}l\mid\hat{\boldsymbol{\Sigma}}_{n,l}\mid=\left(\frac{1}{2(n_{\mathrm{r}}l-n)}\sum_{k=2n+1}^{2n_{\mathrm{r}}l}\rho_k\right)^{2(n_{\mathrm{r}}l-n)}\prod_{k=1}^{2n}\rho_k \tag{2-37}$$

结合式(2-37)可得

$$\log(\Lambda[\boldsymbol{Y}\mid\hat{\boldsymbol{\Sigma}}_{n,l}])=-\frac{N_{\mathrm{b}}}{2}\sum_{k=1}^{2n}\log\rho_k-N_{\mathrm{b}}(n_{\mathrm{r}}l-n)\times$$
$$\log\left(\frac{1}{2(n_{\mathrm{r}}l-n)}\sum_{k=2n+1}^{2n_{\mathrm{r}}l}\rho_k\right)-N_{\mathrm{b}}n_{\mathrm{r}}l(\log 2\pi+1) \tag{2-38}$$

2. 基于信息准则的 $L(n,l)$

式(2-33)中的自由参数 z 取决于矩阵 $\hat{\boldsymbol{\Sigma}}_{n,l}$ 的自由度，由(2-32)可得：对于特征值 λ_k 有 $2n$ 个自由参数，对于最小的特征值 $\sigma^2/2$ 有一个自由参数，对于特征向量 $\boldsymbol{u}_k(1\leqslant k\leqslant 2n)$ 有 $2n_{\mathrm{r}}l\times 2n$ 个自由参数。这些参数都不是完全独立的，其特征向量限定为单位范数且相互正交。图 2-1 为由于归一化和正交化而约束的数量。对于特征向量，自由参数的个数为 $2n_{\mathrm{r}}l\times2n-(1+2+\cdots+2n)=n(4n_{\mathrm{r}}l-2n-1)$。因此

$$z=2n+1+n(4n_{\mathrm{r}}l-2n-1)=1+n(4n_{\mathrm{r}}l-2n+1) \tag{2-39}$$

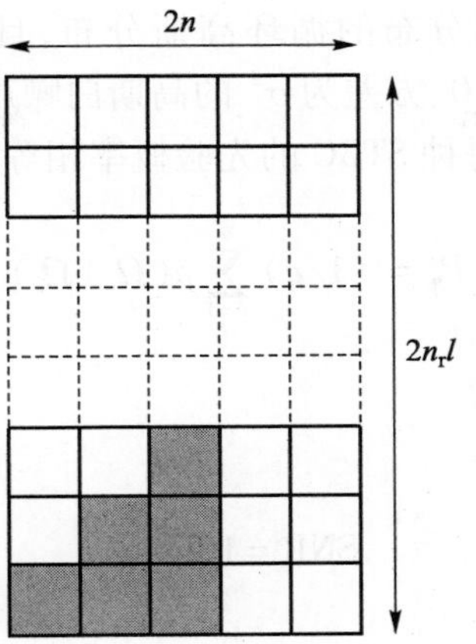

图 2－1　约束数量

在式(2－33)中,函数 $\phi(z)$ 取决于采用的信息准则。它的补偿函数等于自由参数的个数,也就是 $\phi(z)=z$。结合式(2－38)和式(2－39),去除无关项(不决定码参数项),可得

$$L(n,l) = -n(4n_r l - 2n + 1) - \frac{N_b}{2}\sum_{k=1}^{2n}\log(\rho_k) - N_b(n_r l - n)\log\left(\frac{1}{2(n_r l - n)}\sum_{k=2n+1}^{2n_r l}\rho_k\right) \tag{2-40}$$

式中:l、n 分别为码长和每个 STBC 块矩阵的符号个数。

最后,选择的 l 和 n 为使似然函数 $L(n,l)$ 取得最大值的数值。

2.4.2　优缺点分析

CP 分类器相比于 SOS 分类器,其优点是无须信道参数的估计,唯一关键的参数是估计协方差矩阵 $\boldsymbol{R}$ 的特征值 $\rho_1 \geqslant \cdots \geqslant \rho_{2n_r l}$。CP 分类器仅仅利用了 STBC 信号一部分冗余。CP 分类器不能区分在相同时隙发射相同数量符号的两种 STBC 码,主要是由于估计值 $\boldsymbol{u}_k(k=1,2,\cdots,2n)$ 的限制。

2.5　实验验证

为了进一步验证算法的有效性,考虑具体的 STBC 识别问题:识别两个接收天线($n_r=2$)的 AL 和 SM 信号。为了验证算法性能,对于每一种 STBC 信号做 1000 次蒙特卡罗仿真。算法采用 Matlab 仿真,仿真条件:信道为瑞利信道,$\boldsymbol{H}$

中每一个元素服从独立同分布的循环高斯分布，且均值为0、方差为1；采用QPSK调制；噪声为均值为0、方差为σ^2的高斯白噪声。算法采用平均正确识别概率衡量算法性能，假定每种STBC的先验概率相等，则平均正确识别概率为

$$P_c = (1/q)\sum_{i=1}^{q} p(\Omega_i \mid \Omega_i) \tag{2-41}$$

式中：q代表待STBC类型。

信噪比定义为

$$\mathrm{SNR} = 10\lg \frac{P}{\sigma^2} \tag{2-42}$$

式中

$$P = (1/l)\mathrm{E}[\mathrm{tr}[\boldsymbol{C}(s)\boldsymbol{C}^{\mathrm{H}}(s)]] \tag{2-43}$$

实验1：验证表2-1中所列6种分类器的识别性能，对于SOS-STBC分类器（盲条件），信道估计算法采用主成分分析或者文献[89]中采用的算法。上述的两种信道估计算法都没有带来新的模糊度。实验中比较了本章提到的ML分类器与文献[38-39]提到的分类器。基于特征提取的方法[38-39]是计算空时相关矩阵的范数，其中文献[38]采用的假设检验，文献[39]采用判决数识别STBC类型，采用的原则是选择STBC类型使其代价函数最小。在实验中，接收天线$n_r=3$，接收样本数$N=512$。6种分类器的识别性能如图2-2所示。由图2-2可见，在$\boldsymbol{H}$和σ^2已知情况下，算法的性能接近最优性能（在SNR=0dB时，识别概率等于1）。对于识别算法，在低信噪比下性能最好的是SOS-STBC，当SNR=-3dB时，CP算法性能优于SOS-STBC。同样还可以发现，本章提出的CP算法和SOS-STBC算法性能优于文献[38-39]提出的算法。

表2-1 6种分类器

分类器	算法	先验信息
最优分类器	式(2-19)	$\boldsymbol{H},\sigma^2,M$
SOS-STBC	式(2-28)	$\boldsymbol{H},\sigma^2$
SOS-STBC(盲条件)	式(2-28)	—
CP分类器(盲条件)	式(2-39)	—
分类器(盲条件)	见参考文献[38]	—
分类器(盲条件)	见参考文献[39]	—

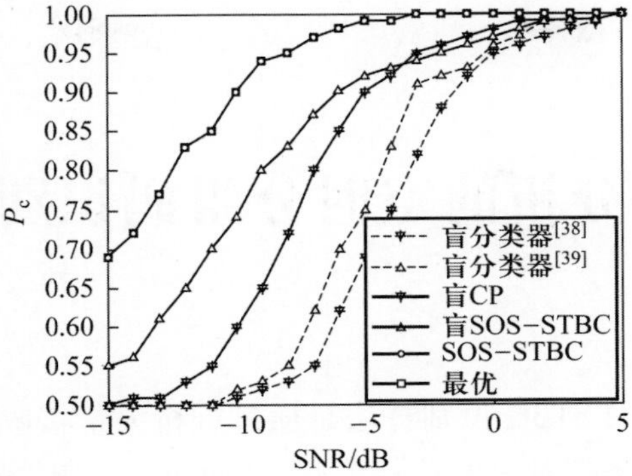

图 2-2 $n_r=2$ 时平均识别概率

实验 2:当接收天线 $n_r=4$ 时,算法识别性能如图 2-3 所示。相比较图 2-2,接收天线个数增加,算法的性能得到提高。

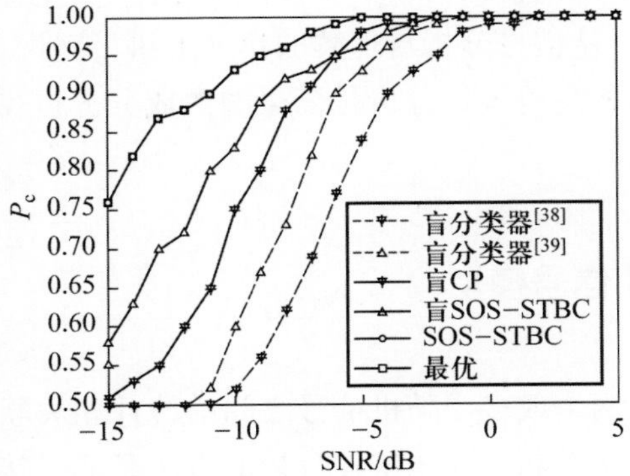

图 2-3 $n_r=4$ 时平均识别概率

第3章

基于统计分析的空时分组码识别方法

基于统计分析的 STBC 识别算法是通过分析大量接收信号样本的统计特性,发现不同 STBC 类型对应的特征参数,从而进行 STBC 的识别。具体来说,基于统计分析的 STBC 识别算法主要包含以下过程:一是选定合适的统计特性;二是计算出不同 STBC 特征参数的理论值;三是通过对估计值和理论值的比对,识别不同 STBC 的类型。

本章研究的基于统计特性的 STBC 识别方法主要分为基于二阶统计特性和基于四阶统计特性。从信号分析与理解的角度上讲,信号二阶统计分析是信号的主成分分析,信号的高阶统计分析是信号的次成分分析,具有不同的用途,且一个不能少。

3.1 统计分析和信号模型

在信号分析中,两个或多个随机信号之间的统计相关联程度的分析称为统计相关分析(简称相关分析)[92]。统计分析的方法是通过接收信号的相关分析得出特征参数,从而对 STBC 进行识别的方法。

3.1.1 相关方程

相关方程的概念是本书为叙述方便自行定义的。设 $X(t)$ 是包含 STBC 的接收信号,$X(t+\tau)$ 是其时延形式,定义包含且仅包含 $X(t)$ 和 $X(t+\tau)$ 的乘积形式的方程为相关方程。

1. 二阶相关方程

二阶相关方程表示随机信号在不同时间 $t, t+\tau$ 的统计相关程度。其定义为

$$Z = X(t)X(t+\tau) \tag{3-1}$$

2. 四阶相关方程

将二阶相关方程扩展到四阶，得到四阶相关方程，它是包含且仅包含 $X(t)$ 和 $X(t+\tau)$ 的乘积形式的方程。其定义为

$$Z = X(t)X(t+\tau_1)X(t+\tau_2)X(t+\tau_3) \tag{3-2}$$

3.1.2　相关矩阵

设 $\boldsymbol{M}(t)$ 为空时分组码矩阵，$\boldsymbol{M}(t+\tau)$ 为它的时延形式，则相关矩阵定义为[38]

$$R_{M,T}(\tau) = \lim_{N\to\infty}\frac{1}{N}\sum_{k=0}^{N-1}\mathrm{E}[\boldsymbol{M}_k\boldsymbol{M}_{k+\tau}^{\mathrm{T}}] \tag{3-3}$$

$$R_{M,H}(\tau) = \lim_{N\to\infty}\frac{1}{N}\sum_{k=0}^{N-1}\mathrm{E}[\boldsymbol{M}_k\boldsymbol{M}_{k+\tau}^{\mathrm{H}}] \tag{3-4}$$

3.1.3　高阶统计分析

1. 二阶矩

二阶矩即自相关函数，其定义有以下两种形式[5]：

$$m_{20} = \mathrm{E}[X(t)X(t+\tau)] \tag{3-5}$$

$$m_{21} = \mathrm{E}[X(t)X^*(t+\tau)] \tag{3-6}$$

信号的二阶矩描述了信号 $X(t)$ 和 $X(t+\tau)$ 之间的统计相关关系，提取了两者之间的共同随机变化部分。

信号的二阶累积量与信号的二阶矩是相同的。

2. 四阶矩

根据四阶矩（FOM）[92]的定义，四阶相关方程的均值，即四阶矩，定义为

$$m_{40} = \mathrm{E}[X(t)X(t+\tau_1)X(t+\tau_2)X(t+\tau_3)] \tag{3-7}$$

$$m_{41} = \mathrm{E}[X(t)X(t+\tau_1)X(t+\tau_2)X^*(t+\tau_3)] \tag{3-8}$$

$$m_{42} = \mathrm{E}[X(t)X(t+\tau_1)X^*(t+\tau_2)X^*(t+\tau_3)] \tag{3-9}$$

作为二阶矩的推广，四阶矩描述信号 $X(t)$ 与 $X(t+\tau_1)$、$X(t+\tau_2)$ 和 $X(t+\tau_3)$ 三个延迟形式之间的统计关系，提取的信息是四个信号之间的共同随机变化部分（相关部分），是一种四阶相关关系。

3. 四阶累积量

信号的四阶累积量与信号的四阶矩和二阶矩之间的关系为

$$c_{40} = m_{40} - 3m_{20}^2 \tag{3-10}$$

$$c_{41} = m_{41} - 3m_{20}m_{21} \tag{3-11}$$

$$c_{42} = m_{40} - |m_{20}|^2 - 2m_{21}^2 \tag{3-12}$$

高阶矩(累积量)抽取信号的高阶信息,这些信息是不可能从相关函数中提取到的,这也就是为什么高阶方法能够解决单接收天线下的 STBC 识别问题,而多数二阶统计的方法无法实现,这些内容在后续章节将会介绍。

需要特别指出的是,零均值的高斯信号(服从正态分布的所有随机信号),其所有高阶累积量都等于零,而偶次阶的高阶矩不为零。具体来说,零均值高斯信号的四阶矩不为零,其四阶累积量为零。因此,四阶累积量比四阶矩更适合用作随机信号的高阶统计分析工具,信号的高阶统计分析和处理本质上就是非高斯信号的分析和处理。

3.2 基于相关方程及其变体的算法

3.2.1 信号模型

考虑具有 n_t 个发射天线、n_r 个接收天线的无线通信系统,每个线性 STBC 码组传输的符号数为 n,码矩阵中符号 $\boldsymbol{S} = [s_1, s_2, \cdots, s_n]$,码矩阵长度为 l,定义生成的 $n_t \times l$ 维 STBC 矩阵为 $\boldsymbol{C}_u^{\text{STBC}}(\boldsymbol{S}_v)$,上标 STBC 表示码矩阵的类型,$\boldsymbol{C}_u(\boldsymbol{S}_v)$ 表示第 v 个传输块的第 u 列,其中 $0 \leqslant u \leqslant l$。定义接收端某接收天线第 1 个接收信号为 $y(0)$,则第 $k+1$ 个接收信号为 $y(k)$,对应发射端第 v 个传输块的第 u 列矩阵 $\boldsymbol{C}_u(\boldsymbol{S}_v)$,其中 $u = (k + k_1) \bmod l$,$v = j + (k + k_1) \operatorname{div} l$,$z \bmod l$ 和 $z \operatorname{div} l$ 分别表示 z/l 的余数和商,则接收信号可表示为

$$y(k) = \boldsymbol{HX}(k) + b(k) = \boldsymbol{HC}_u(\boldsymbol{S}_v) + b(k) \tag{3-13}$$

式中:$n_r \times n_t$ 维矩阵 $\boldsymbol{H}$ 为平坦衰落信道;$b(k)$ 为零均值加性噪声。

本节的识别算法在以下条件下进行:

(1) 传输符号之间独立同分布,即 $\mathrm{E}[s_i b_k] = 0$;

(2) 传输符号与噪声不相关,即 $\mathrm{E}[s_i b_k] = 0$。

3.2.2 基于相关方程的算法

本节以基于二阶相关方程的算法为例,基于四阶相关方程的算法是类似的。

1. 特征参数

在接收端，考虑某接收天线上接收信号为

$$\boldsymbol{Y}=[y_0,y_1,\cdots,y_{N-1}] \tag{3-14}$$

式中：N 为接收信号数量。

定义 2 个长度为 $N-\tau$ 的向量，即

$$\boldsymbol{Y}_0=[y_0,y_1,\cdots,y_{N-\tau-1}] \tag{3-15}$$

$$\boldsymbol{Y}_1=[y_\tau,y_{\tau+1},\cdots,y_{N-1}] \tag{3-16}$$

式中：τ 为时延。

定义 $\boldsymbol{Y}_0$ 和 $\boldsymbol{Y}_1$ 各元素之间相关方程为

$$\boldsymbol{Z}_i(k)=|\boldsymbol{Y}_i(2\tau k)\boldsymbol{Y}_i(2\tau k+\tau)| \tag{3-17}$$

式中：$|\cdot|$为绝对值函数；$i=0,1$。

不失一般性，设 $N \bmod 4\tau=0$，若 $N \bmod 4\tau$ 不为零，则可对接收信号 $\boldsymbol{Y}$ 进行处理，去掉尾部 $N \bmod 4\tau$ 个元素。由式(3-17)可分别得到关于 $\boldsymbol{Y}_0$ 和 $\boldsymbol{Y}_1$ 的自相关向量为

$$\begin{aligned}\boldsymbol{Z}_0&=[z_0(0),z_0(1),\cdots,z_0(M-1)]\\ \boldsymbol{Z}_1&=[z_1(0),z_1(1),\cdots,z_1(M-1)]\end{aligned} \tag{3-18}$$

式中：$M=\dfrac{N}{2\tau}-1$。

以 $\tau=1$ 为例，式(3-14)~式(3-18)的含义如图 3-1 所示，其中 $\boldsymbol{Y}_0=[y_0,y_1,\cdots,y_{N-2}]$，$\boldsymbol{Y}_1=[y_1,y_2,\cdots,y_{N-1}]$。

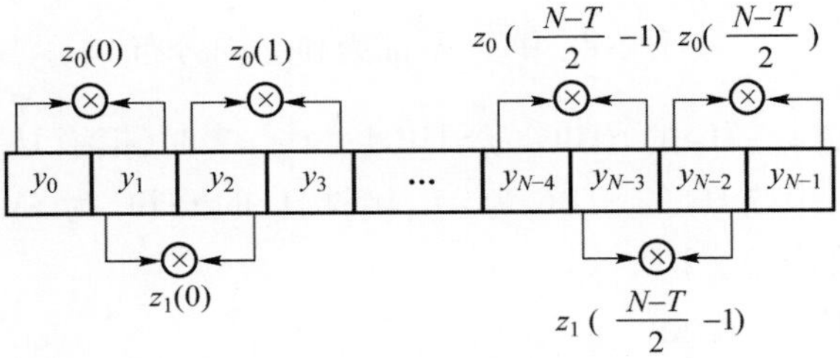

图 3-1　$\tau=1$ 时，$\boldsymbol{Z}_i$ 的分布

2. 决策树

观察编码矩阵可得，传输信号为 SM 时，向量 $\boldsymbol{Y}_0$ 和 $\boldsymbol{Y}_1$ 的元素均为独立同分布；传输信号为 AL、STBC3 和 STBC4 时，向量 $\boldsymbol{Y}_0$ 和 $\boldsymbol{Y}_1$ 的元素并非独立同分布。

当τ已确定，在传输信号为SM时，向量$\boldsymbol{Z}_i$的元素均为独立同分布；在传输信号为AL、STBC3和STBC4时，$\boldsymbol{Z}_i$不一定独立同分布。以AL为例，如图3-1所示，当$\tau=1$时，$\boldsymbol{Z}_i$存在以下两种情况：

事件1：当接收信号的第一个符号对应AL码矩阵的第一列时，$\boldsymbol{Z}_0$独立同分布，$\boldsymbol{Z}_1$非独立同分布；

事件2：当接收信号的第一个符号对应AL码矩阵的第二列时，$\boldsymbol{Z}_1$独立同分布，$\boldsymbol{Z}_0$非独立同分布。

通过计算在特定$\tau(\tau=1)$下$\boldsymbol{Z}_i$是否为独立同分布，可进行SM和AL的区分。同样，τ取恰当值，也可区分STBC3和STBC4。

记事件1和事件2任意发生一种的情况为事件Event；记$\boldsymbol{Z}_0$和$\boldsymbol{Z}_1$均为独立同分布的情况为事件iid；记事件Non为未定事件：既可能出现事件Event，也可能出现事件iid。

如表3-1所列，在$\tau\in\{1,2,4\}$时，不同STBC对应的$\boldsymbol{Z}_i$呈现出不同的分布情况。以此作为区分不同STBC的依据，定义事件iid为假设检验的事件H_0，定义非iid的事件为H_1：

表3-1 时延不同时，不同STBC对应的$\boldsymbol{Z}_i$事件

	SM	AL	STBC3	STBC4
1	iid	Event	Non	Non
2	iid	iid	Event	Non
4	iid	iid	iid	Event

$$\begin{cases} H_0: \boldsymbol{Z}_0 \text{和} \boldsymbol{Z}_1 \text{均为独立同分布} \\ H_1: \boldsymbol{Z}_0 \text{和} \boldsymbol{Z}_1 \text{不都为独立同分布} \end{cases} \tag{3-19}$$

当$\tau=4$时，拒绝H_0的STBC为STBC4；当$\tau=2$时，拒绝H_0的STBC为STBC3；当$\tau=1$时，拒绝H_0的STBC为AL，接收H_0的STBC为SM。四种不同STBC识别决策树如图3-2所示。

3. 两样本K-S检测

判断两个经验分布函数是否同为独立同分布可使用两样本的Kolmogorov-Smirnov(K-S)检验[35,93]。

令K-S检验中接收信号的经验累积分布函数(CDF)为

$$\hat{F}_0(z) = \frac{1}{M}\sum_{m=1}^{M}\operatorname{ind}(Z_0(m)<z_0) \tag{3-20}$$

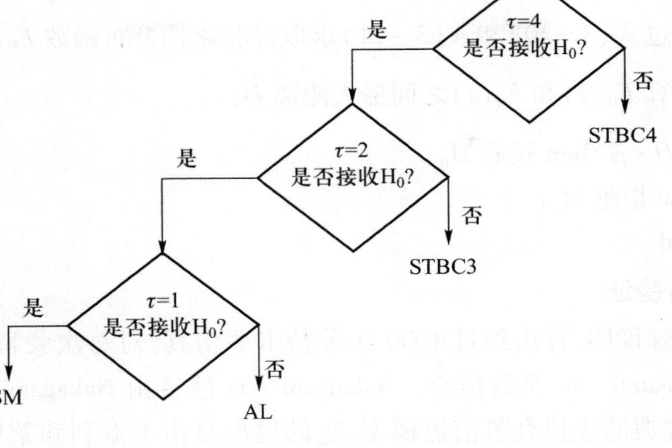

图 3-2 四种不同 STBC 识别决策树

$$\hat{F}_1(z) = \frac{1}{M}\sum_{m=1}^{M} \mathrm{ind}(Z_1(m) < z_1) \tag{3-21}$$

式中：ind(·)为指示函数，当输入参数为真时，指示函数值为 1，当输入参数为假时，指示函数值为 0。

两个分布函数之间最大距离可表示为

$$\hat{D} = \sup_{z_i} |\hat{F}_1(z_i) - \hat{F}_0(z_i)| \tag{3-22}$$

以此作为拟合优度统计值。当满足条件 $\hat{D} \geqslant \beta$ 时，拒绝假设 H_0，其中

$$P(\hat{H} = H_0 | H_0) = P(\hat{D} < \beta | H_0) = \alpha \tag{3-23}$$

式中：$\hat{H}$ 为 K-S 检验的估计；β 为阈值；α 为置信区间，且有

$$\alpha = 1 - \Phi\left(\beta\left[\sqrt{M/2} + 0.12 + \frac{0.11}{\sqrt{M/2}}\right]\right) \tag{3-24}$$

其中

$$\Phi(x) = 2\sum_{i=1}^{\infty} (-1)^{i-1} e^{-2i^2x^2}$$

4. 算法流程

针对 STBC 识别算法的实施过程如下：

(1) 获取接收信号 $\boldsymbol{Y}$；

(2) 通过式(3-15)~式(3-18)求取$\mathbf{Z}_0$ 和$\mathbf{Z}_1$；

（3）通过式(3－24)求取阈值β；

（4）通过式(3－20)和式(3－21)求取经验累积分布函数$\hat{F}_0(z)$、$\hat{F}_1(z)$；

（5）计算$\hat{F}_0(z)$和$\hat{F}_1(z)$之间最大距离$\hat{D}$；

（6）**if** $\hat{D}<\beta$ **then** 接收H_0；

（7）**else** 拒绝H_0；

（8）**end**。

5. 实验验证

如无特殊说明，算法经过1000次蒙特卡罗仿真，对每次蒙特卡罗仿真，信道采用Nakagami－m衰落信道。Nakagami－m信道由Nakagami于1960年提出，是一个经典的模拟衰落信道模型，它的提出是由于瑞利和莱斯等信道对信号通过衰落信道后的包络能够进行很好的建模；然而，在实际的无线信道环境测试中，Nakagami－m信道能够提供与实际环境匹配度更高的信道环境，与莱斯分布相比，Nakagami分布不需要假设直射条件。在无线传播中，Nakagami信道的概率密度函数可以表示为

$$f_R(\tau)=\frac{2m^m r^{2m-1}}{\Gamma(m)\Omega^m}\mathrm{e}^{-(m/\Omega)r^2}$$

式中

$$\Omega=\mathrm{E}[R^2]=\overline{R^2},m=(\overline{R^2})^2/(R^2-\overline{R^2})^2\geqslant 1/2$$

m衡量的是衰落的大小，当$m=1$时，Nakagami－m信道相当于瑞利信道；当$m<1$时，相当于信道环境比瑞利信道恶劣；当$m>1$时，相当于信道环境比瑞利信道好一些。本节仿真中采用$m=3$，并使得$\mathrm{E}[|h_i^2|]=1$[109]，噪声为零均值加性高斯白噪声（AWGN），其$\mathrm{SNR}=10\lg(n_t/\sigma^2)$，信号采用QPSK调制，接收信号采样数量$N=4096$，置信区间$\alpha=0.99$。采用两种识别概率[53]衡量仿真结果：一是平均识别概率，即

$$P_c=\frac{1}{4}\sum_{\xi\in\Omega}P(\lambda=\xi|\xi) \tag{3-25}$$

式中：$\Omega\in\{\mathrm{SM},\mathrm{AL},\mathrm{STBC3},\mathrm{STBC4}\}$。

二是正确识别概率$P(\lambda=\xi|\xi)$，$\xi\in\Omega$。

1）识别不同STBC的性能

默认条件下对4种STBC进行识别，如图3－3所示。其中，SM识别效果最好，SM的识别概率接近置信区间0.99。STBC3的识别效果最差，这是由于

STBC3的码矩阵中包含符号0，这将影响到 $\boldsymbol{Z}_i$ 的分布特性，使得分布函数 $\hat{F}_0(z)$ 和 $\hat{F}_1(z)$ 距离较小，导致STBC3在较小信噪比下不易识别。AL、STBC3和ST-BC4的识别概率随着信噪比提高而提高，这是由于在低信噪比下，噪声使得经验分布函数 $\hat{F}_0(z)$ 和 $\hat{F}_1(z)$ 的距离变小；信噪比的提高，抑制了噪声的影响，提高了识别性能。

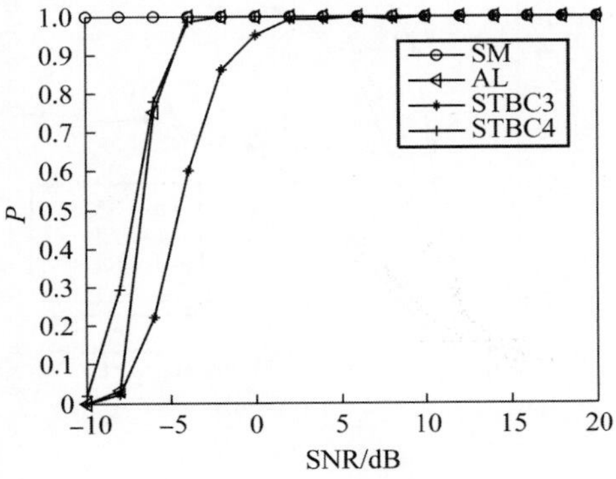

图3-3 不同STBC的正确识别概率 $P(\lambda|\lambda)$

2）采样数 N 对算法的影响

图3-4为采样数不同时平均识别概率的变化，采样数 $N\in\{1024,2048,3072,4096,8192\}$。算法的平均识别概率在采样数1024、2048时分别为0.6和0.9，在3072以上时，达到0.99～1。采样组数过少使得 T 取值较大时 $\hat{F}_0(z)$ 和 $\hat{F}_1(z)$ 中元素过少，不利于抑制噪声和信道对经验分布函数的影响，导致STBC3

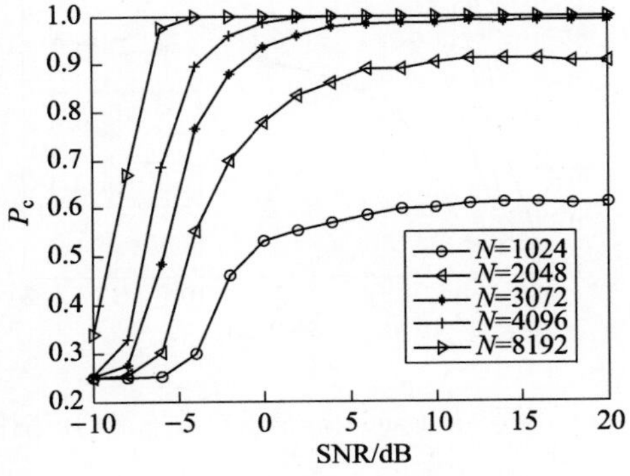

图3-4 不同采样数下平均识别概率

和STBC4识别效果较差,从而影响平均识别概率。以STBC4为例,STBC4需要在 $T=4$ 时进行识别,当采样数 $N=2048$,$T=4$ 时,由式(3-18)、式(3-20)和式(3-21),自相关向量 $\boldsymbol{Z}_i$ 和经验累积分布函数 $\hat{F}_i(z)$ 只有255个元素,导致识别效果较差。图3-5为 $N=2048$ 时4种STBC的正确识别概率,较小的样本数量对STBC3和STBC4影响较大,对SM和AL影响较小。

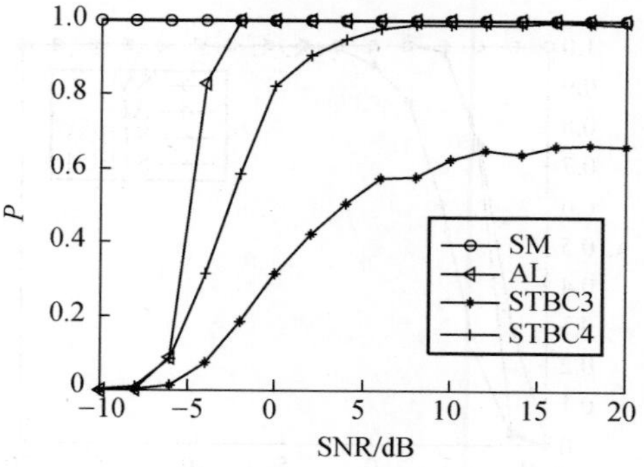

图3-5 $N=2048$ 不同STBC正确识别概率

3) 信道参数对算法影响

取不同的Nakagami-m 信道参数进行仿真,$m\in\{1,2,3,4\}$,仿真结果如图3-6所示。平均识别概率随着 m 值的增大而增大,较好的信道条件增大了经验分布函数之间的距离,有利于STBC的识别。

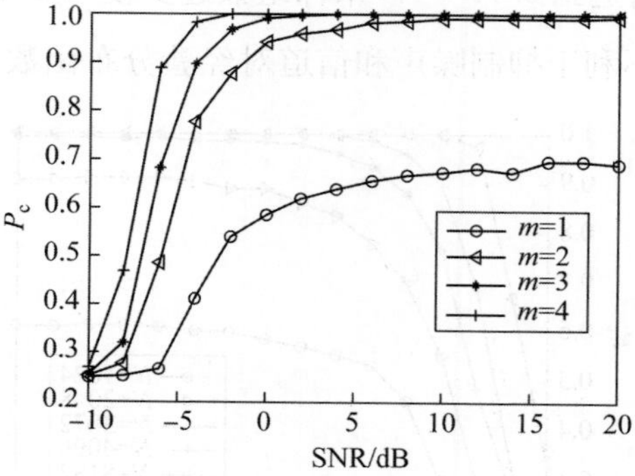

图3-6 不同Nakagami-m 信道参数下平均识别概率

4) 调制方式对算法影响

图3-7是不同线性调制方式下平均识别概率,BPSK调制的是实数信

号，算法在传输信号为实数时性能更好，可在信噪比为 -6dB 左右达到较好的性能；*M*PSK 调制方式比 *M*QAM 性能更好，这是由于样本数量不够大引起的，若样本数 $N=8192$，16QAM 和 64QAM 的性能可分别达到 0.9970 和 0.9980 左右。

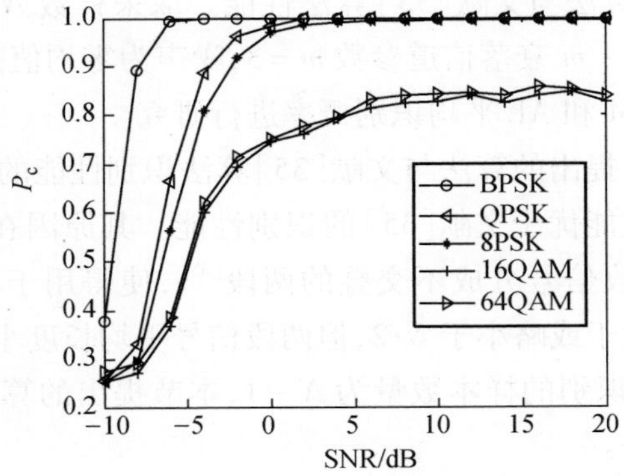

图 3-7　不同调制方式下平均识别概率

5）置信区间对算法影响

如图 3-8 所示，算法在 $\alpha\in\{0.1, 0.05, 0.01\}$ 下进行仿真。在较高信噪比下，设置不同置信区间，识别概率均接近 1；在较低信噪比下，α 减小的算法识别概率随之减小。其原因在于：α 较高时，阈值 β 也较高，因此识别概率较大。

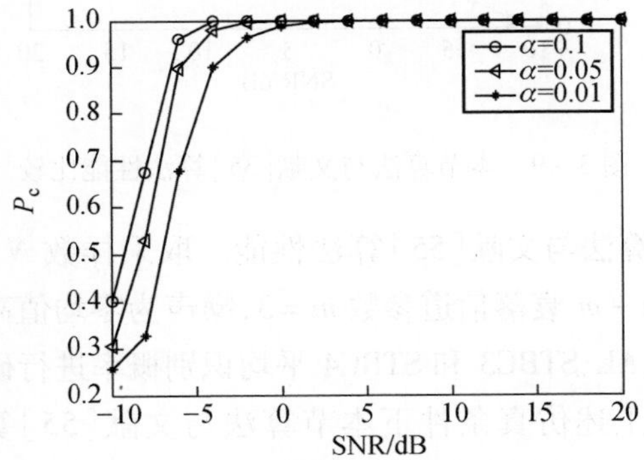

图 3-8　不同置信区间下平均识别概率

6）与其他算法性能比较

单接收天线条件下的 STBC 识别算法相对较少[35,53,55]，其中文献[35]和文献[55]算法类似,因此将本节算法与文献[35]和文献[55]算法做比较。由于文献[35]仅研究了SM和AL的识别性能,对于其他空时分组码的识别问题没有说明,文献[55]研究了SM、AL、STBC3和STBC4的性能,且两篇文献达到较好性能所需样本数不同,因此本节分开与两篇文献进行比较。

首先比较本节算法与文献[35]算法性能。取采样数 $N=2048$,采用QPSK调制方式,Nakagami－m 衰落信道参数 $m=3$,噪声为零均值高斯白噪声,置信区间 $\alpha=0.99$,仅对SM和AL平均识别概率进行研究。

图3－9为本节提出的算法与文献[35]算法识别性能的比较。由图可以看出,本节算法识别性能优于文献[35]的识别性能。其原因在于:文献[35]在识别参数选取时将接收信号分成不交叠的两段[35],使得用于单次识别的样本数量近似为 $N/2$(略大于或略小于 $N/2$,但两段信号平均长度小于 $N/2$),而本节提出的算法用于单次识别的样本数量为 $N-1$,本节提出的算法接收样本利用率高,识别效果也较好。

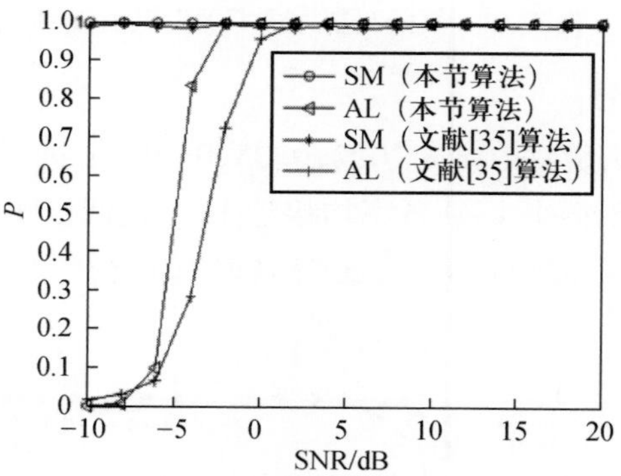

图3－9 本节算法与文献[35]算法性能比较

其次比较本节算法与文献[55]算法性能。取采样数 $N=4096$,采用QPSK调制方式,Nakagami－m 衰落信道参数 $m=3$,噪声为零均值高斯白噪声,置信区间 $\alpha=0.99$,对SM、AL、STBC3和STBC4平均识别概率进行研究。

图3－10为在上述仿真条件下本节算法与文献[55]算法性能比较。由图可以看出,本节算法的识别概率明显优于文献[55]。文献[55]使用四阶滞后积的傅里叶变换作为特征参数,这需要大量的接收样本才能达到较好的识别性能,在样本数较少时该算法识别性能较差,且在高信噪比条件下,文献[55]的算法识别概率为0.98左右,本节算法则趋近于1。

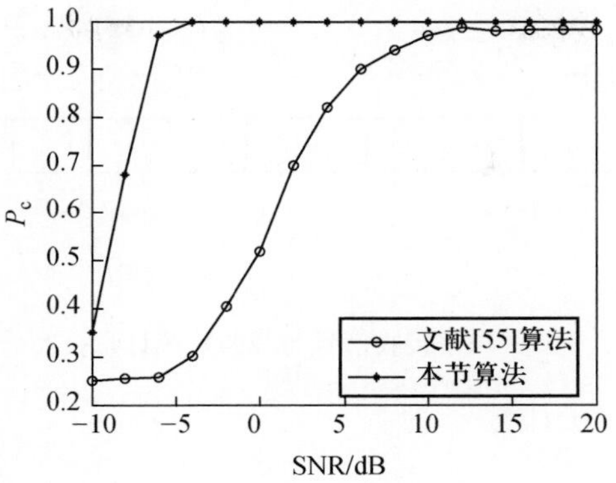

图3-10 本节算法与文献[55]算法性能比较

3.2.3 基于改进的相关方程的算法

基于改进的相关方程的算法以四阶相关方程为例,基于二阶相关方程的算法是类似的。

1. 特征参数

特征参数的取法与基于相关方程的算法类似,主要区别在于本算法对相关方程求取了均值,得到四阶统计量[37]。

在接收端,某接收天线上接收信号为

$$\boldsymbol{Y}=[y_0,y_1,\cdots,y_{N-1}] \tag{3-26}$$

式中:N为接收信号数量。

定义两个长度为$N-\tau$的向量,分别为

$$\boldsymbol{Y}_0=[y_0,y_1,\cdots,y_{N-\tau-1}] \tag{3-27}$$

$$\boldsymbol{Y}_1=[y_\tau,y_{\tau+1},\cdots,y_{N-1}] \tag{3-28}$$

式中:τ为时延,为方便计算,不失一般性,本节假设$N \bmod 4\tau=0$。

定义接收信号的四阶相关方程$Z_i(k)(i=0,1)$,$Z_0(k)$和$Z_1(k)$分别表示$\boldsymbol{Y}_0$和$\boldsymbol{Y}_1$两个不同向量的四阶相关方程。接收信号在时延向量$[0,0,\tau,\tau]$下的四阶相关方程定义为

$$Z_i(k)=y_i(2\tau k)y_i(2\tau k)y_i(2\tau k+\tau)y_i(2\tau k+\tau),0\leqslant k<N-1 \tag{3-29}$$

式中:k为偶数。

当$\tau=1$时,$y(k)$和$Z_i(k)$的分布如图3-11所示。

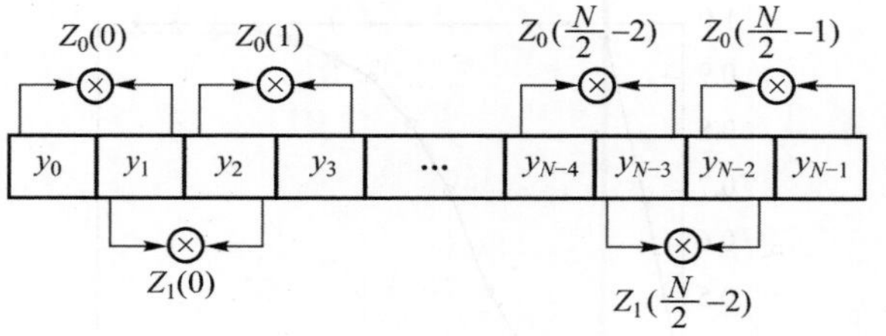

图 3-11 接收信号与其四阶统计量分布

接收信号的四阶统计量[37]为

$$T_i(\tau) = \frac{2\tau}{N-4\tau}\sum_{k=0}^{(N-4\tau)/2\tau} Z_i(k), i = 0,1 \tag{3-30}$$

式中：$T_0(\tau)$、$T_1(\tau)$分别为两个不同向量的四阶相关方程。

2. 识别方法

当 $\tau=1$ 时，对于 SM 码，由于传输符号之间独立同分布，SM 码元素之间相互独立，因此，在任意 τ 下，SM 的接收信号的四阶统计量的期望具有以下特性：

$$T_i(\tau) = \frac{2\tau}{N-4\tau}\sum_{k=0}^{(N-4\tau)/2\tau} Z_i(k) = 0 \tag{3-31}$$

对于 AL 码，其接收符号并非独立同分布，其接收符号之间的相关性存在两种情况：①同一个码矩阵内的符号不相互独立；②不同码矩阵之间的符号相互独立。当 $\tau=1$ 时，接收信号的四阶统计量分别为

$$\begin{aligned} T_0(1) &= \frac{2\tau}{N-4\tau}\sum_{k=0}^{(N-4\tau)/2\tau} Z_0(k) \\ &= \frac{2}{N-2}[y_0(0)y_0(0)y_0(1)y_0(1) + y_0(2)y_0(2)y_0(3)y_0(3) \\ &\quad + \cdots + y_0(N-4)y_0(N-4)y_0(N-3)y_0(N-3)] \end{aligned} \tag{3-32}$$

$$\begin{aligned} T_1(1) &= \frac{2\tau}{N-4\tau}\sum_{k=0}^{(N-4\tau)/2\tau} Z_1(k) \\ &= \frac{2}{N-2}[y_1(1)y_1(1)y_1(2)y_1(2) + y_1(3)y_1(3)y_1(4)y_1(4) \\ &\quad + \cdots + y_1(N-3)y_1(N-3)y_1(N-2)y_1(N-2)] \end{aligned} \tag{3-33}$$

因此，对于 $0 \leqslant k < N$，$T_0(1)$ 和 $T_1(1)$ 的值存在两种情况：

（1）当接收信号第一个符号对应传输信号中空时分组码矩阵第一列时，$y_0(k)$ 和 $y_0(k+1)$ 相关，而 $y_1(k)$ 和 $y_1(k+1)$ 相互独立，即 $T_0(1)=C$，$T_1(1)=0$，其中 C 为常数，其值求法见附录 A。

（2）当接收信号第一个符号对应传输信号中空时分组码矩阵的第二列时，$y_0(k)$ 和 $y_0(k+1)$ 相互独立，$y_1(k)$ 和 $y_1(k+1)$ 相关，$T_0(1)=0$，$T_1(1)=C$。

综上所述，SM 信号的四阶统计量的期望在时延 $\tau=1$ 下满足 $T_i(1)=0(i=0,1)$；而 AL 信号的四阶统计量的期望 $T_i(1)$ 其中一个为 0，另一个为常数 C。这可作为区分 SM 和 AL 码的依据。

上述方法同样可用于 STBC3 和 STBC4 的识别，区别在于需要选择适当的时延 τ，使四种 STBC 呈现不同的相关特性。

3. 距离检测

定义 $T_0(\tau)$ 和 $T_1(\tau)$ 均为 0 为事件 H_0，定义 $T_0(\tau)$ 和 $T_1(\tau)$ 不同为事件 H_1，考虑噪声和信道对接收信号的影响，得到如下假设检验：

$$\begin{cases} \mathrm{H}_0: T_0(\tau)\approx 0, T_1(\tau)\approx 0 \\ \mathrm{H}_1: T_i(\tau)\approx 0, T_{1-i}(\tau)\approx C, i=0,1 \end{cases} \tag{3-34}$$

取 $\tau\in\{1,2,4\}$，四种码 $Z_0(\tau)$ 和 $Z_1(\tau)$ 的取值如表 3-2 所列。由表可见：当 $\tau=4$ 时，只有 STBC4 发生事件 H_1；排除 STBC4，当 $\tau=2$ 时，只有 STBC3 发生事件 H_1；排除 STBC3，当 $\tau=1$ 时，AL 发生事件 H_1，而 SM 发生事件 H_0。

表 3-2 时延不同时，不同 STBC 呈现的四阶统计特性

STBC	$\tau=1$	$\tau=2$	$\tau=4$
SM	$n=N/2$	H_1	H_1
AL	H_1	H_1	H_1
STBC3	—	H_1	H_1
STBC4	—	—	H_1

本节采用距离来量度 $Z_0(\tau)$ 和 $Z_1(\tau)$ 之间的差异：

$$D(\tau)=|T_1(\tau)-T_0(\tau)|, \tau\in\{1,2,4\} \tag{3-35}$$

即：当 $\tau=4$ 时，$D(4)$ 最大的接收信号判断为 STBC4；排除 STBC4 后，$D(2)$ 最大的接收信号为 STBC3；排除 STBC3 后，$D(1)$ 大的为 AL，剩下的为 SM。

4. 实验验证

本节算法经过1000次蒙特卡罗仿真，无特殊说明的话，默认仿真条件：每次蒙特卡罗仿真采用Nakagami－m衰落信道，$m=3$，载波相位噪声设为0，信号采用QPSK调制，噪声选用方差为σ^2的零均值高斯白噪声，其信噪比$\mathrm{SNR}=10\lg(n_t/\sigma^2)$，采用单接收天线进行接收，接收信号数$N=1024$。本节与文献[35]采用的基于K－S检测的方法进行对比，采用平均正确识别概率衡量算法性能，其定义为

$$P_c=\frac{1}{4}\sum_{\lambda\in\Omega}p(\lambda\mid\lambda),\Omega\in\{\mathrm{SM},\mathrm{AL},\mathrm{STBC3},\mathrm{STBC4}\}\tag{3-36}$$

1）不同接收信号数下算法性能

在接收信号数量分别为32、64、128、256、512、1024、2048和4096条件下进行仿真，如图3－12所示。由图可以看出，算法平均识别概率随着接收信号数量的增大而增大，当$N=256$时，平均识别概率P_c可达到0.98；当$N\geqslant1024$，信噪比SNR≥4dB时，算法平均识别概率恒定为1。

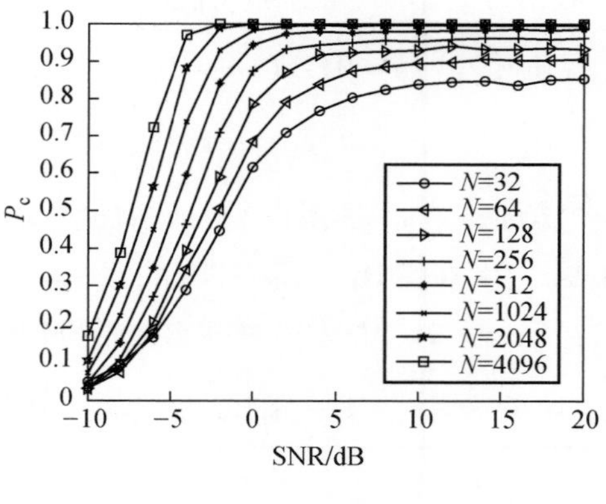

图3－12　不同接收信号数下算法性能

在接收信号数量分别为2048和4096下与K－S检测的算法进行对比，如图3－13所示。由图可见，本节算法较K－S检测的算法优势是识别性能好，尤其是在接收信号数量较少的情况下，识别性能差异更加明显。原因在于：K－S检测的方法对STBC进行识别需要大量的接收样本。当样本数较少时，对于STBC3这种码矩阵中包含0元素的空时分组码，接收信号的经验累积分布函数差异性太小，不利于识别；对于STBC4码矩阵较长的STBC，其经验累积分布函数的元素较少，不利于观察其元素分布情况，同样不利于识别。因此，本节算法具有识别所需样本数少的特点。

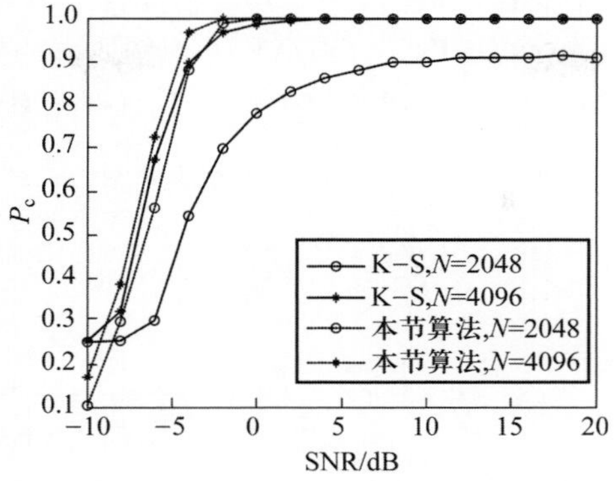

图3－13 本节算法与K－S算法在不同信号数下的比较

同时,尽管使用了四阶统计量作为特征参数,但本节算法的计算度并不大,其计算复杂度与K－S检测算法的计算复杂度相同,均为$O(K\log K)$。

2）不同接收天线数量下算法性能

算法在多接收天线下的识别,是在每个接收天线上分别计算距离$D(\tau)$,再取各个天线上距离$D(\tau)$的期望来进行识别。这实际上相当于将接收样本数加倍。随着接收天线数量增多,算法识别效果与接收信号数量加倍类似。图3－14为算法在接收天线数量n_r分别为1、2、3、4下进行的仿真。由图可以看出,天线数量越多,算法识别效果越好。由图3－14可知,本节算法在1个接收天线下,当$N\geqslant 1024$,SNR$\geqslant$0时即可实现识别概率在0.98以上。

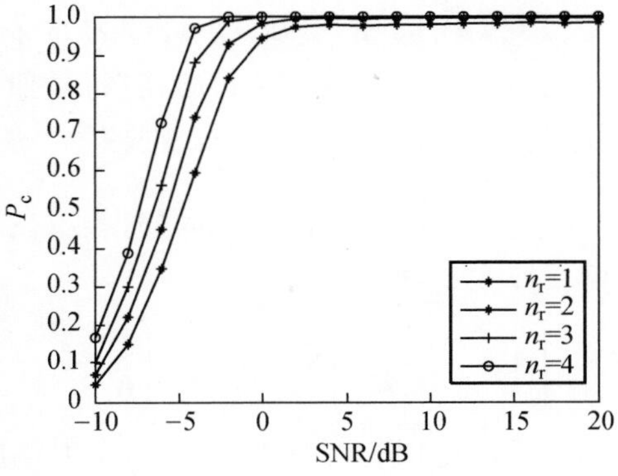

图3－14 不同天线数量下算法性能

3）不同调制方式下算法性能

分别在调制方式为BPSK、QPSK、8PSK、16QAM和64QAM下对本节算法进行仿真,上述调制方式涵盖了大部分常用的线性调制方式。图3－15为本节算法在不同调制方式下平均识别概率。由图可以看出，本节算法在不同调制方式下均表现出较好的性能。在5dB下，64QAM下识别概率约为0.96（这是由于样本数少引起的），当样本数$N=2048$时，64QAM下识别概率$P_c>0.99$。

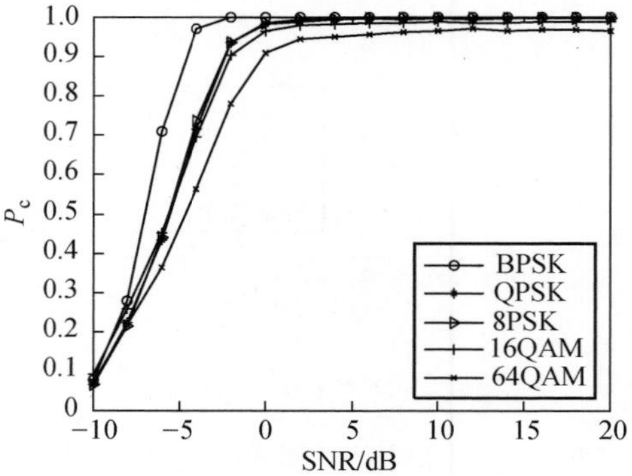

图3-15 不同调制方式下算法性能

3.3 基于相关矩阵的算法

3.3.1 信号模型

1. 发射信号模型

考虑具有n_t个发射天线的空时分组码，n为待发射符号个数，$\boldsymbol{S}=[s_1,s_2,\cdots,s_n]^{\mathrm{T}}$为发射信号，$s_i$为其中第$i$个符号，各符号独立分布，发射一组空时分组码所需时间间隔为l，空时分组编码矩阵维数为$n_t\times l$。取长度为$2n$的序列$\widetilde{\boldsymbol{S}}=[\mathrm{Re}(\boldsymbol{S}^{\mathrm{T}}),\mathrm{Im}(\boldsymbol{S}^{\mathrm{T}})]^{\mathrm{T}}$将$\boldsymbol{S}$的实部和虚部同时表示在一个列向量中，那么发射端的$n_t\times l$维矩阵可以表示为[38]

$$\boldsymbol{C}(\boldsymbol{S})=\left[\boldsymbol{A}_0\begin{pmatrix}\boldsymbol{I}_{n_t} & \boldsymbol{0}_{n_t}\\ \boldsymbol{0}_{n_t} & \mathrm{i}\boldsymbol{I}_{n_t}\end{pmatrix}\widetilde{\boldsymbol{S}},\cdots,\boldsymbol{A}_{L-1}\begin{pmatrix}\boldsymbol{I}_{n_t} & \boldsymbol{0}_{n_t}\\ \boldsymbol{0}_{n_t} & \mathrm{i}\boldsymbol{I}_{n_t}\end{pmatrix}\widetilde{\boldsymbol{S}}\right] \tag{3-37}$$

式中：$\boldsymbol{I}_{n_t}$为单位矩阵；$n_t\times 2n$维矩阵$\boldsymbol{A}_i\,(0\leqslant i<L)$为发射端的编码矩阵。以AL为例，编码矩阵$\boldsymbol{A}_0$和$\boldsymbol{A}_1$分别为

$$\boldsymbol{A}_0=\begin{pmatrix}1 & 0 & 1 & 0\\ 0 & 1 & 0 & 1\end{pmatrix},\boldsymbol{A}_1=\begin{pmatrix}0 & -1 & 0 & 1\\ 1 & 0 & -1 & 0\end{pmatrix} \tag{3-38}$$

本节假定条件如下：

(1) 条件(1):$n_r > n_t$;

(2) 传输信号为经过 QPSK 的独立同分布信号,则传输信号 s 的实部和虚部满足

$$E[\mathrm{Re}(s)^2] = E[\mathrm{Im}(s)^2] = \frac{1}{2}E[s^2]$$

2. 接收信号模型

考虑具有 n_r 个接收天线的接收设备。假定接收信号与发射信号是严格同步的。在非合作系统中,发射信号和接收信号的起始位置是未知的。不失一般性,设第 j 个传输 STBC 块的第 k_1+1 列的信号($0 \leqslant k_1 < l$)为 $C_{k1}(S_j)$,对应的第一列接收信号为$\boldsymbol{Y}_0$。则$\boldsymbol{Y}_k$ 可表示为

$$\boldsymbol{Y}_k = \boldsymbol{H}\boldsymbol{X}_k + \boldsymbol{B}_k, k \geqslant 0 \tag{3-39}$$

式中:$\boldsymbol{H}$ 为 $2n_r \times 2n_t$ 维矩阵,且 $\boldsymbol{H}$ 实部和虚部级联,$\boldsymbol{X}_k = \boldsymbol{C}_{k \bmod l}(\boldsymbol{S}_{k \operatorname{div} l}) = \boldsymbol{C}_u(\boldsymbol{S}_v)$,$k \operatorname{div} l$ 和 $k \bmod l$ 为商和余项;$n_r \times n_i$ 维矩阵 $\boldsymbol{H}$ 为准静态平坦衰落信道;$n_r \times L$ 维矩阵$\boldsymbol{B}_k$ 为均值0、方差 σ^2 的复高斯噪声。

3.3.2 STBC 的范数计算

1. 信号相关性分析

对于空时分组码矩阵$\boldsymbol{X}_k$,其两个相关矩阵:

$$\boldsymbol{R}_{X,T}(\tau) = \lim_{N\to\infty}\frac{1}{N}\sum_{k=0}^{N-1}E[\boldsymbol{X}_k\boldsymbol{X}_{k+\tau}^{\mathrm{T}}], \boldsymbol{R}_{X,H}(\tau) = \lim_{N\to\infty}\frac{1}{N}\sum_{k=0}^{N-1}E[\boldsymbol{X}_k\boldsymbol{X}_{k+\tau}^{\mathrm{H}}] \tag{3-40}$$

式中:N 为接收信号的数量。

则有

$$\boldsymbol{R}_{X,T}(\tau) = \lim_{N\to\infty}\frac{1}{N}\sum_{u=k_1}^{N+k_1-1}E[\boldsymbol{C}_{u \bmod L}(\boldsymbol{S}_{j+[u/L]})\boldsymbol{C}_{(u+\tau) \bmod L}^{\mathrm{T}}(\boldsymbol{S}_{j+[(u+\tau)/L]})] \tag{3-41}$$

应用式(3-37),相关矩阵可表示为

$$\boldsymbol{R}_{X,T}(\tau) = \lim_{N\to\infty}\frac{1}{N}\sum_{u=k_1}^{N+k_1-1}E\left[\boldsymbol{A}_{u \bmod L}\begin{pmatrix}\boldsymbol{I}_{n_t} & \boldsymbol{0}_{n_t}\\ \boldsymbol{0}_{n_t} & \mathrm{i}\boldsymbol{I}_{n_t}\end{pmatrix}\times E[(\boldsymbol{S}_{j+[u/L]})(\boldsymbol{S}_{j+[(u+\tau)/L]}^{\mathrm{T}})]\times\begin{pmatrix}\boldsymbol{I}_{n_t} & \boldsymbol{0}_{n_t}\\ \boldsymbol{0}_{n_t} & \mathrm{i}\boldsymbol{I}_{n_t}\end{pmatrix}\boldsymbol{A}_{[(u+\tau)/L]}^{\mathrm{T}}\right] \tag{3-42}$$

由于传输信号独立同分布,因此式(3-42)中 $E(\boldsymbol{S}_{j+[u/L]})(\boldsymbol{S}_{j+[(u+\tau)/L]}^{\mathrm{T}})$ 可表示为

$$E(S_{j+[u/L]})(S_{j+[(u+\tau)/L]}^{\mathrm{T}}) = \delta(u \text{ div } L - (u+\tau) \text{ div } L) \times \frac{E[|s|^2]}{2}\boldsymbol{I}_{2n_t} \tag{3-43}$$

式中:$\delta(x)$为克罗内克积,当$x=0$时,$\delta(x)=1$,当$x\neq0$时,$\delta(x)=0$。克罗内克积表明不同空时分组码之间的信号是独立的。

将u分解为$u=vL+w(0\leqslant w<L)$,可得

$$\boldsymbol{R}_{X,T}(\tau) = \lim_{N\to\infty}\frac{E[|s|^2]}{2N}\left[\sum_{w=k_1}^{L-\tau-1}\boldsymbol{A}_w\begin{pmatrix}\boldsymbol{I}_{n_t} & \boldsymbol{0}_{n_t}\\ \boldsymbol{0}_{n_t} & \mathrm{i}\boldsymbol{I}_{n_t}\end{pmatrix}\boldsymbol{A}_{w+\tau}^{\mathrm{T}} + n_b\sum_{w=0}^{L-\tau-1}\boldsymbol{A}_w\begin{pmatrix}\boldsymbol{I}_{n_t} & \boldsymbol{0}_{n_t}\\ \boldsymbol{0}_{n_t} & \mathrm{i}\boldsymbol{I}_{n_t}\end{pmatrix}\boldsymbol{A}_{w+\tau}^{\mathrm{T}} + \sum_{w=0}^{N-(n_b+1)L+k_1-1}\boldsymbol{A}_w\begin{pmatrix}\boldsymbol{I}_{n_t} & \boldsymbol{0}_{n_t}\\ \boldsymbol{0}_{n_t} & \mathrm{i}\boldsymbol{I}_{n_t}\end{pmatrix}\boldsymbol{A}_{w+\tau}^{\mathrm{T}}\right] \tag{3-44}$$

式中:n_b为接收到STBC块的数量,$n_b = N-(l-k_1+1)\mathrm{div}L$。

不妨取$n_b = N/L$,当$N\to\infty$时,这种处理方式并不影响计算结果,可得

$$\boldsymbol{R}_{X,T}(\tau) = \frac{E[|s|^2]}{2L}\sum_{w=0}^{L-\tau-1}\boldsymbol{A}_w\begin{pmatrix}\boldsymbol{I}_{n_t} & \boldsymbol{0}_{n_t}\\ \boldsymbol{0}_{n_t} & \mathrm{i}\boldsymbol{I}_{n_t}\end{pmatrix}\boldsymbol{A}_{w+\tau}^{\mathrm{T}} \tag{3-45}$$

类似地,$\boldsymbol{R}_{X,H}(\tau)$可近似表示为

$$\boldsymbol{R}_{X,H}(\tau) \approx \frac{E[|s|^2]}{2L}\sum_{w=0}^{L-\tau-1}\boldsymbol{A}_w\boldsymbol{A}_{w+\tau}^{\mathrm{H}} \tag{3-46}$$

式(3-42)和式(3-43)表明,传输信号的空时相关性只与空时分组码的结构和调制方式有关,与其他因素无关。$\boldsymbol{R}_{X,T}(\tau)$和$\boldsymbol{R}_{Y,H}(\tau)$可分别表示为

$$\boldsymbol{R}_{Y,T}(\tau) = \boldsymbol{H}\boldsymbol{R}_{X,T}(\tau)\boldsymbol{H}^{\mathrm{T}} \tag{3-47}$$

$$\boldsymbol{R}_{Y,H}(\tau) = \boldsymbol{H}\boldsymbol{R}_{X,H}(\tau)\boldsymbol{H}^{\mathrm{T}} + \boldsymbol{R}_{B,H}(0)\delta(\tau)\boldsymbol{I}_{n_r} \tag{3-48}$$

可以看出,两个接收信号的相关矩阵的值取决于信道$\boldsymbol{H}$、噪声的相关矩阵$\boldsymbol{R}_{B,H}(0)$以及传输信号的相关性。

2. 范数

本节基于接收信号相关矩阵$\boldsymbol{R}_{Y,T}(\tau)$和$\boldsymbol{R}_{Y,H}(\tau)$的范数定义特征参数。定义$n\times m$维矩阵$\boldsymbol{M}$的范数为

$$\|\boldsymbol{M}\|_{\mathrm{F}}^2 = \sum_{i=1}^{n}\sum_{j=1}^{m}|M_{ij}|^2 \tag{3-49}$$

考虑接收信号相关矩阵$\boldsymbol{R}_{Y,T}(\tau)$和$\boldsymbol{R}_{T,H}(\tau)$，当信道矩阵 $\boldsymbol{H}$ 为满秩矩阵($n_{\mathrm{r}} \geqslant n_{\mathrm{t}}$)，且 $\tau>0$ 时：

$$\text{当且仅当} \|\boldsymbol{R}_{X,T}(\tau)\|_{\mathrm{F}}^2=0 \text{ 时}, \|\boldsymbol{R}_{Y,T}(\tau)\|_{\mathrm{F}}^2=0 \tag{3-50}$$

$$\text{当且仅当} \|\boldsymbol{R}_{X,H}(\tau)\|_{\mathrm{F}}^2=0 \text{ 时}, \|\boldsymbol{R}_{Y,H}(\tau)\|_{\mathrm{F}}^2=0 \tag{3-51}$$

相关矩阵的证明过程见附录 B。

通过式(3-45)、式(3-46)、式(3-50)和式(3-51)可知，当 $\tau \geqslant L$ 时，$\|\boldsymbol{R}_{Y,T}(\tau)\|_{\mathrm{F}}^2$和 $\|\boldsymbol{R}_{Y,H}(\tau)\|_{\mathrm{F}}^2$的值为 0；当 $\tau<L$ 时，接收信号相关矩阵 $\|\boldsymbol{R}_{Y,T}(\tau)\|_{\mathrm{F}}^2$和 $\|\boldsymbol{R}_{Y,H}(\tau)\|_{\mathrm{F}}^2$的值也可能为 0，这取决于空时分组码矩阵 $\boldsymbol{A}_j$。表 3-3 列出了 SM、AL、STBC3 和 STBC4 的接收信号相关矩阵$\boldsymbol{R}_{Y,T}(\tau)$和$\boldsymbol{R}_{T,H}(\tau)$的值。

表 3-3 不同 STBC 接收信号相关矩阵范数值

编码	τ	$\|\boldsymbol{R}_{Y,T}(\tau)\|_{\mathrm{F}}^2$	$\|\boldsymbol{R}_{Y,T}(\tau)\|_{\mathrm{F}}^2$
SM	0	0	N_{b}
	>0	0	0
AL	0	0	2
	1	0.5	0
	>1	0	0
STBC3	0	0	1.6875
	1	0.25	0.0625
	2	0.125	0.0625
	3	0	0.0625
	>3	0	0
STBC4	0	0	3
	1	0.0313	0.625
	2	0	0
	3	0.1563	0
	4	0.75	0.125
	5	0.1563	0
	6	0	0
	7	0.0313	0
	>7	0	0

显然，当 $\tau=4$ 时，STBC4 的 $\|\boldsymbol{R}_{Y,T}(4)\|_F^2\neq0$，可以识别出 STBC4；当 $\tau=2$ 时，STBC3 的 $\|\boldsymbol{R}_{Y,T}(2)\|_F^2\neq0$，可以识别出 STBC3；当 $\tau=1$ 时，AL 的 $\|\boldsymbol{R}_{Y,T}(1)\|_F^2\neq0$，可以识别出 AL 和 SM。

3.3.3 假设检验

在实际系统中，$\boldsymbol{R}_{Y,T}(\tau)$ 是未知的，它可以表示成循环卷积的形式：

$$\hat{\boldsymbol{R}}_{Y,T}(\tau)=\frac{1}{N}\sum_{i=0}^{N-1}\boldsymbol{Y}_i\boldsymbol{Y}_{(i+\tau)\bmod N}^{\mathrm{T}} \tag{3-52}$$

式中：$\tau=\{0,1,\cdots,N/2\}$。

定义 $\|\hat{\boldsymbol{R}}_{Y,T}(\tau)\|_F^2$ 的零值检测的假设检验：

$$\begin{cases}\mathrm{H}_0:\|\hat{\boldsymbol{R}}_{Y,T}(\tau)\|_F^2=0\\ \mathrm{H}_1:\|\hat{\boldsymbol{R}}_{Y,T}(\tau)\|_F^2\neq0\end{cases} \tag{3-53}$$

考虑基于假设 H_0 的 χ^2 检验，定义时延集 Ω，满足当 $\tau_0\in\Omega$ 时，$\boldsymbol{R}_{Y,T}(\tau_0)=0$。将 $\hat{\boldsymbol{R}}_{Y,T}(\tau)$ 的 n_r 个列向量相连组成新的长度为 n_r^2 的向量，定义为 $\mathrm{vec}\{\hat{\boldsymbol{R}}_{Y,T}(\tau)\}$，根据中心极限定理，$\mathrm{vec}\{\hat{\boldsymbol{R}}_{Y,T}(\tau)\}$ 是 $\mathrm{vec}\{\boldsymbol{R}_{Y,T}(\tau)\}$ 的渐近正态估计，因此 $\mathrm{vec}\{\hat{\boldsymbol{R}}_{Y,T}(\tau)\}\to\mathcal{N}_c(\boldsymbol{0}_{n_r^2},\boldsymbol{\Psi})$，其中 $\boldsymbol{0}_{n_r^2}$ 是长度为 n_r^2 的零向量，$n_r^2\times n_r^2$ 维的协方差矩阵可表示为

$$\boldsymbol{\Psi}=\mathrm{E}[\mathrm{vec}\{\hat{\boldsymbol{R}}_{Y,T}(\tau)\}\mathrm{vec}\{\hat{\boldsymbol{R}}_{Y,T}(\tau)\}^{\mathrm{H}}] \tag{3-54}$$

其估计为

$$\hat{\boldsymbol{\Psi}}=\frac{1}{|\Omega|}\sum_{\tau_0\in\Omega}\mathrm{vec}\{\hat{\boldsymbol{R}}_{Y,T}(\tau)\}\mathrm{vec}\{\hat{\boldsymbol{R}}_{Y,T}(\tau)\}^{\mathrm{H}} \tag{3-55}$$

式中：$|\Omega|$ 为集合 Ω 中元素的数量。

通过 $n_r^2\times n_r^2$ 维白化矩阵 $\boldsymbol{W}$ 对 $\mathrm{vec}\{\hat{\boldsymbol{R}}_{Y,T}(\tau)\}$ 进行白化处理使之对角化，具体为

$$\mathrm{vec}^{\mathrm{d}}\{\hat{\boldsymbol{R}}_{Y,T}(\tau)\}=\boldsymbol{W}\times\mathrm{vec}\{\hat{\boldsymbol{R}}_{Y,T}(\tau)\} \tag{3-56}$$

$$\mathrm{E}[\mathrm{vec}^{\mathrm{d}}\{\hat{\boldsymbol{R}}_{Y,T}(\tau_0)\}\mathrm{vec}^{\mathrm{d}}\{\hat{\boldsymbol{R}}_{Y,T}(\tau_0)\}^{\mathrm{H}}]=2\times\boldsymbol{I}_{n_r^2} \tag{3-57}$$

式中：$\boldsymbol{I}_{n_r^2}$ 为长度为 n_r^2 的单位矩阵。

白化矩阵 $\boldsymbol{W}$ 是通过协方差 $\hat{\boldsymbol{\Psi}}$ 的特征值分解得到的：$\hat{\boldsymbol{\Psi}}=\boldsymbol{U\Lambda U}$，其中 $\boldsymbol{\Lambda}$、$\boldsymbol{U}$ 分别为包含特征值的对角阵和与特征值相关的酉矩阵。白化矩阵可表示为

$$W=\sqrt{2}\Lambda^{-1/2}U^{\mathrm{H}} \tag{3-58}$$

式(3-58)表明，$\mathrm{vec}^{\mathrm{d}}\{\hat{\boldsymbol{R}}_{Y,T}(\tau)\}$的元素分布趋于均值为0、方差为2的高斯分布，它的均方模符合二自由度卡方分布χ_2^2，因此，$\mathrm{vec}^{\mathrm{d}}\{\hat{\boldsymbol{R}}_{Y,T}(\tau)\}$的范数符合$2n_{\mathrm{r}}^2$自由度的$\chi^2$分布，即$\|\mathrm{vec}^{\mathrm{d}}\{\hat{\boldsymbol{R}}_{Y,T}(\tau)\}\|_{\mathrm{F}}^2\to\chi_{2n_{\mathrm{r}}^2}^2$。

设峰值检测阈值为ε，它是通过预先确定的虚警概率来获得的，即

$$P_{\mathrm{fa}}=\int_{\varepsilon}^{\infty}\frac{x^{(v-2)/2}}{2^{v/2}\Gamma(v/2)}\mathrm{e}^{-x/2}\mathrm{d}x \tag{3-59}$$

式中：v为自由度，在本节中$v=2n_{\mathrm{r}}^2$；$\Gamma(\,)$为伽马方程，且有

$$\Gamma(z)=\int_{0}^{\infty}x^{z-1}\mathrm{e}^{-x}\mathrm{d}x \tag{3-60}$$

显然，当$\|\mathrm{vec}^{\mathrm{d}}\{\hat{\boldsymbol{R}}_{Y,T}(\tau)\}\|_{\mathrm{F}}^2<\varepsilon$时，假设$\mathrm{H}_0$成立，反之假设$\mathrm{H}_1$成立。

3.3.4 算法流程

本节提出的针对STBC识别的算法的实施经历以下过程（图3-2）：

（1）计算时延相关函数在$\tau=\{1,2,\cdots,N/2\}$时的$\hat{\boldsymbol{R}}_{Y,T}(\tau)$，如式（3-52）所示；

（2）计算$\hat{\boldsymbol{R}}_{Y,T}(\tau_0)$的协方差矩阵$\hat{\boldsymbol{\Psi}}$，其中$\hat{\boldsymbol{\Psi}}$如式（3-55）所示，$\Omega=\{8,9,\cdots,N/2\}$；

（3）计算$\hat{\boldsymbol{\Psi}}$特征分解；

（4）由式(3-58)和式(3-56)计算白化矩阵；

（5）计算$\|\mathrm{vec}^{\mathrm{d}}\{\hat{\boldsymbol{R}}_{Y,T}(\tau)\}\|_{\mathrm{F}}^2$的范数；

（6）由式(3-59)计算检测阈值ε；

（7）判决STBC类型。

3.3.5 实验验证

采用五种STBC码，除了常用的AL码和SM码外，还加入了式（1-40）~式（1-42）。仿真条件：采用瑞利信道，信道参数$\boldsymbol{H}_{uv}$服从复高斯分布，其方差$\mathrm{E}[|\boldsymbol{H}_{uv}|^2]=1$；复高斯噪声，且噪声之间不相关，$\boldsymbol{R}_{B,H}(0)=\sigma^2\boldsymbol{I}_{n_{\mathrm{r}}^2}$；$\mathrm{SNR}=10\lg(\sigma_{\mathrm{s}}^2/\sigma^2)$，其中$\sigma_{\mathrm{s}}^2=\mathrm{tr}[\boldsymbol{R}_{X,H}(0)]$。

1. 接收样本数量对算法性能影响

接收天线$n_{\mathrm{r}}=3$时算法性能如图3-16所示，其中接收信号数量N为

512、1024、2048 和 4096。这四种情况在 SNR = 10dB 时正确识别概率都达到 1，且随着接收信号数量增加，算法性能会更优一些。例如，在 SNR = 0dB 时，接收信号数量为 4096 时算法性能就能达到 1，主要是由于接收信号数量增加，相关矩阵 $\boldsymbol{R}_{Y,T}(\tau)$ 估计更精确。

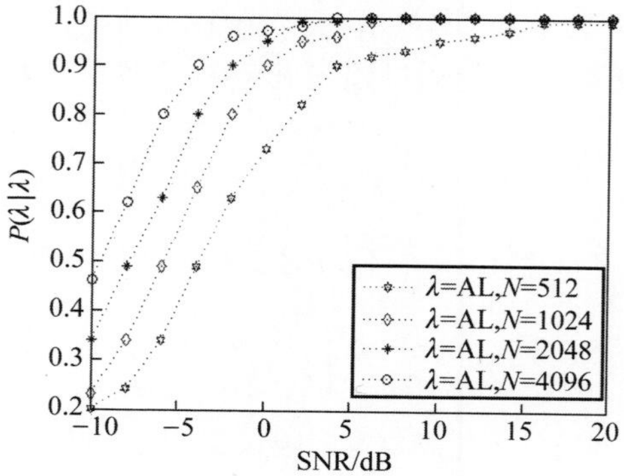

图 3-16 接收样本数量对算法性能影响

2. 接收天线数量对算法性能影响

当接收样本数量 $N=512$ 时算法性能如图 3-17 所示，接收天线数量 n_r 分别为 1、2、3、4、5，虚警概率 $f_c = 2.5\text{GHz}$。随着接收天线数量增加，算法性能更好。对于接收天线 $n_r=5$，SNR = 5dB，正确识别概率等于 1。原因是接收天线数量增加，使得 $\|\text{vec}^{d}\{\hat{\boldsymbol{R}}_{Y,T}(\tau)\}\|_F^2$ 的峰值更突出，因此检测非零和零的峰值更容易一些。从图 3-18 中可以得到结论：当 $n_r < n_t$ 时，即使在高信噪比下正确识别概率也没有达到 1。例如，在 SNR = 10dB，接收天线 $n_r=1$ 时，正确识别概率仅仅达到 0.4。实际上，这种情况下，由于 $n_r < n_t$，条件(1)就不成立。在这种

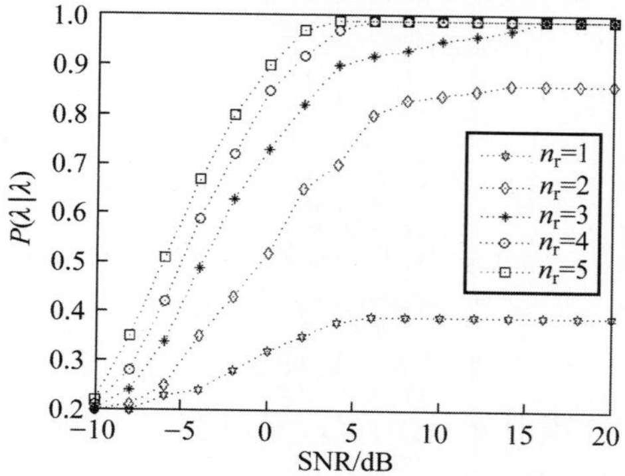

图 3-17 接收天线数量对算法性能影响

情况下,增大虚警概率会提高算法性能,然后虚警概率提高,也会使得本来不是峰值而检测为峰值,从而影响算法性能。

3. 虚警概率对算法性能影响

当接收天线 $n_r = 3$,接收样本 $N = 512$ 时,虚警概率对算法的影响如图3-18所示。在低信噪比下提高虚警概率能提高算法性能。当 SNR = 0dB,$P_{fa} = 10^{-2}$时,正确识别概率为0.83;当 SNR = 0dB,$P_{fa} = 10^{-5}$时,正确识别概率为0.7。然而在高信噪比下,减低虚警概率能提高算法性能。例如,在低虚警概率下,SNR = 20dB,正确识别概率为1;当虚警概率 $P_{fa} = 10^{-2}$时,正确识别概率为0.94。

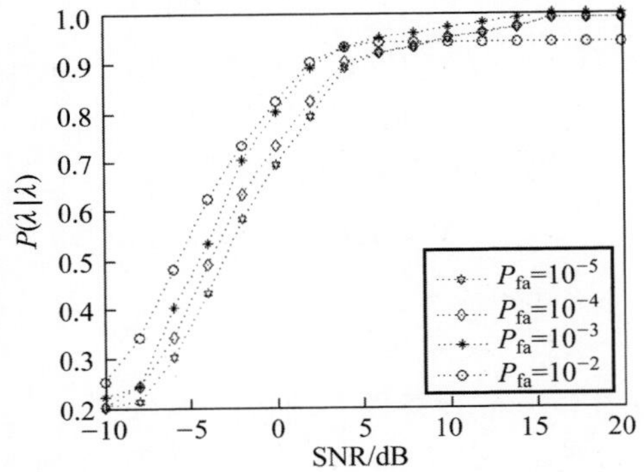

图3-18 虚警概率对算法性能影响

4. 调制方式对算法性能影响

当调制方式为QPSK、16PSK、32PSK、16QAM和32QAM时,算法性能如图3-19所示。从图3-19中得到结论:算法性能对调制方式不敏感。

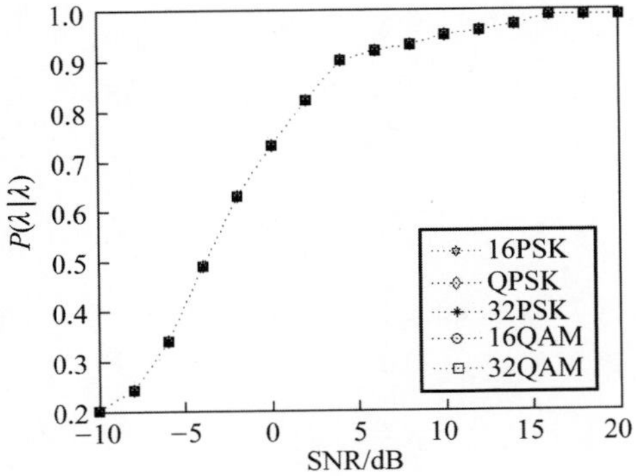

图3-19 调制方式对算法性能影响

3.4 基于四阶矩或四阶累积量的算法

3.4.1 信号模型

考虑采用 n_t 个发射天线、1 个接收天线的线性 STBC 的系统，每组码中需要传输的符号数为 n，传输的时间间隙数为 L，则 STBC 码矩阵维数为 $n_t \times L$，定义为 $\boldsymbol{C}(\boldsymbol{S})$。定义 $\boldsymbol{S}=[s_1,s_2,\cdots,s_n]$ 为待传输符号，则传输矩阵可表示为[34]

$$\boldsymbol{C}(\boldsymbol{S})=[\boldsymbol{A}_1\tilde{\boldsymbol{S}},\cdots,\boldsymbol{A}_L\tilde{\boldsymbol{S}}] \tag{3-61}$$

式中：$n_t \times 2n$ 维矩阵 $\boldsymbol{A}_i(0<i\leqslant L)$ 为发射端的编码矩阵；$\tilde{\boldsymbol{S}}=[\mathrm{Re}(\boldsymbol{S}^{\mathrm{T}}),\mathrm{Im}(\boldsymbol{S}^{\mathrm{T}})]^{\mathrm{T}}$ 为长度 $2n$ 的向量。传输符号 s 为独立同分布。

在加性噪声干扰下，第 k 时刻接收到的符号为

$$\boldsymbol{Y}_k=\boldsymbol{HC}(\boldsymbol{S})+\boldsymbol{B}_k \tag{3-62}$$

式中：$\boldsymbol{C}(\boldsymbol{S})=\boldsymbol{A}_u\boldsymbol{S}_v$，$u=k \bmod L$，$v=[k/L]$；$\boldsymbol{H}=[h_1,h_1,\cdots,h_{n_r}]$ 为衰落信道；$\boldsymbol{B}_k$ 为噪声。

本节的识别算法在以下假设条件下进行：

(1) 接收信号经过频率平坦 Nakagami $-m$ 衰落信道，$m=3$，则有 $\mathrm{E}[|h_i|^2]=1$，$\mathrm{E}[|h_i|^2]=i$ 和 $\mathrm{E}[h_i^4]=-1$，其中 $i=1,2,\cdots,n_t$；

(2) 噪声信号 $\boldsymbol{B}_k$ 为加性复高斯白噪声，其均值为 0、方差为 σ^2，则存在 $\mathrm{E}[\boldsymbol{B}_k\boldsymbol{B}_k^{\mathrm{H}}]=\sigma^2 L$，$\mathrm{SNR}=10\lg(n_t/\sigma^2)$[5]；

(3) 传输信号独立同分布，且经过 QPSK 调制，其平均信号能量 $\mathrm{E}[|s|^2]=1$，则有 $\mathrm{E}(s^2)=\mathrm{E}[(s^*)^2]=0$，$\mathrm{E}(s^4)=\mathrm{E}[(s^*)^4]=-1$[53]；

(4) 接收信号 $\boldsymbol{Y}=[Y_1,Y_2,\cdots,Y_{N_b}]$ 对应完整的 N_b 个发射符号，即接收信号第 1 个和最后一个符号分别对应所发射空时分组码的第 1 个和最后一个符号。

3.4.2 零时延的情况

1. 四阶累积量

由式(3-7)~式(3-12)四阶矩和四阶累积量的定义，对复平稳随机过程 $y(n)$，其零时延二阶累积量可表示为以下两种形式[39]：

$$c_{20}=\mathrm{E}[y(n)^2] \tag{3-63}$$

$$c_{21}=\mathrm{E}[y(n)y(n)^*]=\mathrm{E}[|y(n)|^2] \tag{3-64}$$

其零时延四阶累积量可表示为以下三种形式：

$$c_{40}=\mathrm{cum}(y(n),y(n),y(n),y(n)) \tag{3-65}$$

$$c_{41}=\mathrm{cum}(y(n),y(n),y(n),y(n)^*) \tag{3-66}$$

$$c_{42}=\mathrm{cum}(y(n),y(n),y(n)^*,y(n)^*) \tag{3-67}$$

对于零均值 x、y、z、w，四阶累积量 $\mathrm{cum}(x,y,z,w)$ 可表示为[43]

$$\mathrm{cum}(x,y,z,w)=\mathrm{E}(xyzw)-\mathrm{E}(xy)\mathrm{E}(zw)-\mathrm{E}(xz)\mathrm{E}(yw)-\mathrm{E}(xw)\mathrm{E}(yz) \tag{3-68}$$

假定复平稳随机过程 $y(n)$ 的均值为零（在实际计算中，对样本进行去均值处理，也能得到零均值样本），N 次采样的样本二阶累积量估计值为

$$\hat{c}_{20}=\frac{1}{N}\sum_{n=1}^{N}y^2(n) \tag{3-69}$$

$$\hat{c}_{21}=\frac{1}{N}\sum_{n=1}^{N}|y(n)|^2 \tag{3-70}$$

式中：带上标的 $\hat{c}_{xy}$ 为样本的累积量的均值。

同样，四阶累积量估计值可表示为

$$\hat{c}_{40}=\frac{1}{N}\sum_{n=1}^{N}y^4(x)-3\hat{c}_{20}^2 \tag{3-71}$$

$$\hat{c}_{41}=\frac{1}{N}\sum_{n=1}^{N}y^3(x)y(x)^*-3\hat{c}_{20}\hat{c}_{21} \tag{3-72}$$

$$\hat{c}_{42}=\frac{1}{N}\sum_{n=1}^{N}|y(x)|^4-|\hat{c}_{20}|^2-2\hat{c}_{21}^2 \tag{3-73}$$

特别地，零均值高斯信号的高阶累积量（阶数大于2）等于零[92]，零均值高斯噪声的高阶累积量 $\hat{c}_{xy,g}=0(x>2)$，信号的高阶统计分析和处理本质上就是对非高斯部分的分析和处理，观测接收信号的四阶累积量时，可以忽略噪声对于观测值的影响[92]。接收信号四阶累积量估计值可表示为

$$\hat{c}_{4x,y}=\hat{c}_{4x,4\boldsymbol{HC}(\boldsymbol{S})}+\hat{c}_{4x,g}\approx\hat{c}_{4x,\boldsymbol{HC}(\boldsymbol{S})} \tag{3-74}$$

式中：$\hat{c}_{4x,\boldsymbol{HC}(\boldsymbol{S})}$ 为无噪声接收信号四阶累积量估计值；$\hat{c}_{4x,g}$ 为噪声信号的四阶累积量估计值。

2. 接收信号的四阶累积量

选取四阶累积量 c_{40} 和 c_{42} 作为特征参数。不考虑噪声影响，无噪声接收信号 $\boldsymbol{X}^{\mathrm{STBC}}=\boldsymbol{HC}(\boldsymbol{S})$，对应的各类接收信号的表现形式为

$$\boldsymbol{X}^{\mathrm{SM}}=h_0s_1 \tag{3-75}$$

$$\boldsymbol{X}^{\mathrm{AL}}=[h_0\quad h_1]\begin{bmatrix}s_1 & -s_2^*\\ s_2 & s_1^*\end{bmatrix}=[h_0s_1+h_1s_2\quad -h_0s_2^*+h_1s_1^*]\tag{3-76}$$

$$\begin{aligned}\boldsymbol{X}^{\mathrm{STBC3}}&=[h_0\quad h_1\quad h_2]\begin{bmatrix}s_1 & 0 & s_2 & -s_3\\ 0 & s_1 & s_3^* & s_2^*\\ -s_2^* & -s_3 & s_1^* & 0\end{bmatrix}\\&=[h_0s_1-h_2s_2^*\quad h_1s_1-h_2s_3\quad h_0s_2+h_1s_3^*+h_2s_1^*\quad -h_0s_3+h_1s_2^*]\end{aligned}\tag{3-77}$$

$$\begin{aligned}\boldsymbol{X}^{\mathrm{STBC4}}&=[h_0\quad h_1\quad h_2]\begin{bmatrix}s_1 & -s_2 & -s_3 & -s_4 & s_1^* & -s_2^* & -s_3^* & -s_4^*\\ s_2 & s_1 & s_4 & -s_3 & s_2^* & s_1^* & s_4^* & -s_3^*\\ s_3 & -s_4 & s_1 & s_2 & s_3^* & -s_4^* & s_1^* & s_2^*\end{bmatrix}\\&=\begin{bmatrix}h_0s_1+h_1s_2+h_2s_3\\ -h_0s_2+h_1s_1-h_2s_4\\ -h_0s_3+h_1s_4+h_2s_1\\ -h_0s_4-h_1s_3+h_2s_2\\ h_0s_1^*+h_1s_2^*+h_2s_3^*\\ -h_0s_2^*+h_1s_1^*-h_2s_4^*\\ -h_0s_3^*+h_1s_4^*+h_2s_1^*\\ -h_0s_4-h_1s_3^*+h_2s_2^*\end{bmatrix}\end{aligned}\tag{3-78}$$

各接收信号的四阶累积量为

$$c_{40}^{\mathrm{SM}}=\mathrm{E}(\boldsymbol{X}^{\mathrm{SM}}\boldsymbol{X}^{\mathrm{SM}}\boldsymbol{X}^{\mathrm{SM}}\boldsymbol{X}^{\mathrm{SM}})-3\mathrm{E}(\boldsymbol{X}^{\mathrm{SM}}\boldsymbol{X}^{\mathrm{SM}})=\mathrm{E}[h_0^4s_1^4-3h_0^2s_1^2]=\mathrm{E}[h^4s^4-3h^2s^2]=1\tag{3-79}$$

$$\begin{aligned}c_{40}^{\mathrm{AL}}&=\mathrm{E}(\boldsymbol{X}^{\mathrm{SM}}\boldsymbol{X}^{\mathrm{SM}}\boldsymbol{X}^{\mathrm{SM}}\boldsymbol{X}^{\mathrm{SM}})-3\mathrm{E}(\boldsymbol{X}^{\mathrm{SM}}\boldsymbol{X}^{\mathrm{SM}})\\&=\frac{1}{2}\mathrm{E}[(h_0s_1+h_1s_2)^4+(-h_0s_1^*+h_1s_1^*)^4-3(h_0s_1+h_1s_2)^2-3(-h_0s_2^*+h_1s_1^*)^2]\\&=\frac{1}{2}\mathrm{E}[h_0^4s_1^4+h_1^4s_2^4+6h_0^4h_1^4s_1^2s_2^2+h_0^4(s_2^*)^4+h_1^4(s_1^*)^4\\&+6h_0^2h_1^2(s_1^*)^2(s_2^*)^2-3h_0^2s_1^2-3h_1^2s_2^2-3h_0^2(s_2^*)^2-3h_1^2(s_1^*)^2]\\&=2\mathrm{E}[h^4s^4]=2\end{aligned}\tag{3-80}$$

$$
\begin{aligned}
c_{42}^{\mathrm{AL}} &= \mathrm{E}(\boldsymbol{XXX}^*\boldsymbol{X}^*) - \mathrm{E}(\boldsymbol{XX})\mathrm{E}(\boldsymbol{X}^*\boldsymbol{X}^*) - 2[\mathrm{E}(\boldsymbol{X}^*\boldsymbol{X}^*)]^2 \\
&= \frac{1}{2}\{\mathrm{E}[(h_0s_1+h_1s_2)^2(h_0^*s_1^*+h_1^*s_2^*)^2] - \mathrm{E}[(h_0s_1+h_1s_2)^2(h_0^*s_1^*+h_1^*s_2^*)^2] \\
&\quad -2\mathrm{E}^2[(h_0s_1+h_1s_2)(h_0^*s_1^*+h_1^*s_2^*)] + \mathrm{E}[(-h_0s_2^*+h_1s_2^*)^2(-h_0^*s_2+h_1^*s_1)^2] \\
&\quad -\mathrm{E}[(-h_0s_2^*+h_1s_2^*)^2]\mathrm{E}[(-h_0^*s_2+h_1^*s_1)^2] - 2\mathrm{E}^2[(-h_0s_2^*+h_1s_1^*)^2(-h_0^*s_2+h_1^*s_1)]\} \\
&= \frac{1}{2}\mathrm{E}[|h_0|^4|s_1|^4+|h_1|^4|s_2|^4+|h_0|^4|s_2|^4+|h_1|^4|s_1|^4] \\
&\quad -\mathrm{E}^2[|h_0|^2|s_1|^2+|h_1|^2|s_2|^2] - \mathrm{E}^2[|h_0|^2|s_2|^2+|h_1|^2|s_1|^2] \\
&= 2\{\mathrm{E}[|h|^4|s|^4 - 2\mathrm{E}^2[|h|^2|s|^2\} = -2
\end{aligned}
\tag{3-81}
$$

STBC3 和 STBC4 的推导过程较长，在此不做详细推导，与 AL 推导过程类似。各类 STBC 的四阶累积量理论值 c_{40} 和 c_{42} 如表 3-4 中的第 2、3 列所示。表 3-4 中的 4~9 列分别为四阶累积量估计值的方差。其中，N 个样本的方差计算公式为[38]

$$
N\ \mathrm{var}[\hat{c}_{40}] = m_{84} - |m_{40}|^2 \approx c_{84} + 16c_{63}c_{21} + 18c_{42}^2 + 72c_{42}c_{21}^2 + 24c_{21}^4 \tag{3-82}
$$

表 3-4 不同 STBC 的 c_{40} 和 c_{42} 理论值以及样本方差估计值

STBC	c_{40}	c_{42}	$N\ \mathrm{var}(\hat{c}_{40})$			$N\ \mathrm{var}(\hat{c}_{42})$		
			0dB	5dB	10dB	0dB	5dB	10dB
SM	1	-1	0.1225	0.0128	0.0030	0.0184	0.0024	0.0008
AL	2	-2	0.1430	0.0828	0.0762	0.0172	0.0092	0.0077
STBC3	2.25	-1.75	0.2327	0.1950	0.1843	0.0382	0.0322	0.0334
STBC4	3	-3	0.8114	0.7126	0.4106	0.0943	0.0822	0.0456

3. 距离检测方法

以零时延情况下信号识别为例。如表 3-4 所列，四种 STBC 的无噪声接收信号 $\boldsymbol{X}^{\mathrm{STBC}} = \boldsymbol{HC}(\boldsymbol{S})$ 在零时延下四阶累积量的理论值不同。由于四阶累积量的方法能够有效地抑制高斯白噪声影响，因此只需检测接收信号四阶累积量的值即可判断是哪一种 STBC。

考虑一个静态高斯分布 S，其均值为 μ_i、方差为 σ_i^2，通过假设检验 $\mathrm{H}_i(i=0,1)$ 进行不同 STBC 的识别。不失一般性，假设 $\sigma_0^2 < \sigma_1^2$，并假定先验概率相等，则

使得错误概率最小的似然比检测(Likelihood Ratio Test, LRT)可定义为一个区间检测系统,表示为[94]

$$\mathrm{H}_0:S\in[\mu-\alpha,\mu+\alpha] \tag{3-83}$$

式中

$$\mu:=\left(\frac{\mu_0}{\sigma_0^2}-\frac{\mu_1}{\sigma_1^2}\right)\frac{\sigma_0^2\sigma_1^2}{\sigma_1^2-\sigma_0^2}$$

$$\alpha^2:=\frac{\sigma_0^2\sigma_1^2}{\sigma_1^2-\sigma_0^2}\left[\ln\frac{\sigma_1^2}{\sigma_0^2}+\frac{(\mu_1-\mu_0)^2}{\sigma_1^2-\sigma_0^2}\right]$$

若$\sigma_0^2=\sigma_1^2$,则可进行阈值检测:当$\mu_0<\mu_1$时,使得判决$\mathrm{H}_0:S<\frac{\mu_0+\mu_1}{2}$。由表3-4可以看出,$c_{40}$分别为1,2,2.25,3,可以使用上述阈值检测方法。为此,定义四元系统:

$$\Omega_4=\{\mathrm{SM},\mathrm{AL},\mathrm{STBC3},\mathrm{STBC4}\} \tag{3-84}$$

在给定信噪比条件下,假定$\hat{c}_{40}$服从高斯分布,令μ_k、σ_k^2分别表示假设H_k下静态高斯系统Ω_4的均值和方差,由表3-4可知,$\mu_1<\mu_2<\mu_3<\mu_4$,4种不同STBC的方差$\sigma_1^2\approx\sigma_2^2\approx\sigma_3^2\approx\sigma_4^2$,假设各空时分组码的四阶累积量方差相等,可得判决:

$$\mathrm{H}_k:(\mu_{k-1}+\mu_k)/2<S<(\mu_{k+1}+\mu_k)/2 \tag{3-85}$$

取$\mu_0=-\infty,\mu_5=\infty$,可得

$$\begin{cases}|\hat{c}_{40}|<1.5\Rightarrow\mathrm{SM}\\1.5\leqslant|\hat{c}_{40}|<2.125\Rightarrow\mathrm{AL}\\2.125\leqslant|\hat{c}_{40}|<2.625\Rightarrow\mathrm{STBC3}\\2.625\leqslant|\hat{c}_{40}|\Rightarrow\mathrm{STBC4}\end{cases} \tag{3-86}$$

定义总体识别概率可对不同STBC进行识别:

$$P_{\mathrm{c}}=\frac{1}{4}\sum_{\xi\in\Omega_4}P(\xi\mid\xi) \tag{3-87}$$

式中:$P(\xi|\xi)$为1000次蒙特卡罗仿真的识别概率,其中$\xi\in\Omega_4$。

3.4.3 时延不为零的情况

1. 接收信号四阶累积量

具有时延条件下的无噪声接收信号$\boldsymbol{X}^{\mathrm{STBC}}=\boldsymbol{HC}(\boldsymbol{S})$的四阶累积量可定义为

$$
\begin{aligned}
c_{40}(\tau_0,\tau_1,\tau_2,\tau_3) &= \mathrm{cum}(X(k+\tau_0)X(k+\tau_1)X(k+\tau_2)X(k+\tau_3)) \\
&= \mathrm{E}[X(k+\tau_0)X(k+\tau_1)X(k+\tau_2)X(k+\tau_3)] \\
&\quad - \mathrm{E}[X(k+\tau_0)X(k+\tau_1)]\mathrm{E}[X(k+\tau_2)X(k+\tau_3)] \\
&\quad - \mathrm{E}[X(k+\tau_0)X(k+\tau_2)]\mathrm{E}[X(k+\tau_1)X(k+\tau_3)] \\
&\quad - \mathrm{E}[X(k+\tau_0)X(k+\tau_3)]\mathrm{E}[X(k+\tau_1)X(k+\tau_2)]
\end{aligned} \tag{3-88}
$$

如果变量 x_i 和 x_i 是统计意义上独立的，那么其累积量具有“半不变性”[92]，即

$$
\mathrm{cum}(x_1,x_2,\cdots,x_k) = \mathrm{cum}(x_1+y_1,x_2+y_2,\cdots,x_k+y_k) + \mathrm{cum}(y_1,y_2,\cdots,y_k) \tag{3-89}
$$

接收信号的四阶累积量：

令 $\tau_0=\tau_1=0$ 和 $\tau_2=\tau_3=\in\{1,2,5\}$（取法不再赘述）。

1）STBC4 码

STBC4 码的四阶累积量在时延向量[0,0,1,1]时表示为

$$
\begin{aligned}
&c_{40,x}^{\mathrm{STBC4}}(0,0,1,1) = \mathrm{cum}[X(k)X(k)X(k+1)X(k+1)] \\
&= \mathrm{E}[X^2(k)X^2(k+1)] - \mathrm{E}[X^2(k)X^2(k+1)] - 2\mathrm{E}([X^2(k)X^2(k+1)])^2 \\
&= \frac{1}{8}(4\mathrm{E}(h_0^2h_1^2x^4) + 2\mathrm{E}(h_1^2h_2^2(|x|^4 - 2|x|^2|x|^2))) \\
&+ \frac{1}{8}(2\mathrm{E}(h_1^2h_2^2x^4) + 4\mathrm{E}(h_1^2h_0^2(x^*)^4) + 2\mathrm{E}(h_1^2h_2^2(x^*)^4))
\end{aligned} \tag{3-90}
$$

式中：h_i 为第 i 个发射天线和接收天线的信道系数。

STBC4 码的四阶累积量在时延向量[0,0,2,2]时表示为

$$
\begin{aligned}
&c_{40,x}^{\mathrm{STBC4}}(0,0,2,2) = \mathrm{cum}[X(k)X(k)X(k+2)X(k+2)] \\
&= \mathrm{E}[X^2(k)X^2(k+2)] - \mathrm{E}[X^2(k)X^2(k+2)] - 2\mathrm{E}([X^2(k)X^2(k+2)])^2 \\
&= \frac{1}{8}(4\mathrm{E}(h_0^2h_2^2(|x|^4 - 2|x|^2|x|^2)) + 4\mathrm{E}(h_0^2h_2^2x^4) + 4\mathrm{E}(h_0^2h_2^2(x^*)^4))
\end{aligned} \tag{3-91}
$$

STBC4 码的四阶累积量在时延向量[0,0,5,5]时表示为

$$
\begin{aligned}
c_{40,x}^{\mathrm{STBC4}}(0,0,5,5) &= \mathrm{cum}[X(k)X(k)X(k+5)X(k+5)] \\
&= \mathrm{E}[X^2(k)X^2(k+5)] - \mathrm{E}[X^2(k)X^2(k+5)] - 2\mathrm{E}([X^2(k)X^2(k+5)])^2 \\
&= \frac{1}{8}(4\mathrm{E}(h_0^2h_2^2(|x|^4-2|x|^2|x|^2)) + 2\mathrm{E}(h_1^2h_2^2(|x|^4-2|x|^2|x|^2)))
\end{aligned}
\tag{3-92}
$$

2）STBC3 码

STBC3 码的四阶累积量在时延向量[0,0,1,1]时表示为

$$
\begin{aligned}
c_{40,x}^{\mathrm{STBC3}}(0,0,1,1) &= \mathrm{cum}[X(k)X(k)X(k+1)X(k+1)] \\
&= \mathrm{E}[X^2(k)X^2(k+1)] - \mathrm{E}[X^2(k)X^2(k+1)] - 2\mathrm{E}([X^2(k)X^2(k+1)])^2 \\
&= \frac{1}{4}(\mathrm{E}(h_0^2h_1^2x^4) + 2\mathrm{E}(h_1^2h_2^2(|x|^4-2|x|^2|x|^2)) + 2\mathrm{E}(h_0^2h_1^2(|x|^4-2|x|^2|x|^2)))
\end{aligned}
\tag{3-93}
$$

STBC3 码的四阶累积量在时延向量[0,0,2,2]时表示为

$$
\begin{aligned}
c_{40,x}^{\mathrm{STBC3}}(0,0,2,2) &= \mathrm{cum}[X(k)X(k)X(k+2)X(k+2)] \\
&= \mathrm{E}[X^2(k)X^2(k+2)] - \mathrm{E}[X^2(k)X^2(k+2)] - 2\mathrm{E}([X^2(k)X^2(k+2)])^2 \\
&= \frac{1}{4}(\mathrm{E}(h_0^2h_1^2x^4) + 2\mathrm{E}(h_0^2h_2^2(|x|^4-2|x|^2|x|^2)))
\end{aligned}
\tag{3-94}
$$

由于 STBC3 的编码矩阵长度为 4，因此 STBC3 在时延向量[0,0,5,5]四阶累积量为

$$c_{40,x}^{\mathrm{STBC3}}(0,0,5,5) = 0 \tag{3-95}$$

3）AL 码

AL 码的四阶累积量在时延向量[0,0,1,1]时表示为

$$
\begin{aligned}
c_{40,x}^{\mathrm{AL}}(0,0,1,1) &= \mathrm{cum}[X(k)X(k)X(k+1)X(k+1)] \\
&= \mathrm{E}[(h_0x_{c,0}+h_1x_{c,1})^2(-h_0x_{b,1}^*+h_1x_{b,0}^*)^2] - \mathrm{E}[(h_0x_{c,0}+h_1x_{c,1})^2] \\
&\quad \mathrm{E}[(-h_0x_{b,1}^*+h_1x_{b,0}^*)^2] - 2\mathrm{E}[(h_0x_{c,0}+h_1x_{c,1})(-h_0x_{b,1}^*+h_1x_{b,0}^*)]^2 \\
&= C
\end{aligned}
\tag{3-96}
$$

式中：$x_{c,0}$代表第 c 个编码矩阵的第 0 个发射符号，若 $c \neq b$，则代表符号 $x_{c,0}$ 和

$x_{b,0}$不在同一编码矩阵内。

若 $c=b$,则 C 可以表示为

$$C=2\mathrm{E}[h_0^2h_1^2(|x|^4-2|x|^2|x|^2)] \tag{3-97}$$

否则,有

$$C=0 \tag{3-98}$$

因此,$c_{40,x}^{\mathrm{AL}}(0,0,1,1)$表示为

$$c_{40,x}^{\mathrm{AL}}(0,0,1,1)=2\times0.5\times\mathrm{E}[h_0^2h_1^2(|x|^4-2|x|^2|x|^2)]=\mathrm{E}(h_0^2h_1^2C_{40,x}) \tag{3-99}$$

由于编码矩阵的码长为2,在编码矩阵内的发射符号是相关的,而编码矩阵间的发射符号是独立的,因此四阶累积量在时延向量[0,0,2,2]和[0,0,5,5]的表达式为

$$c_{40,x}^{\mathrm{AL}}(0,0,2,2)=c_{40,x}^{\mathrm{AL}}(0,0,5,5)=0 \tag{3-100}$$

4) SM 码

由于每个时间间隔发射的符号独立,因此接收信号的四阶累积量都为零,即

$$c_{40,x}^{\mathrm{SM}}(0,0,1,1)=c_{40,x}^{\mathrm{SM}}(0,0,2,2)=c_{40,x}^{\mathrm{SM}}(0,0,5,5)=0 \tag{3-101}$$

不同的调制信号[95],$c_{42,x}$和 $c_{21,x}$的值如表 3-5 所列。

表 3-5 不同星座符号的矩和累积量

	QPSK	8PSK	16QAM	64QAM
$m_{21,x}=c_{21,x}$	1	1	1	1
$c_{42,x}$	-1	-1	-0.68	-0.619
$m_{40,x}$	-1	-1	-0.6588	-0.5495

空时分组码在不同的时延向量的四阶累积量的理论值取决于空时分组码的类型。对于 QPSK 调制,SM、AL、STBC3 和 STBC4 的理论值如表 3-6 所列。

表 3-6 $c_{40,x}$的理论值(QPSK 调制)

STBC	SM			AL			STBC3			STBC4		
$\mathrm{E}[x_zx_{z'}^*]=\sigma_s^2\delta_{zz'}$	1	2	5	1	2	5	1	2	5	1	2	5
$c_{40,x}$	0	0	0	1	0	0	1.25	0.75	0	1.75	1.50	0.75

2. 假设检验检测方法

通过对表 3-6 的分析,书中提出利用判决树识别 STBC,判决树如图 3-20 所示。

在第一个节点，通过四阶累积量 $c_{40,x}$ 在时延向量[0,0,5,5]时的非零性，可以将 STBC4 码从其余三种 STBC 码中区分开来；

在第二个节点，通过四阶累积量 $c_{40,x}$ 在时延向量[0,0,2,2]时的非零性，可以将 STBC3 从其余两种 STBC 码中区分开来；

在第三个节点，通过四阶累积量 $c_{40,x}$ 在时延向量[0,0,1,1]时非零性，可以将 AL 从 SM 码中区分开来。

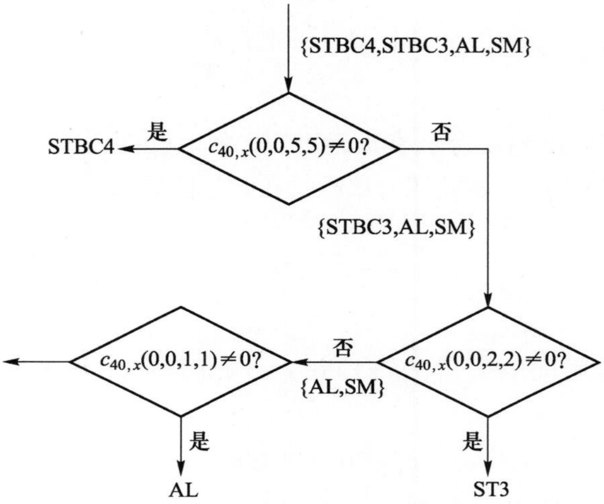

图 3-20 识别算法判决树

本节算法的原理是通过不同时延向量的四阶累积量的非零性判决发射端 STBC。非零性的检验通过一个假设检验：

$$H_0 : \hat{c}_{40,r(k)} = 0 \tag{3-102}$$

$$H_1 : \hat{c}_{40,r(k)} \neq 0 \tag{3-103}$$

由中心极限定理可知，在 H_0 条件下，$\hat{c}_{40,r(k)}$ 是一个渐近正态分布过程。截获器由单根接收天线组成。STBC3 码在时延向量[0,0,2,2]时四阶累积量 $\hat{c}_{40,r(k)}$ 时的估计值的直方分布图如图 3-21 所示。已知 H_0 条件下的分布，可以求得判决阈值 ξ。阈值 ξ 通过虚警概率求得

$$P_{\mathrm{fa}} = \int_{\xi}^{\infty} \left\{ \sqrt{\frac{1}{2\pi\delta^2}} \right\} \mathrm{e}^{\frac{-(x-\mu)}{2\delta^2}} \mathrm{d}x \tag{3-104}$$

式中：μ、δ 分别为 H_0 条件下的均值和方差。对式(3-102)求反函数，可以求得阈值 ξ。当 $\hat{c}_{40,r(k)} < \xi$ 时，H_0 成立；否则，H_1 成立。

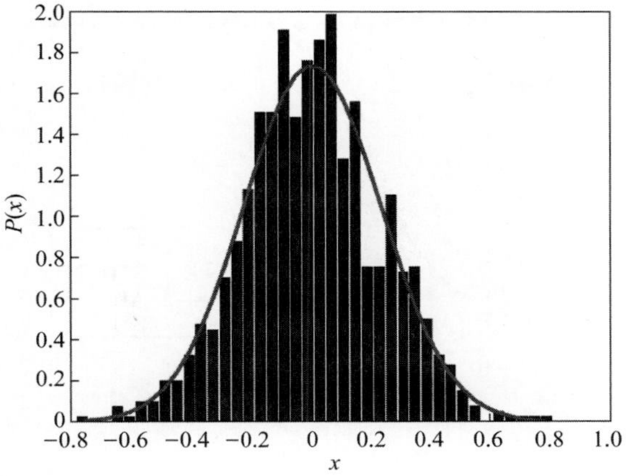

图 3-21 STBC3 码在时延向量[0,0,2,2]时四阶累积量时的估计值的直方分布图

3.4.4 实验验证

选取 3.4.3 节中算法进行仿真,仿真采用 1000 次蒙特卡罗仿真验证算法性能。采用空时分组码集合为 SM、AL、STBC3 和 STBC4。仿真条件:调制方式为 QPSK;$N=8192$,$P_{fa}=10^{-1}$;高斯白噪声且方差为 σ_w^2,频率平稳的 Nakagami-m 衰落信道,并且 $m=3$ 和 $E\{|h_i^2|\}=1(i=0,1,2,3)$,$SNR=10\lg(n_t/\sigma_w^2)$。

1. 性能评价

在 Nakagami 衰落信道($m=3$)算法性能如图 3-22 所示。由图可以看出,AL、STBC3 和 STBC4 算法性能随着 SNR 增大而提高,而 SM 算法性能几乎不受 SNR 影响。$P(SM|SM)$ 在 SNR≈-3dB 时识别概率达到 1;$P(STBC3|STBC3)$ 在 SNR≈2dB 时识别概率达到 1;$P(STBC4|STBC4)$ 在 SNR≈6dB 时识别概率达到 1。因此,该算法在低信噪比条件下正确识别概率也较好。其主要是因为选取累积量作为该算法的分析工具,它的高阶累积量(阶数大于或等于 4)对噪声不敏感,使得噪声对算法的性能影响较小。

2. 接收样本对平均识别概率的影响

在 Nakagami 衰落信道($m=3$)、调制方式为 QPSK 条件下,当截获器接收信号数量为 512、1024、2048、4096 和 8192 时,平均识别概率如图 3-23 所示。在这五种情况下,平均识别概率 P_c 在 SNR=5dB 左右趋于平稳。从图 3-23 发现,在低信噪比下,$N=8192$ 最先达到它的最大识别概率 1,且算法性能随着接收信号数量增加而提高,性能的提高主要是因为 N 的增大使得四阶累积量估计值 $\hat{c}_{40,r}$ 接近真实值。

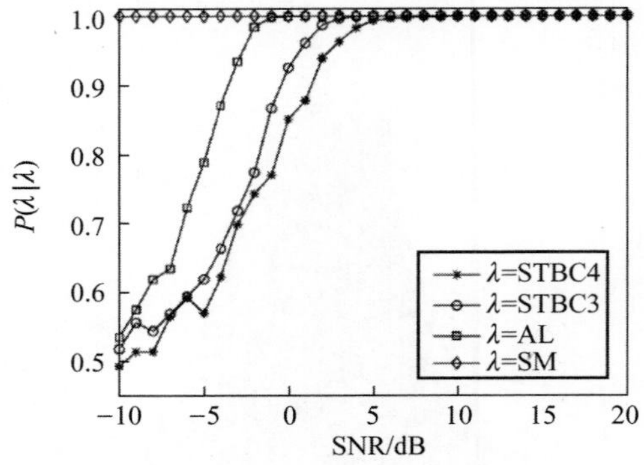

图 3 - 22　算法性能

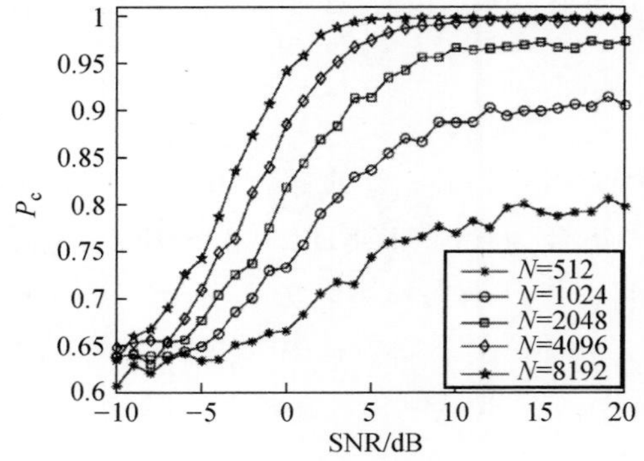

图 3 - 23　接收样本对算法影响

3. 虚警概率对平均识别概率的影响

当接收天线为 1、接收样本为 2048 时,算法性能随着虚警概率影响如图 3 - 24 所示。由图可看,$P_{fa}=10^{-2}$时算法性能更优,主要是由于 $\hat{c}_{40r}$,服从高斯分布,提高虚警概率导致$[\mu+\xi,2\mu-\xi]$区间范围变大,算法性能加强。

4. 调制方式对平均识别概率的影响

在 Nakagami 衰落信道($m=3$)、接收样本 $N=2048$ 条件下,当调制方式为 QPSK、8PSK、16QAM 和 64QAM 时,平均识别概率曲线如图 3 - 25 所示。选取的这四种调制方式是无线通信中常用的调制方式,从图 3 - 25 可以得出结论:对于 MPSK 而言,算法性能不依赖选择的调制方式,而对于 MQAM 而言算法性能依赖所选择调制方式。其原因是算法性能取决于 $\hat{c}_{40,r}$和零的距离,当距离增大时,算法性能提高。由前面推导可以发现:四阶累积量与符号的 $c_{42,x}$ 有关,当

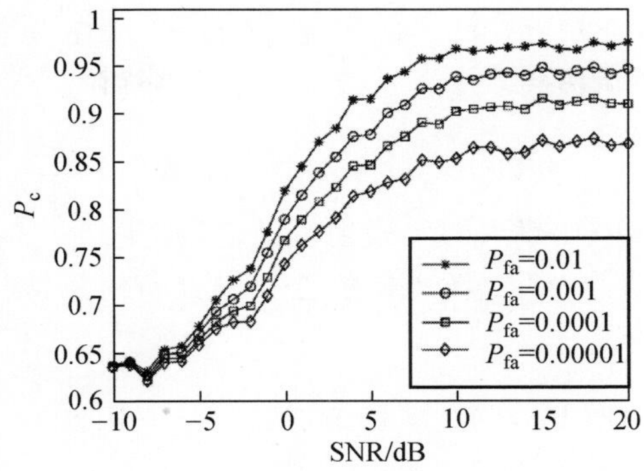

图 3-24 虚警率对算法性能影响

$c_{42,x}$增大时,其四阶累积量也相应增大,对于 MPSK 而言,$c_{42,x}$的值没有变换,而 MQAM 时,M 值增大,其 $c_{42,x}$值相应减少。

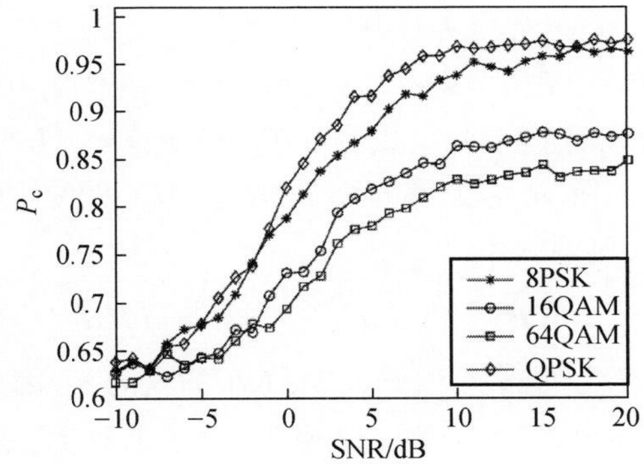

图 3-25 调制方式对算法性能影响

3.5 基于高阶累积量的正交识别方法

3.5.1 信号模型

1. 发射信号[63]

考虑具有 n_t 个发射天线的空时分组码,n 为待发射符号个数,$\boldsymbol{S}=[s_1,s_2,\cdots,s_n]^{\mathrm{T}}$ 为发射信号,s_i 为第 i 个符号,各符号独立分布,发射一组空时分组码所需时间间隔为 L,空时分组编码矩阵维数为 $n_t\times L$。取长度为 $2n$ 的序列

$\widetilde{\boldsymbol{S}} = [\mathrm{Re}(\boldsymbol{S}^{\mathrm{T}}), \mathrm{Im}(\boldsymbol{S}^{\mathrm{T}})]^{\mathrm{T}}$ 将 s 的实部和虚部同时表示在一个列向量中，那么发射端的 $n_{\mathrm{t}} \times L$ 维矩阵可以表示为

$$\boldsymbol{C}(\boldsymbol{S}) = [\boldsymbol{A}_1 \widetilde{\boldsymbol{S}}, \cdots, \boldsymbol{A}_L \widetilde{\boldsymbol{S}}] \tag{3-105}$$

式中：$n_{\mathrm{t}} \times 2n$ 维矩阵 $\boldsymbol{A}_i (0 < i \leqslant L)$ 为发射端的编码矩阵。

本节假定传输信号为经过 QPSK 的独立同分布信号，则传输信号 s 的实部和虚部满足

$$\mathrm{E}[\mathrm{Re}(s)^2] = \mathrm{E}[\mathrm{Im}(s)^2] = \frac{1}{2}\mathrm{E}[s^2]$$

2. 接收信号

假定接收端具有 n_{r} 个接收天线，$n_{\mathrm{r}} \times n_{\mathrm{t}}$ 维矩阵 $\boldsymbol{H}$ 为准静态平坦衰落信道，且 $n_{\mathrm{r}} > n_{\mathrm{t}}$，即信道矩阵为列满秩矩阵，噪声为加性噪声且与发射信号相互独立，则第 k 个时刻接收到的 $n_{\mathrm{r}} \times L$ 维 STBC 矩阵可表示为

$$\boldsymbol{Y}_k = \boldsymbol{H}\boldsymbol{C}(\boldsymbol{S}) + \boldsymbol{B}_k \tag{3-106}$$

式中：$n_{\mathrm{r}} \times L$ 维矩阵 $\boldsymbol{B}_k = [\boldsymbol{b}(1), \boldsymbol{b}(2), \cdots, \boldsymbol{b}(L)]$ 为均值为 0、方差为 σ^2 的复高斯噪声矩阵，$\boldsymbol{b}(i)$ 为 n_{r} 维列向量。则存在 $\mathrm{E}[\boldsymbol{B}_k \boldsymbol{B}_k^{\mathrm{H}}] = \sigma^2 L \boldsymbol{I}_{n_{\mathrm{r}}}$。

假定 $n_{\mathrm{r}} \times n_{\mathrm{r}}$ 维矩阵 $\boldsymbol{R}$ 为无噪声接收信号 $\boldsymbol{H}\boldsymbol{C}(\boldsymbol{S})$ 的协方差矩阵，即 $\boldsymbol{R} = \mathrm{E}[\boldsymbol{Y}_k \boldsymbol{Y}_k^{\mathrm{H}} - L\sigma^2 \boldsymbol{I}_{n_{\mathrm{r}}}]$，则有

$$\boldsymbol{R} = \boldsymbol{H}\mathrm{E}[\boldsymbol{C}(\boldsymbol{S})\boldsymbol{C}(\boldsymbol{S})^{\mathrm{H}}]\boldsymbol{H}^{\mathrm{H}} = L\boldsymbol{H}\boldsymbol{H}^{\mathrm{H}} \tag{3-107}$$

由于信道矩阵 $\boldsymbol{H}$ 为列满秩矩阵，对称阵 $\boldsymbol{R}$ 的秩为 n_{t}，因此可对矩阵 $\boldsymbol{R}$ 进行对角化，$\boldsymbol{R} = \boldsymbol{U}\boldsymbol{\Lambda}\boldsymbol{U}^{\mathrm{H}}$，其中，$\boldsymbol{U}$ 为 $n_{\mathrm{r}} \times n_{\mathrm{t}}$ 维矩阵，满足 $\boldsymbol{U}^{\mathrm{H}}\boldsymbol{U} = \boldsymbol{I}_{n_{\mathrm{t}}}$，$\boldsymbol{\Lambda}$ 为 $n_{\mathrm{t}} \times n_{\mathrm{t}}$ 维对角矩阵。

由式(3-106)，信道 $\boldsymbol{H}$ 可表示为

$$\boldsymbol{H} = \frac{1}{\sqrt{L}}\boldsymbol{U}\boldsymbol{\Lambda}^{\frac{1}{2}}\boldsymbol{W}^{\mathrm{H}} \tag{3-108}$$

式中：$\boldsymbol{W}^{\mathrm{H}}$ 为 $n_{\mathrm{t}} \times n_{\mathrm{t}}$ 维满秩酉矩阵。

第 k 个时刻接收信号模型可以表示为

$$\widetilde{\boldsymbol{Y}}_k = \boldsymbol{W}^{\mathrm{H}}\boldsymbol{C}(\boldsymbol{S}) + \sqrt{L}\boldsymbol{\Lambda}^{\frac{1}{2}}\boldsymbol{U}^{\mathrm{H}}\boldsymbol{B}_k \tag{3-109}$$

接收信号的白化处理本质上是将普通信道矩阵 $\boldsymbol{H}$ 转换为满秩酉矩阵 $\boldsymbol{W}^{\mathrm{H}}$。由于采用了高阶累积量对接收信号进行处理，可以忽略噪声对于高阶累积量的影响；又由于 $\boldsymbol{C}(\boldsymbol{S})$ 矩阵为正交阵，其高阶累积量为对角阵；因此，将信道矩阵转换为满秩酉矩阵后，接收信号的四阶累积量也会呈现对角特性。

3.5.2 高阶累积量特征参数分析

1. 无噪声接收信号的高阶累积量

采用无噪声接收信号的变换形式$\boldsymbol{W}^{\mathrm{H}}\boldsymbol{C}(\boldsymbol{S})$计算各阶累积量。第 k 个时刻接收到的 $n_{\mathrm{t}}\times 1$ 维无噪声信号为

$$\boldsymbol{X}_k=\boldsymbol{W}^{\mathrm{H}}\boldsymbol{C}_u(\boldsymbol{S}_v)=\boldsymbol{W}^{\mathrm{H}}\boldsymbol{A}_u\boldsymbol{S}_v \tag{3-110}$$

式中：$u=k \bmod L$；$v=[k/L]$。

假设共发射了 m 组空时编码信号，则总的发射时间间隔数 $l=mL(0\leqslant k<L)$。由式(3-5)可得

$$\boldsymbol{m}_{20,x}(0)=\frac{1}{l}\sum_{k=0}^{l-1}\boldsymbol{X}_k\boldsymbol{X}_k^{\mathrm{T}}=\frac{1}{l}\sum_{i=0}^{m-1}\sum_{j=0}^{L-1}\boldsymbol{W}^{\mathrm{H}}\boldsymbol{A}_j\boldsymbol{S}_i\boldsymbol{S}_i^{\mathrm{T}}\boldsymbol{A}_j^{\mathrm{T}}\boldsymbol{W}^{*} \tag{3-111}$$

由文献[34]可知，$\mathrm{E}[\boldsymbol{S}_i\boldsymbol{S}_i^{\mathrm{T}}]=\frac{1}{2}\boldsymbol{I}_{2n}$，所以

$$\boldsymbol{m}_{20,x}=\frac{1}{2L}\sum_{j=0}^{L-1}\boldsymbol{W}^{\mathrm{H}}\boldsymbol{A}_j\boldsymbol{A}_j^{\mathrm{T}}\boldsymbol{W}^{*} \tag{3-112}$$

对于 OSTBC，$\mathrm{E}[\boldsymbol{A}_j\boldsymbol{A}_j^{\mathrm{T}}]=\boldsymbol{0}\,\boldsymbol{I}_{n_{\mathrm{t}}}\Rightarrow m_{20}=\boldsymbol{0}\boldsymbol{I}_{n_{\mathrm{t}}}$。同理，由式(3-6)可得

$$\begin{aligned}\boldsymbol{m}_{21,x}(0)&=\frac{1}{l}\sum_{k=0}^{l-1}\boldsymbol{X}_k\boldsymbol{X}_k^{\mathrm{H}}\\&=\frac{1}{l}\sum_{i=0}^{m-1}\sum_{j=0}^{L-1}\boldsymbol{W}^{\mathrm{H}}\boldsymbol{A}_j\boldsymbol{S}_i\boldsymbol{S}_i^{\mathrm{H}}\boldsymbol{A}_j^{\mathrm{H}}\boldsymbol{W}\\&=\frac{1}{2L}\sum_{j=0}^{L-1}\boldsymbol{W}^{\mathrm{H}}\boldsymbol{A}_j\boldsymbol{A}_j^{\mathrm{H}}\boldsymbol{W}=\beta\boldsymbol{I}_{n_{\mathrm{t}}}\end{aligned} \tag{3-113}$$

式中：β 为常数。无噪声接收信号的四阶矩为

$$\begin{aligned}\boldsymbol{m}_{42,x}(0)&=\frac{1}{l}\sum_{k=0}^{l-1}\boldsymbol{X}_k\boldsymbol{X}_k^{\mathrm{H}}\boldsymbol{X}_k\boldsymbol{X}_k^{\mathrm{H}}\\&=\frac{1}{l}\sum_{i=0}^{m-1}\sum_{j=0}^{L-1}\boldsymbol{W}^{\mathrm{H}}\boldsymbol{A}_j\boldsymbol{S}_i\boldsymbol{S}_i^{\mathrm{H}}\boldsymbol{A}_j^{\mathrm{H}}\boldsymbol{W}\boldsymbol{W}^{\mathrm{H}}\boldsymbol{A}_j\boldsymbol{S}_i\boldsymbol{S}_i^{\mathrm{H}}\boldsymbol{A}_j^{\mathrm{H}}\boldsymbol{W}\\&=\frac{1}{l}\sum_{i=0}^{m-1}\sum_{j=0}^{L-1}\boldsymbol{W}^{\mathrm{H}}\boldsymbol{A}_j\boldsymbol{S}_i\boldsymbol{S}_i^{\mathrm{H}}\boldsymbol{A}_j^{\mathrm{H}}\boldsymbol{A}_j\boldsymbol{S}_i\boldsymbol{S}_i^{\mathrm{H}}\boldsymbol{A}_j^{\mathrm{H}}\boldsymbol{W}\end{aligned} \tag{3-114}$$

若$\boldsymbol{S}_i^{\mathrm{H}}\boldsymbol{A}_j^{\mathrm{H}}\boldsymbol{A}_j\boldsymbol{S}_i$为常数，设为$\alpha$，则式(3-113)可表示为

$$\boldsymbol{m}_{42,x}=\frac{\alpha}{l}\sum_{i=0}^{m-1}\sum_{j=0}^{L-1}\boldsymbol{W}^{\mathrm{H}}\boldsymbol{A}_j\boldsymbol{S}_i\boldsymbol{S}_i^{\mathrm{H}}\boldsymbol{A}_j^{\mathrm{H}}\boldsymbol{W}=\alpha\boldsymbol{m}_{21,x}(0)=\rho\boldsymbol{I}_{n_t}\quad(3-115)$$

式中：ρ为常数。

由式(3-12)、式(3-112)~式(3-114)可得四阶累积量为

$$\boldsymbol{c}_{42,x}=\boldsymbol{m}_{42,x}-2\boldsymbol{m}_{42,x}^{2}-|\boldsymbol{m}_{20,x}|^2=c\boldsymbol{I}_{n_t}$$

式中：c为常数。

由于接收信号的四阶累积量可以忽略噪声的影响，因此若发射信号为OSTBC，有噪声接收信号的四阶累积量$\boldsymbol{c}_{42,r}$为对角线元素相同的对角阵。

2. 特征参数选取

本节采用$\boldsymbol{c}_{42}$作为特征参数，而不采用最常见的四阶累计量$\boldsymbol{c}_{40}$作为特征参数，是由于在信道未知的情况下，接收信号的四阶累计量$\boldsymbol{c}_{40}$没有规律。

对于无噪声接收信号四阶累积量$\boldsymbol{c}_{40,x}$，根据式(3-12)，$\boldsymbol{c}_{40,x}$与$\boldsymbol{m}_{20,x}$和$\boldsymbol{m}_{40,x}$两个参数相关。对于OSTBC，由式(3-110)，$\boldsymbol{m}_{20,x}=0$；对于$\boldsymbol{m}_{40,x}$，有

$$\begin{aligned}\boldsymbol{m}_{40,x}(0)&=\frac{1}{l}\sum_{k=0}^{l-1}\boldsymbol{X}_k\boldsymbol{X}_k^{\mathrm{H}}\boldsymbol{X}_k\boldsymbol{X}_k^{\mathrm{H}}\\&=\frac{1}{l}\sum_{i=0}^{m-1}\sum_{j=0}^{L-1}\boldsymbol{W}^{\mathrm{H}}\boldsymbol{A}_j\boldsymbol{S}_i\boldsymbol{S}_i^{\mathrm{T}}\boldsymbol{A}_j^{\mathrm{T}}\boldsymbol{W}^*\boldsymbol{W}^{\mathrm{H}}\boldsymbol{A}_j\boldsymbol{S}_i\boldsymbol{S}_i^{\mathrm{T}}\boldsymbol{A}_j^{\mathrm{T}}\boldsymbol{W}^*\end{aligned}\quad(3-116)$$

式(3-115)结果是不可预料的，即$\boldsymbol{c}_{40}$的结果不能预料，因此不能采用$\boldsymbol{c}_{40}$作为特征参数。这个原理可以通过仿真进一步说明。在信噪比为0和5dB情况下，对AL取任意一次采样的$\boldsymbol{c}_{40}$和$\boldsymbol{c}_{42}$。接收天线数为6，传输信号进行QPSK调制。仿真结果如下：

对AL，当信噪比为0时，有

$$\boldsymbol{c}_{40}=\begin{bmatrix}-0.5275-0.5564\mathrm{j}&0.1524-0.2988\mathrm{j}\\0.1524-0.2988\mathrm{j}&-0.7970-0.0734\mathrm{j}\end{bmatrix}$$

$$\boldsymbol{c}_{42}=\begin{bmatrix}-1.0044&-0.0046-0.0042\mathrm{j}\\-0.0046-0.0042\mathrm{j}&-1.0018\end{bmatrix}$$

信噪比为5dB时，有

$$\boldsymbol{c}_{40}=\begin{bmatrix}-0.1576-0.2792\mathrm{j}&0.8116+0.3737\mathrm{j}\\0.8116+0.3737\mathrm{j}&0.3174-0.0938\mathrm{j}\end{bmatrix}$$

$$\boldsymbol{c}_{42}=\begin{bmatrix} -0.9998 & 0.0002+0.0037\mathrm{j} \\ 0.0002-0.0037\mathrm{j} & -0.9921 \end{bmatrix}$$

由上面可以看出，AL 的$\boldsymbol{c}_{42}$具有明显的对角特性，$\boldsymbol{c}_{40}$则不具有对角特性，因此选用$\boldsymbol{c}_{42}$作为特征参数。

3.5.3 基于对角矩阵的识别规则

接收信号的四阶累积量$\boldsymbol{c}_{42}$的理论值为对角线元素相同的对角阵，该矩阵应该满足三个条件[96]：①对角线元素相同；②对角线元素不为0；③不在对角线上元素都是0。

由于信道信息和噪声干扰，$\boldsymbol{c}_{42}$的仿真结果并非严格的对角线元素相同的对角阵。为满足算法需求，特规定：

规则一：主对角元素与非主对角元素能量之比较大，满足下列关系[97]：

$$r=\frac{\sum_{i}\delta_{ii}^{2}}{\sum_{i,j}\delta_{ij}^{2}}>\frac{100}{n_{\mathrm{t}}-1} \tag{3-117}$$

式中：δ_{ii}为主对角元素；δ_{ij}为非主对角元素。

该能量比越大，表明$\boldsymbol{c}_{42}$主对角元素和非主对角元素差异越大，即主对角元素不为0，对应条件②。

规则二：主对角元素方差较小，满足 $v_{\mathrm{diog}}<0.005$，主对角线元素的方差表征主对角元素间的差异，方差越小，差异越小，此规则限定了主对角元素值差别不大，近似认为满足此条件的矩阵主对角元素相同，对应条件①。

规则三：令四阶累积量矩阵$\boldsymbol{c}_{42}$的主对角元素为零，表示为$\hat{\boldsymbol{c}}_{42}$，$\boldsymbol{0}_{42}$为与$\hat{\boldsymbol{c}}_{42}$维数相同的全零矩阵。取$\hat{\boldsymbol{c}}_{42}$和$\boldsymbol{0}_{42}$的距离 $\mathrm{Dist}=|\hat{\boldsymbol{c}}_{42}-\boldsymbol{0}_{42}|$表示非主对角元素大小，Dist 越小，表示非主对角元素值越接近于0，对应条件③，取 $\mathrm{Dist}<0.01$。

3.5.4 算法流程

本节提出的基于高阶累积量的 STBC 正交性识别算法在不同信噪比条件下经历以下步骤：

(1) 采样，初始化数据；

(2) 计算 $\boldsymbol{R}$ 矩阵；

(3) 计算特征值分解公式 $\boldsymbol{R}=\boldsymbol{U\Lambda U}^{\mathrm{H}}$；

(4) 根据式(3-108)求取白化参数$\boldsymbol{W}^{\mathrm{H}}$；

(5) 根据式(3-109)求取白化后接收信号 $\widetilde{\boldsymbol{Y}}_{k}$；

（6）求取接收信号 $\tilde{\boldsymbol{Y}}_k$ 的四阶累积量 $\boldsymbol{c}_{42}$，若 $\boldsymbol{c}_{42}$ 为对角线元素相同的对角阵，则判定为正交空时分组码，否则为非正交空时分组码；

（7）重复步骤（1）~步骤（6）进行蒙特卡罗仿真，计算识别概率。

本算法的复杂度主要包括计算 $\boldsymbol{R}$ 矩阵并对其进行奇异值分解的计算复杂度 $O(mn_r^2)$、预白化计算复杂度 $O(ln_t^2)$、求接收信号 $\tilde{\boldsymbol{Y}}_k$ 的四阶累积量 $\boldsymbol{c}_{42}$ 的计算复杂度 $O(ln_t^2)$、判定四阶累积量 $\boldsymbol{c}_{42}$ 是否为对角阵的算法复杂度 $O(1)$。

3.5.5 实验验证

1. 选取 STBC 类型

为验证算法，取五种 STBC，其中三种 OSTBC 分别代表了不同发射天线数和不同码长的空时分组码：

（1）发射信号为 Alamouti STBC，发射天线数 $n_t=2$，码矩阵长度 $L=2$，其码矩阵形式为

$$\boldsymbol{C}(\boldsymbol{S})=\begin{bmatrix} s_1 & -s_2^* \\ s_2 & s_1^* \end{bmatrix} \tag{3-118}$$

（2）发射信号为 Ganesan OSTBC，发射天线数 $n_t=3$，码矩阵长度 $L=4$，其码矩阵形式为

$$\boldsymbol{C}(\boldsymbol{S})=\begin{bmatrix} s_1 & 0 & s_2 & -s_3 \\ 0 & s_1 & s_3^* & s_2^* \\ -s_2^* & -s_3 & s_1^* & 0 \end{bmatrix} \tag{3-119}$$

（3）发射信号为 Tarokh OSTBC，发射天线数 $n_t=3$，码矩阵长度 $L=8$，其码矩阵形式为

$$\boldsymbol{C}(\boldsymbol{S})=\begin{bmatrix} s_1 & -s_2 & -s_3 & -s_4 & s_1^* & -s_2^* & -s_3^* & s_4^* \\ s_2 & s_1 & s_4 & -s_3 & s_2^* & s_1^* & s_4^* & -s_3^* \\ s_3 & -s_4 & s_1 & s_2 & s_3^* & -s_4^* & s_1^* & s_2^* \end{bmatrix} \tag{3-120}$$

（4）发射信号为 NOSTBC1，发射天线数 $n_t=2$，码矩阵长度 $L=2$，其码矩阵形式为

$$\boldsymbol{C}(\boldsymbol{S})=\begin{bmatrix} s_1 & 0 \\ s_2 & -s_1^* \end{bmatrix} \tag{3-121}$$

(5) 发射信号为 NOSTBC2,发射天线数 $n_t=4$,码矩阵长度为 $L=4$,其码矩阵形式为

$$\boldsymbol{C}(\boldsymbol{S})=\begin{bmatrix} s_1 & -s_2 & s_2 & s_4^* \\ s_2 & s_1 & s_4^* & 0 \\ s_3 & -s_4 & 0 & -s_2^* \\ s_4 & 0 & -s_1^* & s_3^* \end{bmatrix} \tag{3-122}$$

2. 仿真结果

1) 特征参数选取

为分析$\boldsymbol{c}_{40}$和$\boldsymbol{c}_{42}$作为特征参数的性能,在信噪比为 0 和 5dB 下,对上面三种 OSTBC 取任意一次采样的$\boldsymbol{c}_{40}$和$\boldsymbol{c}_{42}$。接收天线数为 6,传输信号进行 QPSK 调制。仿真结果如下:

对 Alamouti STBC,信噪比为 0 时,有

$$\boldsymbol{c}_{40}=\begin{bmatrix} -0.5275-0.5564\mathrm{j} & 0.1524-0.2988\mathrm{j} \\ 0.1524-0.2988\mathrm{j} & -0.7970-0.0734\mathrm{j} \end{bmatrix} \tag{3-123}$$

$$\boldsymbol{c}_{42}=\begin{bmatrix} -1.0044 & -0.0046-0.0042\mathrm{j} \\ -0.0046-0.0042\mathrm{j} & -1.0018 \end{bmatrix} \tag{3-124}$$

信噪比为 5dB 时,有

$$\boldsymbol{c}_{40}=\begin{bmatrix} -0.1576-0.2792\mathrm{j} & 0.8116+0.3737\mathrm{j} \\ 0.8116+0.3737\mathrm{j} & 0.3174-0.0938\mathrm{j} \end{bmatrix} \tag{3-125}$$

$$\boldsymbol{c}_{42}=\begin{bmatrix} -0.9998 & 0.0002+0.0037\mathrm{j} \\ 0.0002-0.0037\mathrm{j} & -0.9921 \end{bmatrix} \tag{3-126}$$

对 Ganesan OSTBC,信噪比为 0 时,有

$$\boldsymbol{c}_{40}=\begin{bmatrix} 0.4961+0.1394\mathrm{j} & 0.1663+0.1155\mathrm{j} & 0.1525+0.7948\mathrm{j} \\ 0.1663+0.1155\mathrm{j} & 0.7179+0.4085\mathrm{j} & 0.0079-0.2368\mathrm{j} \\ 0.1525+0.7948\mathrm{j} & 0.0079-0.2368\mathrm{j} & 0.6026-0.1344\mathrm{j} \end{bmatrix} \tag{3-127}$$

$$\boldsymbol{c}_{42}=\begin{bmatrix} -0.9036 & 0.0104-0.0051\mathrm{j} & -0.0060+0.0082\mathrm{j} \\ 0.0104+0.0051\mathrm{j} & -0.8846 & 0.0122+0.0171\mathrm{j} \\ -0.0060-0.0082\mathrm{j} & 0.0122-0.0171\mathrm{j} & -0.8968 \end{bmatrix} \tag{3-128}$$

信噪比为 5dB 时，有

$$c_{40}=\begin{bmatrix}-0.1177-1.0846j & -0.1957-0.0536j & -0.3965-0.0397j\\ -0.1957-0.0536j & -0.6231-0.6984j & 0.7853-0.2115j\\ -0.3965-0.0397j & 0.7853-0.2115j & -0.1011-0.8813j\end{bmatrix} \tag{3-129}$$

$$c_{42}=\begin{bmatrix}-0.8855 & -0.0132+0.0070j & -0.0064+0.0017j\\ -0.0132-0.0070j & -0.8805 & 0.0063-0.0055j\\ -0.0064-0.0017j & 0.0063+0.0055j & -0.8884\end{bmatrix} \tag{3-130}$$

对 Tarokh OSTBC，信噪比为 0 时，有

$$c_{40}=\begin{bmatrix}-0.4065-0.1246j & -0.4350+0.2124j & 0.0496-0.2426j\\ -0.4350+0.2124j & 0.3061-0.2770j & 0.2292-0.2113j\\ 0.0496-0.2426j & 0.2292-0.2113j & -0.2556-0.5599j\end{bmatrix} \tag{3-131}$$

$$c_{42}=\begin{bmatrix}-1.0054 & -0.0008+0.0088j & -0.0056+0.0016j\\ -0.0008-0.0088j & -1.0042 & -0.0045-0.0048j\\ -0.0056-0.0016j & -0.0045+0.0048j & -0.9906\end{bmatrix} \tag{3-132}$$

信噪比为 5dB 时，有

$$c_{40}=\begin{bmatrix}0.1591+0.1160j & 0.1454-0.0267j & 0.1000+0.3871j\\ 0.1454-0.0267j & 0.0933-0.3886j & -0.0193-0.1077j\\ 0.1000+0.3871j & -0.0193-0.1077j & -0.1900-0.1521j\end{bmatrix} \tag{3-133}$$

$$c_{42}=\begin{bmatrix}-1.0093 & -0.0001+0.0003j & -0.0015+0.0018j\\ -0.0001-0.0003j & -1.0003 & 0.0008-0.0029j\\ -0.0015-0.0018j & 0.0008-0.0029j & -0.9971\end{bmatrix} \tag{3-134}$$

由上面可以看出，三种不同 STBC 的c_{42}具有明显的对角特性，c_{40}则不具有对角特性，因此选用c_{42}作为特征参数。

2）不同 STBC 的识别概率

分别对五种 STBC 的传输信号进行 QPSK 调制，在信噪比为 $-15\sim10$dB 下

进行1000次蒙特卡罗仿真，分别计算不同信噪比下不同空时分组码的识别概率，其中信道为准静态信道，接收天线数量均为6，接收到接收信号数量均为1024，仿真结果如图3-26所示。由图可以看出：三种OSTBC在信噪比为-5dB时，四阶累积量对角率开始趋近于1，当信噪比大于-3dB时，三种OSTBC的对角率恒定为1；两种NOSTBC的$\boldsymbol{c}_{42,x}$基本全部为非对角矩阵。这说明本节提出的基于高阶累积量的OSTBC识别方法区分性好、稳定性高。

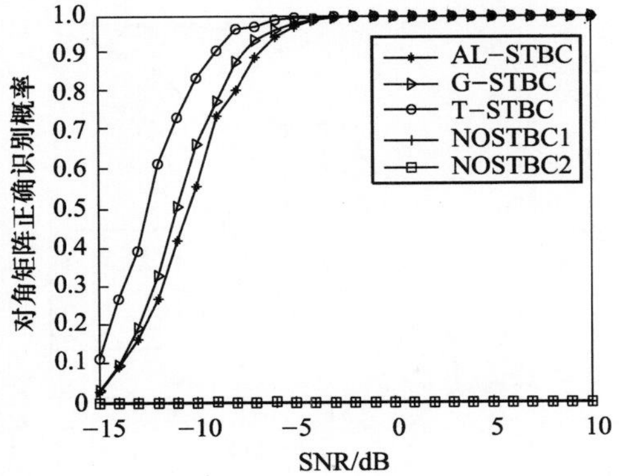

图3-26 不同STBC的四阶累积量的对角矩阵正确识别概率

3）不同采样信号数识别效果分析

采样信号数分别取512、1024、2048和4096，使用QPSK调制，在信噪比为-15~0dB下对Alamouti STBC进行1000次蒙特卡罗仿真，接收天线数量均为6，仿真结果如图3-27所示。由图可以看出，随着天线采样信号数增大，低信噪比条件下的Alamouti STBC识别率提高。这说明采样信号数对于OSTBC识别率有着较大影响，采样信号越多越有利于识别。

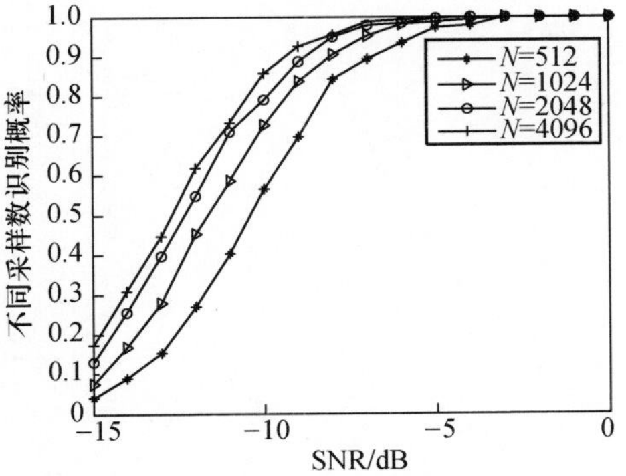

图3-27 不同采样数的AL识别率

4）不同接收天线数目效果分析

接收天线数量 n_r 分别取2、3、4、5、6，使用QPSK调制，在信噪比为 -15dB ~ 0dB 下对 Alamouti STBC 进行 1000 次蒙特卡罗仿真，采用接收信号数量为 1024，仿真结果如图 3-28 所示。由图可以看出，随着接收天线数量增多，Alamouti STBC 的正交识别概率增大。其原因在于：接收天线数量的增多本质上是采样信号呈倍数增加，从而使得噪声对接收信号四阶累积量的影响变小。

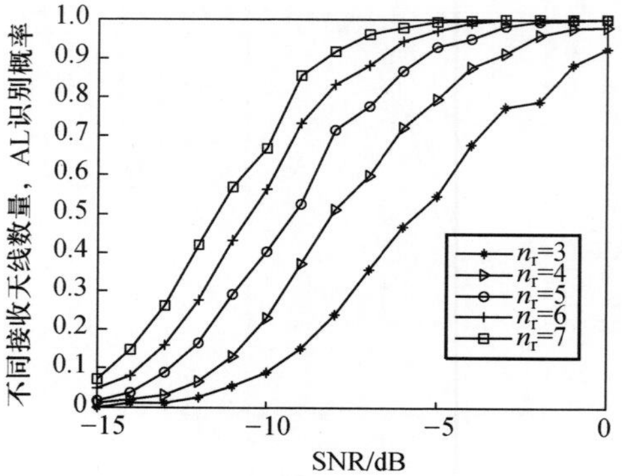

图 3-28 不同接收天线数量的 AL 识别概率

5）不同调制方式识别效果分析

分别使用 BPSK、QPSK 和 8PSK 进行调制，在信噪比为 -15 ~ 0dB 下对 Alamouti STBC 进行 1000 次蒙特卡罗仿真，采用接收信号数量为 1024，接收天线数目为 6，仿真结果如图 3-29 所示。由图可以看出，本节方法对不同的调制方式传输信号的识别差异不大。

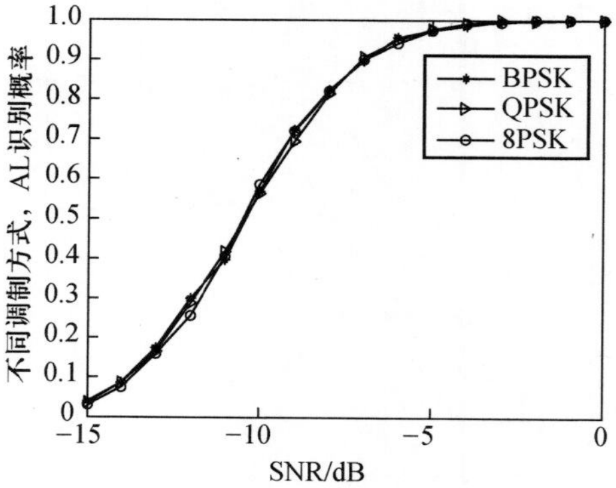

图 3-29 不同调制方式的 AL 识别概率

第4章 基于谱的空时分组码识别方法

4.1 谱和信号模型

4.1.1 谱

谱分为循环谱和频谱，在本章中统一归纳到谱的范畴。

假定 $x(t)$ 是一个时间离散零均值循环平稳过程，其时间变化的协方差定义为

$$c_{2x}(t;\tau)=\mathrm{E}\{x(t)x(t+\tau)\} \tag{4-1}$$

对 $c_{2x}(t;\tau)$ 在时间上展开傅里叶级数，可得

$$c_{2x}(t;\tau)=\sum_{\alpha\in A_2}C_{2x}(\alpha;\tau)\mathrm{e}^{\mathrm{j}\alpha t} \tag{4-2}$$

$$C_{2x}(\alpha;\tau)=\lim_{T\to\infty}\frac{1}{T}\sum_{t=0}^{T-1}c_{2x}(t;\tau)\mathrm{e}^{-\mathrm{j}\alpha t} \tag{4-3}$$

式中：$C_{2x}(\alpha;\tau)$ 为循环频率 α 的循环协方差，且 A_2 可以表示为

$$A_2=\{\alpha:0\leqslant\alpha\leqslant2\pi,C_{2x}(\alpha;\tau)\neq0\} \tag{4-4}$$

需要注意的是，除了定义协方差外，可以延伸到四阶相关函数和四阶累积量，其原理同协方差定义相同。

定义 $\boldsymbol{Y}=[Y(0),Y(1),\cdots,Y(K-1)]$ 为向量 $\boldsymbol{y}$ 的 K 个点的离散傅里叶变换（DFT）：

$$Y(n)=\frac{1}{\sqrt{K}}\sum_{k=0}^{K-1}y(k)\mathrm{e}^{-\mathrm{j}2\pi kn/K},n=0,1,\cdots,K-1 \tag{4-5}$$

式中：$\boldsymbol{Y}=[Y(0),Y(1),\cdots,Y(K-1)]$ 为其频谱。

4.1.2 信号模型

假定无线通信系统采用 n_t 个发射天线和 n_r 个接收天线。对于每天线对 (v,i)，其中 $v=1,2,\cdots,n_t$ 和 $i=1,2,\cdots,n_r$，从发射天线 v 到接收天线 i 路径增益表示为 h_{vi}。符号 $\{x_z\}_{z=-\infty}^{\infty}$ 来自有限字母映射 $\mathbb{Q}$ 且以长度 P 为单位分组。第 k 个分组 $\boldsymbol{s}^{(k)}=[s_1^{(k)},s_2^{(k)},\cdots,s_P^{(k)}]$ 映射为 $n_t\times L$ 维编码矩阵 $\boldsymbol{C}(\boldsymbol{s}^{(k)})$。

本节算法考虑的 STBC 为 SM($n_t=2,P=2,L=1$)、AL($n_t=2,P=2,L=2$)、STBC3($n_t=3,P=3,L=4$)和 STBC4($n_t=4,P=4,L=8$)，相应的编码矩阵为

$$\boldsymbol{C}^{\mathrm{SM}}(\boldsymbol{x}=[s_1,s_2])=[s_1,s_2]^{\mathrm{T}} \tag{4-6}$$

$$\boldsymbol{C}^{\mathrm{AL}}(\boldsymbol{x}=[s_1,s_2])=\begin{bmatrix} s_1 & -s_2^* \\ s_2 & s_1^* \end{bmatrix} \tag{4-7}$$

$$\boldsymbol{C}^{\mathrm{STBC3}}(\boldsymbol{x}=[s_1,s_2,s_3])=\begin{bmatrix} s_1 & 0 & s_2 & -s_3 \\ 0 & s_1 & s_3^* & s_2^* \\ -s_2^* & -s_3 & s_1^* & 0 \end{bmatrix} \tag{4-8}$$

$$\boldsymbol{C}^{\mathrm{STBC4}}(\boldsymbol{x}=[s_1,s_2,s_3,s_4])=\begin{bmatrix} s_1 & -s_2 & -s_3 & -s_4 & s_1^* & -s_2^* & -s_3^* & -s_4^* \\ s_2 & s_1 & s_4 & -s_3 & s_2^* & s_1^* & s_4^* & -s_3^* \\ s_3 & -s_4 & s_1 & s_2 & s_3^* & -s_4^* & s_1^* & s_2^* \end{bmatrix} \tag{4-9}$$

为了方便表示，式(4-6)~式(4-9)省略了上标 k。

假定信号采用两个接收天线，因此第 i 根接收天线 $\boldsymbol{r}_i(t)$ 表示为

$$\boldsymbol{r}_i(t)=\boldsymbol{y}_i^{\lambda}(t)\mathrm{e}^{\mathrm{j}2\pi(\Delta f_c t)+\phi_0+\varphi(t)}+\boldsymbol{v}_i(t) \tag{4-10}$$

式中：$i\in\{1,2\}$；Δf_c 为剩余载波频率偏差；ϕ_0 为载波相位偏差；$\varphi(t)$ 为载波相位噪声；$\boldsymbol{v}_i(t)$ 为噪声分布；$\boldsymbol{y}_i^{\lambda}(t)$ 为第 i 根接收天线信号分布，$\boldsymbol{\lambda}\in\{\mathrm{SM},\mathrm{AL},\mathrm{STBC3},\mathrm{STBC4}\}$，且有

$$y_i^{(\lambda)}(t)=\sum_{v=1}^{n_t^{(\lambda)}}h_{vt}(t)\sum_{k=-\infty,k\in\Psi(\lambda)}^{\infty}\sum_{l=1}^{L(\lambda)}\boldsymbol{C}_{v,l}^{(\lambda)}(\boldsymbol{s}^{(k/L(\lambda))})P_{T,\varepsilon}^{k,l-1}(t) \tag{4-11}$$

式中：$P_{T,\varepsilon}^{k,l-1}(t)$ 表示 $p(t-(k+m)T+\varepsilon)$，其中 $p(t)$ 为发射滤波器和接收滤波器的级联脉冲响应，T 为符号周期，ε 为发射机和接收机之间的时间偏差；$n_t^{(\lambda)}$、$L^{(\lambda)}$ 分别为 λ 编码的发射天线数量和编码矩阵码长；$\boldsymbol{C}_{v,l}^{(\lambda)}(\boldsymbol{s}^{(k/L(\lambda))})$ 为编码矩阵 $\boldsymbol{C}_{v,l}^{(\lambda)}(\boldsymbol{s}^{(k/L(\lambda))})$ 在第 v 行和第 l 列的输入元素；$\boldsymbol{\Psi}^{(\lambda)}$ 为 $L^{(\lambda)}$ 的整数倍结

合，$\Psi^{(\lambda)}=\{\psi:\psi$ 整数倍 $L^{(\lambda)}\}$。

本章节内容假设如下：

(1) 发射符号是不相关的：$\mathrm{E}[s_is_j]=0,\mathrm{E}[s_is_j^*]=\sigma_s^2\delta_{ij}$，其中 σ_s^2 为发射信号功率，δ_{ij}为克罗内克函数。

(2) 发射信号与噪声是不相关的：$\mathrm{E}[y_i^\lambda(t)v_j(t+\tau)]=0,\lambda\in\{\mathrm{SM},\mathrm{AL},\mathrm{STBC3},\mathrm{STBC4}\},\tau\in\mathbb{R}$，$\mathbb{R}$ 为实数集合。

(3) 不同信道的噪声是不相关的：$\mathrm{E}[v_i(t)v_j(t+\tau)]=0$。

(4) 信道增益是确定性参数。

4.2 基于二阶循环谱的方法

本节分析了 STBC 信号二阶循环平稳性，以便发现识别特征参数。

1. SM 码

基于式(4-10)、式(4-11)及假设(3)可得

$$\boldsymbol{c}^{\mathrm{SM}}(t,\tau)=\mathrm{E}[r_1(t)r_2(t+\tau)]=0 \tag{4-12}$$

式中：τ 为任意整数。

因此，SM 码没有循环频率。

2. AL 码

基于式(4-10)和式(4-11)，AL 码的时变相关函数为

$$\boldsymbol{c}^{\mathrm{AL}}(t,\tau)=\mathrm{E}[r_1(t)r_2(t+\tau)]=a(t,\tau)b(t,\tau) \tag{4-13}$$

式中

$$b(t,\tau)=\sum_{k=-\infty,k\in\Psi^{(\mathrm{AL})}}^{\infty}p_{T,\varepsilon}^{k,0}(t)p_{T,\varepsilon}^{k,1}(t+\tau)-\sum_{k=-\infty,k\in\Psi^{(\mathrm{AL})}}^{\infty}p_{T,\varepsilon}^{k,1}(t)p_{T,\varepsilon}^{k,0}(t+\tau) \tag{4-14}$$

$$a(t,\tau)=\frac{1}{2T}[h_{11}(t)h_{22}(t+\tau)+h_{21}(t)h_{12}(t+\tau)]\sigma_s^2\mathrm{e}^{\mathrm{j}\theta(t,\tau)} \tag{4-15}$$

$$\vartheta(t,\tau)=2\pi(2\Delta f_c)t+2\pi\Delta f_c\tau+2\phi_0+\varphi(t)+\varphi(t+\tau) \tag{4-16}$$

由于 $b(t,\tau)$是一个周期为 $2T$ 的周期函数，在 $\tau=\pm T$ 取得最大值。为了得到循环相关函数 $\boldsymbol{C}^{\mathrm{AL}}(\alpha,\tau)$的封闭形式表达式，式(4-13)重新写为

$$\boldsymbol{c}^{\mathrm{AL}}(t,\tau)=a(t,\tau)[p_{T,\varepsilon}^{0,0}(t)p_{T,\varepsilon}^{0,1}(t+\tau)-p_{T,\varepsilon}^{0,1}(t)p_{T,\varepsilon}^{0,0}(t+\tau)]\otimes\sum_{k=-\infty,k\in\Psi^{(\mathrm{AL})}}^{\infty}\delta(t-kT) \tag{4-17}$$

对式(4－17)进行傅里叶变换,可得

$$\boldsymbol{C}^{\mathrm{AL}}(\alpha,\tau)=\boldsymbol{A}(\alpha,\tau)\otimes\left[\boldsymbol{B}(\alpha,\tau)\sum_{k=-\infty}^{\infty}\delta(\alpha-k/2T)\right] \tag{4-18}$$

式中:$\boldsymbol{B}(\alpha,\tau)$为$p_{T,\varepsilon}^{0,0}(t)p_{T,\varepsilon}^{0,1}(t+\tau)-p_{T,\varepsilon}^{0,1}(t)p_{T,\varepsilon}^{0,0}(t+\tau)$的傅里叶变换;$\boldsymbol{A}(\alpha,\tau)$为$a(t,\tau)$的傅里叶变换。

若$\boldsymbol{A}(\alpha,\tau)$独立于$\alpha$,很明显$\boldsymbol{C}^{\mathrm{AL}}(\alpha,\tau)$循环频率等于整数倍的$1/2T$,且$\boldsymbol{A}(\alpha,\tau)$对$\boldsymbol{C}^{\mathrm{AL}}(\alpha,\tau)$有一个乘性干扰。分析$\boldsymbol{A}(\alpha,\tau)$对$\boldsymbol{C}^{\mathrm{AL}}(\alpha,\tau)$的影响,可以分别分析$h(t)$、$\Delta f_{\mathrm{c}}$、$\phi_0$和$\varphi(t)$对$\boldsymbol{C}^{\mathrm{AL}}(\alpha,\tau)$的影响。此外,$\varepsilon$对$\boldsymbol{C}^{\mathrm{AL}}(\alpha,\tau)$的影响就是$\boldsymbol{B}(\alpha,\tau)$对$\boldsymbol{C}^{\mathrm{AL}}(\alpha,\tau)$的影响。

3. STBC3 码($n_{\mathrm{t}}=3,P=3,L=4$)

基于式(4－10)和式(4－11),STBC3 时变相关函数为

$$\boldsymbol{c}^{\mathrm{STBC3}}(t,\tau)=\mathrm{E}[r_1(t)r_2(t+\tau)]=d_1(t,\tau)f_1(t,\tau)+d_2(t,\tau)f_2(t,\tau)+d_3(t,\tau)f_3(t,\tau) \tag{4-19}$$

式中

$$d_1(t,\tau)=\frac{1}{4T}[h_{31}(t)h_{12}(t+\tau)+h_{11}(t)h_{32}(t+\tau)]\sigma_{\mathrm{s}}^2\mathrm{e}^{\mathrm{j}\theta(t,\tau)} \tag{4-20}$$

$$d_2(t,\tau)=\frac{1}{4T}[h_{11}(t)h_{22}(t+\tau)+h_{21}(t)h_{12}(t+\tau)]\sigma_{\mathrm{s}}^2\mathrm{e}^{\mathrm{j}\theta(t,\tau)} \tag{4-21}$$

$$d_3(t,\tau)=\frac{1}{4T}[h_{21}(t)h_{32}(t+\tau)+h_{31}(t)h_{22}(t+\tau)]\sigma_{\mathrm{s}}^2\mathrm{e}^{\mathrm{j}\theta(t,\tau)} \tag{4-22}$$

$$f_1(t,\tau)=\sum_{k=-\infty,k\in\Psi^{\mathrm{STBC3}}}^{\infty}p_{T,\varepsilon}^{k,0}(t)p_{T,\varepsilon}^{k,2}(t+\tau)-p_{T,\varepsilon}^{k,2}(t)p_{T,\varepsilon}^{k,0}(t+\tau) \tag{4-23}$$

$$f_2(t,\tau)=\sum_{k=-\infty,k\in\Psi^{\mathrm{STBC3}}}^{\infty}p_{T,\varepsilon}^{k,0}(t)p_{T,\varepsilon}^{k,1}(t+\tau)-p_{T,\varepsilon}^{k,1}(t)p_{T,\varepsilon}^{k,0}(t+\tau) \tag{4-24}$$

$$f_3(t,\tau)=\sum_{k=-\infty,k\in\Psi^{\mathrm{STBC3}}}^{\infty}p_{T,\varepsilon}^{k,0}(t)p_{T,\varepsilon}^{k,3}(t+\tau)-p_{T,\varepsilon}^{k,3}(t)p_{T,\varepsilon}^{k,0}(t+\tau) \tag{4-25}$$

由式(4－20)～式(4－25)得出结论:若$\{d_q(t,\tau)\}_{q=1}^{3}$和时间变量$t$是独立的,则$\boldsymbol{c}^{\mathrm{STBC3}}(t,\tau)$是一个周期为$4T$的周期函数,它的循环频率等于$1/4T$的整数

倍且峰值位置为 $\pm 3T$、$\pm 2T$、$\pm T$。对式(4－19)进行快速傅里叶变换,得到

$$\begin{aligned} \boldsymbol{C}^{\mathrm{STBC3}}(\alpha,\tau) = & \boldsymbol{D}_1(\alpha,\tau)\left[\boldsymbol{F}_1(\alpha,\tau)\sum_{k=-\infty}^{\infty}\delta\left(\alpha-\frac{k}{4T}\right)\right] \\ & +\boldsymbol{D}_2(\alpha,\tau)\left[\boldsymbol{F}_2(\alpha,\tau)\sum_{k=-\infty}^{\infty}\delta\left(\alpha-\frac{k}{4T}\right)\right] \\ & +\boldsymbol{D}_1(\alpha,\tau)\left[\boldsymbol{F}_1(\alpha,\tau)\sum_{k=-\infty}^{\infty}\delta\left(\alpha-\frac{k}{4T}\right)\right] \end{aligned} \tag{4-26}$$

式中:$\boldsymbol{D}_q(\alpha,\tau)$ 为 $d_q(t,\tau)(q=1,2,3)$ 的傅里叶变换;$\boldsymbol{F}_1(\alpha,\tau)$、$\boldsymbol{F}_2(\alpha,\tau)$ 和 $\boldsymbol{F}_3(\alpha,\tau)$ 分别为 $p_{T,\varepsilon}^{k,0}(t)p_{T,\varepsilon}^{k,2}(t+\tau)-p_{T,\varepsilon}^{k,2}(t)p_{T,\varepsilon}^{k,0}(t+\tau)$、$p_{T,\varepsilon}^{k,0}(t)p_{T,\varepsilon}^{k,1}(t+\tau)-p_{T,\varepsilon}^{k,1}(t)p_{T,\varepsilon}^{k,0}(t+\tau)$ 和 $p_{T,\varepsilon}^{k,0}(t)p_{T,\varepsilon}^{k,3}(t+\tau)-p_{T,\varepsilon}^{k,3}(t)p_{T,\varepsilon}^{k,0}(t+\tau)$。$\boldsymbol{D}_q(\alpha,\tau)$ 对 $\boldsymbol{C}^{\mathrm{STBC3}}(\alpha,\tau)$ 的影响与 $\boldsymbol{A}(\alpha,\tau)$ 对 $\boldsymbol{C}^{\mathrm{AL}}(\alpha,\tau)$ 的影响类似。

4. STBC4 码($n_t=4,P=4,L=8$)

基于式(4－10)和式(4－11),STBC4 时变相关函数为

$$\begin{aligned} \boldsymbol{c}^{\mathrm{STBC4}}(t,\tau) = & \mathrm{E}[r_1(t)r_2(t+\tau)] \\ = & g_1(t,\tau)(u_{34}^{(1)}(t,\tau)+u_{25}^{(1)}(t,\tau))+g_2(t,\tau)(u_{24}^{(1)}(t,\tau)-u_{25}^{(1)}(t,\tau)) \\ & +g_3(t,\tau)(u_{14}^{(1)}(t,\tau)+u_{36}^{(1)}(t,\tau)-u_{05}^{(1)}(t,\tau)-u_{27}^{(1)}(t,\tau)) \\ & +g_4(t,\tau)(u_{04}^{(2)}(t,\tau)+u_{15}^{(2)}(t,\tau)-u_{26}^{(2)}(t,\tau)-u_{37}^{(2)}(t,\tau)) \\ & +g_5(t,\tau)(u_{16}^{(1)}(t,\tau)+u_{07}^{(1)}(t,\tau))+g_6(t,\tau)(u_{06}^{(1)}(t,\tau)-u_{17}^{(1)}(t,\tau)) \end{aligned} \tag{4-27}$$

式中

$$g_1(t,\tau)=\frac{1}{8T}[h_{31}(t)h_{22}(t+\tau)+h_{41}(t)h_{12}(t+\tau)-h_{11}(t)h_{42}(t+\tau)+h_{21}(t)h_{32}(t+\tau)]\sigma_{\mathrm{s}}^2\mathrm{e}^{\mathrm{j}\theta(t,\tau)} \tag{4-28}$$

$$g_2(t,\tau)=\frac{1}{8T}[h_{21}(t)h_{42}(t+\tau)+h_{11}(t)h_{32}(t+\tau)-h_{31}(t)h_{12}(t+\tau)+h_{41}(t)h_{22}(t+\tau)]\sigma_{\mathrm{s}}^2\mathrm{e}^{\mathrm{j}\theta(t,\tau)} \tag{4-29}$$

$$g_3(t,\tau)=\frac{1}{8T}[h_{21}(t)h_{12}(t+\tau)+h_{11}(t)h_{22}(t+\tau)-h_{31}(t)h_{42}(t+\tau)+h_{41}(t)h_{32}(t+\tau)]\sigma_{\mathrm{s}}^2\mathrm{e}^{\mathrm{j}\theta(t,\tau)} \tag{4-30}$$

$$g_4(t,\tau)=\frac{1}{8T}[h_{11}(t)h_{12}(t+\tau)+h_{21}(t)h_{22}(t+\tau)-h_{31}(t)h_{32}(t+\tau)+h_{41}(t)h_{42}(t+\tau)]\sigma_s^2 e^{j\theta(t,\tau)} \tag{4-31}$$

$$g_5(t,\tau)=\frac{1}{8T}[h_{11}(t)h_{42}(t+\tau)+h_{21}(t)h_{32}(t+\tau)-h_{31}(t)h_{22}(t+\tau)+h_{41}(t)h_{12}(t+\tau)]\sigma_s^2 e^{j\theta(t,\tau)} \tag{4-32}$$

$$g_6(t,\tau)=\frac{1}{8T}[h_{11}(t)h_{32}(t+\tau)+h_{21}(t)h_{42}(t+\tau)-h_{31}(t)h_{12}(t+\tau)+h_{41}(t)h_{22}(t+\tau)]\sigma_s^2 e^{j\theta(t,\tau)} \tag{4-33}$$

$$u_{eo}^{(1)}(t,\tau)=\sum_{k=-\infty,k\in\Psi^{\mathrm{STBC4}}}^{\infty}[p_{T,\varepsilon}^{k,e}(t)p_{T,\varepsilon}^{k,o}(t+\tau)-p_{T,\varepsilon}^{k,o}(t)p_{T,\varepsilon}^{k,e}(t+\tau)] \tag{4-34}$$

$$u_{eo}^{(2)}(t,\tau)=\sum_{k=-\infty,k\in\Psi^{\mathrm{STBC4}}}^{\infty}[p_{T,\varepsilon}^{k,e}(t)p_{T,\varepsilon}^{k,o}(t+\tau)-p_{T,\varepsilon}^{k,o}(t)p_{T,\varepsilon}^{k,e}(t+\tau)] \tag{4-35}$$

由式(4-27)~式(4-35)得出结论：若$\{g_q(t,\tau)\}_{q=1}^{6}$和时间变量$t$是独立的，则$\boldsymbol{c}^{\mathrm{STBC4}}(t,\tau)$是一个周期为$8T$的周期函数，它的循环频率等于$1/8T$的整数倍且峰值位置为$\pm 7T$、$\pm 6T$、$\pm 5T$、$\pm 4T$、$\pm 3T$、$\pm 3T$、$\pm 2T$、$\pm T$。对式(4-27)进行快速傅里叶变换，得到

$$\begin{aligned}
\boldsymbol{C}^{\mathrm{STBC4}}(\alpha,\tau) = {} & G_1(\alpha,\tau)\left[U_{34}^{(1)}(\alpha,\tau)+U_{25}^{(1)}(\alpha,\tau)\sum_{k=-\infty}^{\infty}\delta\left(\alpha-\frac{k}{8T}\right)\right] \\
& + G_2(\alpha,\tau)\left[U_{24}^{(1)}(\alpha,\tau)-U_{35}^{(1)}(\alpha,\tau)\sum_{k=-\infty}^{\infty}\delta\left(\alpha-\frac{k}{8T}\right)\right] \\
& + G_3(\alpha,\tau)\left[(U_{14}^{(1)}(\alpha,\tau)+U_{36}^{(1)}(\alpha,\tau)-U_{05}^{(1)}(\alpha,\tau)-\right. \\
& \left. U_{27}^{(1)}(\alpha,\tau))\sum_{k=-\infty}^{\infty}\delta\left(\alpha-\frac{k}{8T}\right)\right] \\
& + G_4(\alpha,\tau)\left[(U_{04}^{(1)}(\alpha,\tau)+U_{15}^{(1)}(\alpha,\tau)+U_{26}^{(1)}(\alpha,\tau)+\right. \\
& \left. U_{37}^{(1)}(\alpha,\tau))\sum_{k=-\infty}^{\infty}\delta\left(\alpha-\frac{k}{8T}\right)\right] \\
& + G_5(\alpha,\tau)\left[U_{16}^{(1)}(\alpha,\tau)+U_{07}^{(1)}(\alpha,\tau)\sum_{k=-\infty}^{\infty}\delta\left(\alpha-\frac{k}{8T}\right)\right] \\
& + G_6(\alpha,\tau)\left[U_{06}^{(1)}(\alpha,\tau)-U_{17}^{(1)}(\alpha,\tau)\sum_{k=-\infty}^{\infty}\delta\left(\alpha-\frac{k}{8T}\right)\right]
\end{aligned} \tag{4-36}$$

式中：$G_q(\alpha,\tau)$、$U_{eo}^{(b)}(\alpha,\tau)$为$g_q(t,\tau)$、$u_{eo}^{(b)}(\alpha,\tau)$的傅里叶变换。$G_q(\alpha,\tau)$对$C^{\mathrm{STBC4}}(\alpha,\tau)$的影响与$A(\alpha,\tau)$对$C^{\mathrm{AL}}(\alpha,\tau)$的影响类似。

4.3 基于四阶循环谱的方法

4.3.1 四阶循环平稳

1. 四阶循环累积量

接收信号$r(t)$的四阶循环矩$\boldsymbol{M}_i$可以用四阶时变矩$m_i(t,\tau)$的傅里叶变换表示[99-100]：

$$\boldsymbol{m}_i(t;\tau)=\mathrm{E}[r(t)r(t+\tau_1)\cdots r(t+\tau_{i-1})] \tag{4-37}$$

$$\boldsymbol{M}_i(\alpha,\tau)=\lim_{T\to\infty}\sum_{t=0}^{T-1}\boldsymbol{m}_i(t;\tau)\mathrm{e}^{-\mathrm{j}\alpha t} \tag{4-38}$$

式中：α为循环频率。

同样地，时变累积量$\boldsymbol{c}_i$可以用循环累积量$C_i(\alpha;\tau)$的傅里叶级数表示：

$$\boldsymbol{c}_i(t;\tau)=\sum_{\alpha\in\boldsymbol{A}}\boldsymbol{C}_i(\alpha;\tau)\mathrm{e}^{\mathrm{j}\alpha t} \tag{4-39}$$

$$\boldsymbol{C}_i(\alpha;\tau)=\lim_{T\to\infty}\frac{1}{T}\sum_{t=0}^{T-1}\boldsymbol{c}_i(t;\tau)\mathrm{e}^{-\mathrm{j}\alpha t} \tag{4-40}$$

式中：A为$\boldsymbol{C}_i(\alpha;\tau)\neq 0$的循环频率的集合。

根据四阶循环累积量定义[100]：

$$\begin{aligned}\boldsymbol{C}_4(\alpha,\tau_1,\tau_2,\tau_3)=&\boldsymbol{M}_4(\alpha,\tau_1,\tau_2,\tau_3)-\sum_{\beta\in A_2^m}\boldsymbol{M}_2(\alpha-\beta;\tau_1)\boldsymbol{M}_2(\beta;\tau_1)\mathrm{e}^{\mathrm{j}\beta\tau_2}\\&+\boldsymbol{M}_2(\alpha-\beta;\tau_2)\boldsymbol{M}_2(\beta;\tau_1-\tau_3)\mathrm{e}^{\mathrm{j}\beta\tau_3}+\boldsymbol{M}_2(\alpha-\beta;\tau_3)\boldsymbol{M}_2(\beta;\tau_2-\tau_1)\mathrm{e}^{\mathrm{j}\beta\tau_1}\end{aligned} \tag{4-41}$$

对$\forall\beta\in A_2^m$，$\alpha-\beta\notin A_2^m$，其中A_2^m为二阶循环频率，式(4-27)中二阶循环频率部分趋于0[101]，因此式(4-41)变为

$$\boldsymbol{C}_4(\alpha,\tau_1,\tau_2,\tau_3)=\boldsymbol{M}_4(\alpha,\tau_1,\tau_2,\tau_3) \tag{4-42}$$

1）SM码

SM的四阶累积量可表示为

$$\boldsymbol{c}(t,\tau)=\mathrm{E}[r(t)r(t+\tau_1)r(t+\tau_2)r(t+\tau_3)] \tag{4-43}$$

式中：延迟参数$\boldsymbol{\tau}_i$取任意数。

由于 SM 不同的符号之间相互独立，因此不同的接收信号是相互独立的，即 SM 没有任何循环频率。

2）AL 码

设 $\tau_2=0,\tau_1=\tau_3=\tau$，AL 的四阶累积量可表示为

$$\begin{aligned}\boldsymbol{c}^{\mathrm{AL}}(t,\tau)&=\mathrm{E}[r(t)r(t+\tau_1)r(t+\tau_2)r(t+\tau_3)]\\&=\mathrm{E}[yy(t)yy(t+\tau)yy(t)yy(t+\tau)]\\&=a(t,\tau)b(t,\tau)\end{aligned}\tag{4-44}$$

式中

$$yy(t)=y^{\lambda}(t)\mathrm{e}^{\mathrm{j}2\pi(\Delta f_c t+\phi_0+\varphi(t))}$$

$$a(t,\tau)=\frac{1}{2T}|x|^4\mathrm{e}^{\mathrm{j}\theta(t,\tau)}[h_1^2(t)h_2^2(t+\tau)+h_2^2(t)h_1^2(t+\tau)]\tag{4-45}$$

$$b(t,\tau)=\sum_{k=-\infty,k\in 2nT}^{\infty}(g_{T,\varepsilon}^{k,0}(t)g_{T,\varepsilon}^{k,1}(t+\tau))^2\tag{4-46}$$

$$\theta(t,\tau)=8\pi\Delta f_c t+4\pi\Delta f_c\tau+8\phi_0+4\varphi(t)+4\varphi(t+\tau)\tag{4-47}$$

由式(4-44)可以观察到 $\boldsymbol{c}^{\mathrm{AL}}(t,\tau)$ 是周期为 $2T$ 的周期函数，对式(4-44)进一步变形，可得

$$\boldsymbol{c}^{\mathrm{AL}}(t,\tau)=a(t,\tau)[(g_{T,\varepsilon}^{0,0}(t)g_{T,\varepsilon}^{0,1}(t+\tau))^2]\otimes\sum_{k=-\infty,k\in nL}^{\infty}\delta(t-kT)\tag{4-48}$$

因此，$\boldsymbol{c}^{\mathrm{AL}}(t,\tau)$ 的傅里叶变换可表示为

$$\boldsymbol{C}^{\mathrm{AL}}(\alpha,\tau)=\boldsymbol{A}(\alpha,\tau)\otimes\left[\boldsymbol{B}(\alpha,\tau)\sum_{k=-\infty}^{\infty}\delta(\alpha-k/2T)\right]\tag{4-49}$$

$$\boldsymbol{B}(\alpha,\tau)=\mathrm{FFT}[(g_{T,\varepsilon}^{0,0}(t)g_{T,\varepsilon}^{0,1}(t+\tau))^2]\tag{4-50}$$

式中：$\boldsymbol{A}(\alpha,\tau)$ 为 $a(t,\tau)$ 的傅里叶变换。

如果 $\boldsymbol{A}(\alpha,\tau)$ 与 α 相互独立，显然可以得到 $\boldsymbol{C}^{\mathrm{AL}}(\alpha,\tau)$ 具有 $1/2T$ 的整数倍的循环频率。

3）STBC3 码

令 $\tau_2=0,\tau_1=\tau_3=\tau$，STBC3 的四阶累积量可表示为

$$\boldsymbol{c}^{\mathrm{STBC3}}(t,\tau)=\mathrm{E}[yy(t)yy(t+\tau)yy(t)yy(t+\tau)]=\sum_{i=1}^{6}c_i(t,\tau)f_i(t,\tau)\tag{4-51}$$

式中

$$c_1(t,\tau)=\frac{1}{4T}|x|^4\mathrm{e}^{\mathrm{j}\theta(t,\tau)}[h_1^2(t)h_2^2(t+\tau)+h_2^2(t)h_1^2(t+\tau)] \quad (4-52)$$

$$c_2(t,\tau)=\frac{1}{4T}|x|^4\mathrm{e}^{\mathrm{j}\theta(t,\tau)}[h_1^2(t)h_3^2(t+\tau)+h_3^2(t)h_1^2(t+\tau)] \quad (4-53)$$

$$c_3(t,\tau)=\frac{1}{4T}|x|^4\mathrm{e}^{\mathrm{j}\theta(t,\tau)}[h_2^2(t)h_3^2(t+\tau)+h_3^2(t)h_2^2(t+\tau)] \quad (4-54)$$

$$c_4(t,\tau)=\frac{1}{4T}m_{x,4,0}\mathrm{e}^{\mathrm{j}\theta(t,\tau)}h_2^2(t)h_3^2(t+\tau) \quad (4-55)$$

$$c_5(t,\tau)=\frac{1}{4T}m_{x,4,0}\mathrm{e}^{\mathrm{j}\theta(t,\tau)}h_1^2(t)h_3^2(t+\tau) \quad (4-56)$$

$$c_6(t,\tau)=\frac{1}{4T}m_{x,4,0}\mathrm{e}^{\mathrm{j}\theta(t,\tau)}h_1^2(t)h_2^2(t+\tau) \quad (4-57)$$

$$f_1(t,\tau)=\sum_{k=-\infty,k\in nL}^{\infty}(g_{T,\varepsilon}^{k,0}(t)g_{T,\varepsilon}^{k,1}(t+\tau))^2 \quad (4-58)$$

$$f_2(t,\tau)=\sum_{k=-\infty,k\in nL}^{\infty}(g_{T,\varepsilon}^{k,0}(t)g_{T,\varepsilon}^{k,2}(t+\tau))^2 \quad (4-59)$$

$$f_3(t,\tau)=\sum_{k=-\infty,k\in nL}^{\infty}(g_{T,\varepsilon}^{k,0}(t)g_{T,\varepsilon}^{k,3}(t+\tau))^2 \quad (4-60)$$

$$f_4(t,\tau)=\sum_{k=-\infty,k\in nL}^{\infty}(g_{T,\varepsilon}^{k,1}(t)g_{T,\varepsilon}^{k,2}(t+\tau))^2 \quad (4-61)$$

$$f_5(t,\tau)=\sum_{k=-\infty,k\in nL}^{\infty}(g_{T,\varepsilon}^{k,1}(t)g_{T,\varepsilon}^{k,3}(t+\tau))^2 \quad (4-62)$$

$$f_6(t,\tau)=\sum_{k=-\infty,k\in nL}^{\infty}(g_{T,\varepsilon}^{k,2}(t)g_{T,\varepsilon}^{k,3}(t+\tau))^2 \quad (4-63)$$

式(4-55)是周期为$4T$的周期函数，对式(4-51)进行傅里叶变换，可得

$$\boldsymbol{C}^{\mathrm{STBC3}}(\alpha,\tau)=\sum_{i=1}^{6}C_i(\alpha,\tau)\otimes\left[F_i(\alpha,\tau)\sum_{k=-\infty}^{\infty}\delta\left(\alpha-\frac{k}{4T}\right)\right] \quad (4-64)$$

式中

$$F_1(\alpha,\tau)=\mathrm{FFT}\,(g_{T,\varepsilon}^{0,0}(t)g_{T,\varepsilon}^{0,1}(t+\tau))^2 \quad (4-65)$$

$$F_2(\alpha,\tau)=\mathrm{FFT}\,(g_{T,\varepsilon}^{0,0}(t)g_{T,\varepsilon}^{0,2}(t+\tau))^2 \quad (4-66)$$

$$F_3(\alpha,\tau)=\mathrm{FFT}\,(g_{T,\varepsilon}^{0,0}(t)g_{T,\varepsilon}^{0,3}(t+\tau))^2 \quad (4-67)$$

$$F_4(\alpha,\tau)=\mathrm{FFT}\,(g_{T,\varepsilon}^{0,1}(t)g_{T,\varepsilon}^{0,2}(t+\tau))^2 \quad (4-68)$$

$$F_5(\alpha,\tau)=\mathrm{FFT}\,(g_{T,\varepsilon}^{0,1}(t)g_{T,\varepsilon}^{0,3}(t+\tau))^2 \tag{4-69}$$

$$F_6(\alpha,\tau)=\mathrm{FFT}\,(g_{T,\varepsilon}^{0,2}(t)g_{T,\varepsilon}^{0,3}(t+\tau))^2 \tag{4-70}$$

4）STBC4 码

令 $\tau_2=0,\tau_1=\tau_3=\tau$，STBC4 的四阶累积量可表示为

$$\begin{aligned}\boldsymbol{c}^{\mathrm{STBC4}}(t,\tau)&=\mathrm{E}[yy(t)yy(t+\tau)yy(t)yy(t+\tau)]\\&=[z_1(t,\tau)(m_{0,4}(t,\tau)+m_{1,5}(t,\tau)+m_{2,6}(t,\tau)+m_{3,7}(t,\tau))\\&\quad+z_2(t,\tau)(m_{0,5}(t,\tau)+m_{1,4}(t,\tau)+m_{3,6}(t,\tau)+m_{2,7}(t,\tau))\\&\quad+z_3(t,\tau)(m_{0,6}(t,\tau)+m_{1,7}(t,\tau)+m_{2,4}(t,\tau)+m_{3,5}(t,\tau))\\&\quad+z_4(t,\tau)(m_{0,7}(t,\tau)+m_{1,6}(t,\tau)+m_{2,5}(t,\tau)+m_{3,4}(t,\tau))\\&\quad+z_5(t,\tau)(m_{0,1}(t,\tau)+m_{2,3}(t,\tau)+m_{4,5}(t,\tau)+m_{6,7}(t,\tau))\\&\quad+z_6(t,\tau)(m_{0,3}(t,\tau)+m_{1,2}(t,\tau)+m_{4,7}(t,\tau)+m_{5,6}(t,\tau))\\&\quad+z_7(t,\tau)(m_{0,2}(t,\tau)+m_{1,3}(t,\tau)+m_{4,6}(t,\tau)+m_{5,7}(t,\tau))]\end{aligned} \tag{4-71}$$

式中

$$z_1(t,\tau)=\frac{1}{8T}|x|^4\mathrm{e}^{\mathrm{j}\theta(t,\tau)}[h_1^2(t)h_1^2(t+\tau)+h_2^2(t)h_2^2(t+\tau)+h_3^2(t)h_3^2(t+\tau)] \tag{4-72}$$

$$z_2(t,\tau)=\frac{1}{8T}|x|^4\mathrm{e}^{\mathrm{j}\theta(t,\tau)}[h_1^2(t)h_2^2(t+\tau)+h_2^2(t)h_1^2(t+\tau)] \tag{4-73}$$

$$z_3(t,\tau)=\frac{1}{8T}|x|^4\mathrm{e}^{\mathrm{j}\theta(t,\tau)}[h_1^2(t)h_3^2(t+\tau)+h_3^2(t)h_1^2(t+\tau)] \tag{4-74}$$

$$z_4(t,\tau)=\frac{1}{8T}|x|^4\mathrm{e}^{\mathrm{j}\theta(t,\tau)}[h_2^2(t)h_3^2(t+\tau)+h_3^2(t)h_2^2(t+\tau)] \tag{4-75}$$

$$z_5(t,\tau)=\frac{1}{8T}m_{x,4,0}\mathrm{e}^{\mathrm{j}\theta(t,\tau)}[h_1^2(t)h_2^2(t+\tau)+h_2^2(t)h_1^2(t+\tau)] \tag{4-76}$$

$$z_6(t,\tau)=\frac{1}{8T}m_{x,4,0}\mathrm{e}^{\mathrm{j}\theta(t,\tau)}[h_1^2(t)h_3^2(t+\tau)+h_3^2(t)h_1^2(t+\tau)] \tag{4-77}$$

$$z_7(t,\tau)=\frac{1}{8T}m_{x,4,0}\mathrm{e}^{\mathrm{j}\theta(t,\tau)}[h_2^2(t)h_3^2(t+\tau)+h_3^2(t)h_2^2(t+\tau)] \tag{4-78}$$

$$m_{i,j}(t,\tau)=\sum_{k=-\infty,k\in nn_{\mathrm{t}}}^{\infty}(g_{T,\varepsilon}^{k,i}(t)g_{T,\varepsilon}^{k,j}(t+\tau))^2 \tag{4-79}$$

式(4－71)是周期为 $8T$ 的周期函数,对式(4－71)进行傅里叶变换,可得

$$\begin{aligned}
\boldsymbol{C}^{\mathrm{STBC4}}(\alpha,\tau) = & Z_1(\alpha,\tau)\otimes\Big[(M_{0,4}(\alpha,\tau)+M_{1,5}(\alpha,\tau) \\
& +M_{2,6}(\alpha,\tau)+M_{3,7}(\alpha,\tau))\sum_{k=-\infty}^{\infty}\delta(\alpha-k/8T)\Big] \\
& +Z_2(\alpha,\tau)\otimes\Big[(M_{0,5}(\alpha,\tau)+M_{1,4}(\alpha,\tau)+M_{3,6}(\alpha,\tau)+M_{2,7}(\alpha,\tau))\sum_{k=-\infty}^{\infty}\delta(\alpha-k/8T)\Big] \\
& +Z_3(\alpha,\tau)\otimes\Big[(M_{0,6}(\alpha,\tau)+M_{1,7}(\alpha,\tau)+M_{2,4}(\alpha,\tau)+M_{3,5}(\alpha,\tau))\sum_{k=-\infty}^{\infty}\delta(\alpha-k/8T)\Big] \\
& +Z_4(\alpha,\tau)\otimes\Big[(M_{0,7}(\alpha,\tau)+M_{1,6}(\alpha,\tau)+M_{2,5}(\alpha,\tau)+M_{3,4}(\alpha,\tau))\sum_{k=-\infty}^{\infty}\delta(\alpha-k/8T)\Big] \\
& +Z_5(\alpha,\tau)\otimes\Big[(M_{0,1}(\alpha,\tau)+M_{2,3}(\alpha,\tau)+M_{4,5}(\alpha,\tau)+M_{6,7}(\alpha,\tau))\sum_{k=-\infty}^{\infty}\delta(\alpha-k/8T)\Big] \\
& +Z_6(\alpha,\tau)\otimes\Big[(M_{0,3}(\alpha,\tau)+M_{1,2}(\alpha,\tau)+M_{4,7}(\alpha,\tau)+M_{5,6}(\alpha,\tau))\sum_{k=-\infty}^{\infty}\delta(\alpha-k/8T)\Big] \\
& +Z_7(\alpha,\tau)\otimes\Big[(M_{0,2}(\alpha,\tau)+M_{1,3}(\alpha,\tau)+M_{4,6}(\alpha,\tau)+M_{5,7}(\alpha,\tau))\sum_{k=-\infty}^{\infty}\delta(\alpha-k/8T)\Big]
\end{aligned} \tag{4-80}$$

式中:$Z_i(\alpha,\tau)$为 $z_i(t,\tau)$的傅里叶变换;$M_{i,j}(\alpha,\tau)$为 $m_{i,j}(t,\tau)$的傅里叶变换。

2. 传输损耗的影响

以 AL 为例,由式(4－49)可知,$\boldsymbol{C}^{\mathrm{AL}}(\alpha,\tau)$由 $\boldsymbol{A}(\alpha,\tau)$和 $\boldsymbol{B}(\alpha,\tau)$的卷积组成。$\boldsymbol{A}(\alpha,\tau)$对 $\boldsymbol{C}^{\mathrm{AL}}(\alpha,\tau)$只有乘积作用,包含的传输损耗因子有$\{h(t),\Delta f_{\mathrm{c}},\phi_0,\varphi(t)\}$。由式(4－12)～式(4－18)可知:$\phi_0$ 会对 $\boldsymbol{C}^{\mathrm{AL}}(\alpha,\tau)$产生相位旋转,不会对循环频率的位置和幅度产生影响;Δf_{c} 会使 $\boldsymbol{C}^{\mathrm{AL}}(\alpha,\tau)$的循环频率移动 $2\Delta f_{\mathrm{c}}$,同时会产生相位旋转;$\varphi(t)$和 $h(t)$会改变 $\boldsymbol{C}^{\mathrm{AL}}(\alpha,\tau)$幅度和相位,同时会产生新的频率成分;$\boldsymbol{B}(\alpha,\tau)$包含的传输损耗因子只有 ε,而 ε 只改变 $\boldsymbol{C}^{\mathrm{AL}}(\alpha,\tau)$的相位,不会改变幅度。

存在传输损耗因子 Δf_{c}、ϕ_0 和 ε 的条件下,Δf_{c}、ϕ_0 和 ε 不会改变 $\boldsymbol{C}^{\mathrm{AL}}(\alpha,\tau)$的幅度,因此 $\boldsymbol{C}^{\mathrm{AL}}(\alpha,\tau)$在$\left\{\dfrac{k}{2T}+2\Delta f_{\mathrm{c}}\right\}$($k$ 为整数)存在循环频率。

综上所述可得以下结论:

(1) SM 码,$\boldsymbol{C}^{\mathrm{SM}}(\alpha,\tau)$没有任何的循环频率;

(2) AL 码，$c^{AL}(t,\tau)$是周期为$2T$的周期函数，并且在$\tau=\pm T$取得最大值，因此$C^{AL}(\alpha,\tau)$在$\tau=\pm T$的循环频率为$\left\{\frac{k}{2T}+2\Delta f_c\right\}$，$k$为整数；

(3) STBC3 码，$c^{STBC3}(t,\tau)$是周期为$4T$的周期函数，并且在$\tau=\pm T,\pm 2T,\pm 3T$取得最大值，所以$C^{STBC3}(\alpha,\tau)$在$\tau=\pm T,\pm 2T,\pm 3T$的循环频率为$\left\{\frac{k}{4T}+2\Delta f_c\right\}$，$k$为整数；

(4) STBC4 码，$c^{STBC4}(t,\tau)$是周期为$8T$的周期函数，并且在$\tau=\pm T,\pm 2T,\pm 3T,\pm 4T,\pm 5T,\pm 6T,\pm 7T$取得最大值，所以$C^{STBC4}(\alpha,\tau)$在$\tau=\pm T,\pm 2T,\pm 3T,\pm 4T,\pm 5T,\pm 6T,\pm 7T$的循环频率为$\left\{\frac{k}{8T}+2\Delta f_c\right\}$，$k$为整数。

因此，可计算接收信号在$\tau=\pm T$时的$C(\alpha,\tau)$，如果在$\left\{\frac{k}{2T}+2\Delta f_c\right\}$（$k$为整数）存在循环频率，则判定是 AL 码。图 4-1 和图 4-2 为 SM 和 AL 的四阶循环累积量，四阶累积量的时延$\tau=(0,P,0,P)$，其中$P=8$为过采样系数，采用 QPSK 调制方式，信噪比为 10dB，接收信号数为 4096。很明显可以看出，AL 码具有循环频率，而 SM 码没有。

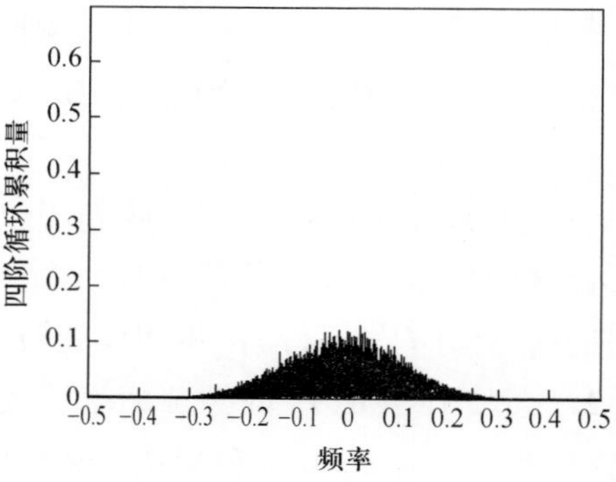

图 4-1 SM 的四阶循环累积量

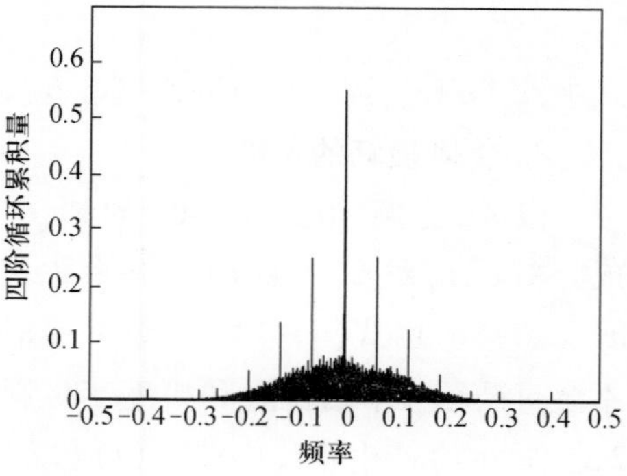

图 4-2 AL 码的四阶循环累积量

3. 算法流程

由式(4-43)、式(4-49)、式(4-64)和式(4-80)可知：对于 SM 码，$C^{SM}(\alpha,\tau)$没有任何的峰值；对于 AL 码，$c^{AL}(t,\tau)$是周期为$2T$的周期函数，并且在$\tau=\pm T$取得极大值，所以$C^{AL}(\alpha,\tau)$在$\tau=\pm T$的循环频率为$\left\{\frac{k}{2T}+2\Delta f_c\right\}$，$k$为整

数;对于 STBC3 码,$\boldsymbol{c}^{\mathrm{STBC3}}(t,\tau)$是周期为 $4T$ 的周期函数,并且在 $\tau=\pm T$, $\pm 2T$, $\pm 3T$ 取得极大值,所以 $\boldsymbol{C}^{\mathrm{STBC3}}(\alpha,\tau)$,$\tau=\pm T$, $\pm 2T$, $\pm 3T$ 循环频率为 $\left\{\frac{k}{4T}+2\Delta f_{\mathrm{c}}\right\}$,$k$ 为整数;对于 STBC4 码,$\boldsymbol{c}^{\mathrm{STBC4}}(t,\tau)$是周期为 $8T$ 的周期函数,并且在 $\tau=\pm T$, $\pm 2T$, $\pm 3T$, $\pm 4T$, $\pm 5T$, $\pm 6T$, $\pm 7T$ 取得极大值,所以 $\boldsymbol{C}^{\mathrm{STBC4}}(\alpha,\tau)$,$\tau=\pm T$, $\pm 2T$, $\pm 3T$, $\pm 4T$, $\pm 5T$, $\pm 6T$, $\pm 7T$ 循环频率为$\left\{\frac{k}{8T}+2\Delta f_{\mathrm{c}}\right\}$,$k$ 为整数。

因此,算法流程可归纳如下:

(1) 计算接收信号在 $\tau=\pm 4T$ 时的 $\boldsymbol{C}(\alpha,\tau)$,若在$\left\{\frac{k}{8T}+2\Delta f_{\mathrm{c}}\right\}$($k$ 为整数)存在循环频率,则判定是 STBC4 码。

(2) 计算接收信号在 $\tau=\pm 2T$ 时的 $\boldsymbol{C}(\alpha,\tau)$,若在$\left\{\frac{k}{4T}+2\Delta f_{\mathrm{c}}\right\}$($k$ 为整数)存在循环频率,则判定是 STBC3 码。

(3) 计算接收信号在 $\tau=\pm T$ 时的 $\boldsymbol{C}(\alpha,\tau)$,若在$\left\{\frac{k}{2T}+2\Delta f_{\mathrm{c}}\right\}$($k$ 为整数)存在循环频率,则判定是 AL 码;否则,是 SM 码。

4. 循环平稳检测

1)统计量检测

由算法的流程可知,判定码型的分类需要检测是否存在循环频率,循环频率的存在性检测通过循环平稳检测完成[16]。

假定 α 是任意一个待检测的循环频率,$\tau_1,\tau_2,\cdots,\tau_{I_\tau}$是时延,$I_\tau$ 为时延的个数,则接收信号四阶累积量估计值为

$$\hat{\boldsymbol{c}}_4=\begin{bmatrix}\mathrm{Re}\{\hat{c}_4(\alpha,\tau_1)\},\cdots,\mathrm{Re}\{\hat{c}_4(\alpha,\tau_{I_\tau})\}\\ \mathrm{Im}\{\hat{c}_4(\alpha,\tau_1)\},\cdots,\mathrm{Im}\{\hat{c}_4(\alpha,\tau_{I_\tau})\}\end{bmatrix} \tag{4-81}$$

$\hat{c}_4$ 的理论值用 $\boldsymbol{c}_4$ 表示,即

$$\boldsymbol{c}_4=\begin{bmatrix}\mathrm{Re}\{c_4(\alpha,\tau_1)\},\cdots,\mathrm{Re}\{c_4(\alpha,\tau_{I_\tau})\}\\ \mathrm{Im}\{c_4(\alpha,\tau_1)\},\cdots,\mathrm{Im}\{c_4(\alpha,\tau_{I_\tau})\}\end{bmatrix} \tag{4-82}$$

检验 α 是否是待检测的循环频率,假设检验为

$$\begin{aligned} &H_0 : \alpha \in A, \forall \{\tau_i\}_{i=1}^{\tau I_\tau} \Rightarrow \hat{\boldsymbol{c}}_4 = \xi \\ &H_1 : \alpha \in A, \text{对某些} \{\tau_i\}_{i=1}^{\tau I_\tau} \Rightarrow \hat{\boldsymbol{c}}_4 = \boldsymbol{c}_4 + \xi \end{aligned} \tag{4-83}$$

式中：A 为四阶循环频率的集合；$\boldsymbol{\xi}$ 为估计的错误向量，当接收信号时隙数 $N \to \infty$，ξ 趋于0。

$$\boldsymbol{\xi}_4 = \begin{bmatrix} \mathrm{Re}\{\boldsymbol{\xi}_4(\alpha,\tau_1)\}, \cdots, \mathrm{Re}\{\boldsymbol{\xi}_4(\alpha,\tau_N)\} \\ \mathrm{Im}\{\boldsymbol{\xi}_4(\alpha,\tau_1)\}, \cdots, \mathrm{Im}\{\boldsymbol{\xi}_4(\alpha,\tau_N)\} \end{bmatrix} \tag{4-84}$$

构造统计量 T_4 如下：

$$T_4 = \hat{\boldsymbol{c}}_4 \hat{\boldsymbol{\Sigma}} \hat{\boldsymbol{c}}_4^{\mathrm{T}} \tag{4-85}$$

式中：$\boldsymbol{\Sigma}_4$ 为由接收信号四阶累积量估计值 $\hat{c}_4$ 构造的实部和虚部分开的矩阵，且有

$$\boldsymbol{\Sigma}_4 = \begin{bmatrix} \mathrm{Re}\left\{\dfrac{Q_4 + Q_4^*}{2}\right\} & \mathrm{Im}\left\{\dfrac{Q_4 - Q_4^*}{2}\right\} \\ \mathrm{Im}\left\{\dfrac{Q_4 + Q_4^*}{2}\right\} & \mathrm{Re}\left\{\dfrac{Q_4 - Q_4^*}{2}\right\} \end{bmatrix} \tag{4-86}$$

其中：Q_4、Q_4^* 为协方差，且有

$$Q_4(m,n) = \frac{1}{NS} \sum_{s=-(S-1)/2}^{(S-1)/2} \boldsymbol{W}^{\mathrm{T}}(s) \times R_{N,\tau_n}\left(\hat{\alpha} - \frac{2\pi s}{N}\right) R_{N,\tau_n}\left(\hat{\alpha} + \frac{2\pi s}{N}\right), m,n = 1,2,\cdots,I_\tau \tag{4-87}$$

$$Q_4^*(m,n) = \frac{1}{NS} \sum_{s=-(S-1)/2}^{(S-1)/2} \boldsymbol{W}^{\mathrm{T}}(s) \times R_{N,\tau_n}\left(\hat{\alpha} - \frac{2\pi s}{N}\right) R_{N,\tau_n}^*\left(\hat{\alpha} + \frac{2\pi s}{N}\right), m,n = 1,2,\cdots,I_\tau \tag{4-88}$$

式中：$\boldsymbol{W}^{\mathrm{T}}$ 为长度 S 的频谱窗，S 为奇数。

此处取时延 $\tau = \pm T$，因此 $I_\tau = 2$。

$$R_{T,\tau}(\lambda) = \sum_{t=0}^{N-1} r(t) r(t+\tau) r(t) r(t+\tau) \mathrm{e}^{-\mathrm{j}2\pi\lambda t} \tag{4-89}$$

在假定条件 H_0 下，T_4 服从自由度为 $2I_\tau$ 的 χ^2 分布。设定阈值 Γ 对假设检验进行判决分析，若 $T_4 \geqslant \Gamma$，则认为假设 H_1 成立。虚警概率为

$$P_{\mathrm{f}} = P_{\mathrm{r}}(T_4 \geqslant \Gamma \mid H_0) \tag{4-90}$$

2）距离检测

由算法流程可知，判定码型的类别需要检测是否存在循环频率，二阶循环频率的检测一般可由二元假设检验完成，但是该方法对四阶循环频率检测计算复杂度过高。本节结合上面算法流程，提出一种更为简单的循环频率检测算法。该算法采用分层识别思想：第一层是区分 STBC4 和其他三种码型，STBC4 在 $\tau = \pm 4T$ 时 $\boldsymbol{C}(\alpha,\tau)$ 有循环平稳性且循环频率为 $\left\{\frac{k}{8T}+2\Delta f_c\right\}$（$k$ 为整数），而其他三种码型没有任何循环平稳性，因此 STBC4 最大谱线两侧的次最大谱线之间的距离为 $1/4T$；第二层是区分 STBC3 和其他两种码型，STBC3 在 $\tau = \pm 2T$ 时 $\boldsymbol{C}(\alpha,\tau)$ 有循环平稳性且循环频率为 $\left\{\frac{k}{4T}+2\Delta f_c\right\}$（$k$ 为整数），而其他两种码型没有任何循环平稳性，因此 STBC3 最大谱线两侧的次最大谱线之间的距离为 $1/2T$；第三层是区分 AL 和 SM，AL 在 $\tau = \pm T$ 时 $\boldsymbol{C}(\alpha,\tau)$ 有循环平稳性且循环频率为 $\left\{\frac{k}{2T}+2\Delta f_c\right\}$（$k$ 为整数），而 SM 没有任何循环平稳性，因此 AL 最大谱线两侧的次最大谱线之间的距离为 $1/T$。

4.3.2 实验验证

本节以 4.3.1 节所述算法为例对算法进行仿真，验证算法的性能。仿真实验中采用 1000 次蒙特卡罗仿真，在没有特殊说明的情况下，采用 QPSK 调制方式，且调制后的符号方差为 1，观察的符号数为 4096，过采样因子 $\rho=8$，发射滤波器为滚降系数为 0.35 的升余弦整形脉冲，接收滤波器为巴特沃斯滤波器，且滤波器带宽等于信号的带宽，时偏和相位偏差分别设为均匀分布在 $[0,T)$ 和 $[0,2\pi)$ 的随机变量，频偏设为 $0.04/T$，假定信道为频率非选择性信道，它由零均值的独立复高斯随机变量构成，且在观察的周期内是一个常数，$\varphi(t)$ 初始化为 0。在实验中，采用正确的识别概率 $P(\lambda|\lambda)$ 和平均识别概率衡量算法的性能。

1. 接收信号的循环累积量的幅度三维图 α 平面的截面图

接收符号数为 8192，当时延 $\tau = \pm T$ 时，SM 码和 AL 码接收信号的循环累积量的幅度三维图 α 平面的截面图如图 4-3 所示。由图 4-3 可知，SM 码没有任何循环平稳性，而 AL 码在循环频率 0 和 $\pm 1/2T$ 循环累积量的幅度有峰值。当时延 $\tau = \pm 2T$ 时，AL 码和 STBC3 码接收信号的循环累积量的幅度三维

图 α 平面的截面图如图 4-4 所示。由图 4-4 可知，AL 码没有任何循环平稳性，而 STBC3 码在循环频率 0 和 $\pm 1/4T$ 循环累积量的幅度有峰值，这一结论与前面的推导一致。

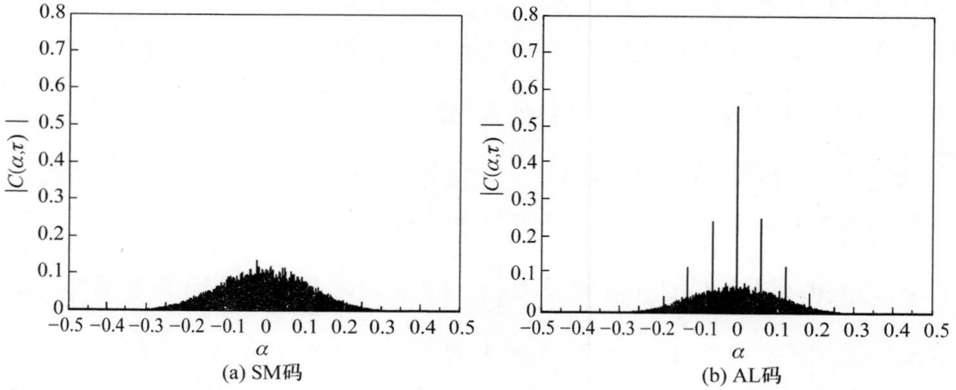

图 4-3　时延$(0,T,0,T)$下，估计四阶循环累积量幅度与 α 的关系

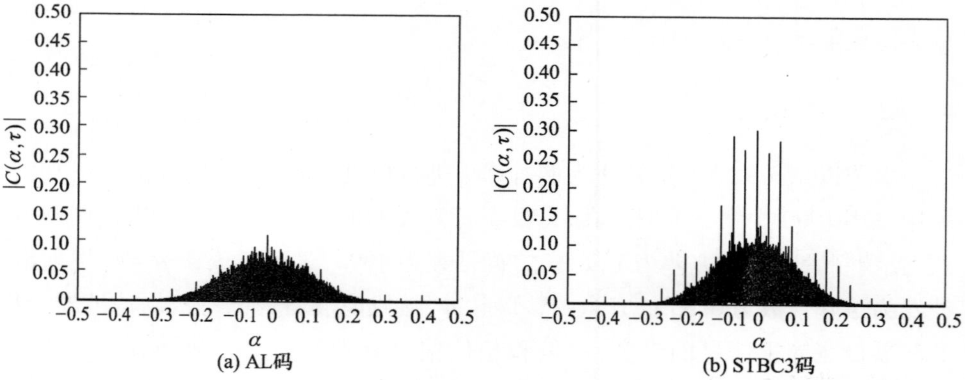

图 4-4　时延$(0,2T,0,2T)$下，估计四阶循环累积量幅度与 α 的关系

2. 空时分组码的正确识别概率 $P(\lambda/\lambda)$

SM、AL、STBC3、STBC4 的正确识别概率 $P(\lambda|\lambda)$ 如图 4-5 所示。由图 4-5 可知：SM 的识别概率基本为 1，不受 SNR 的影响；其他三种码的识别概率随着 SNR 提高而提高，其中，在 SNR < 5dB，AL 码识别概率最高，而 AL 码在 SNR > -2dB 时识别概率达到 1，STBC3 在 SNR > 6dB 时识别概率基本保持不变，约为 0.98，STBC4 的识别概率在 SNR > 4dB 时基本保持不变，约为 0.99。

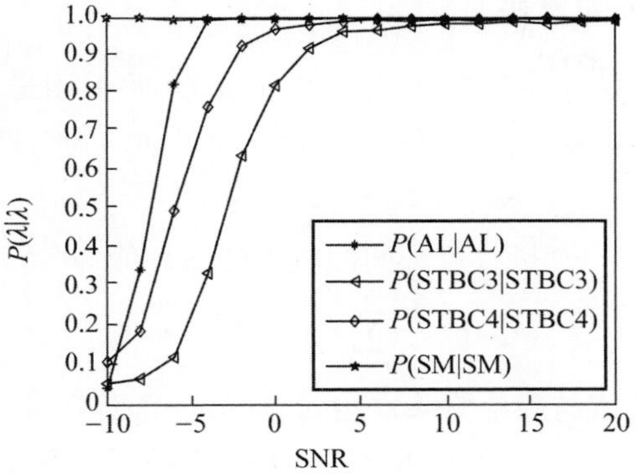

图 4-5　正确识别概率 $P(\lambda|\lambda)$

3. 平均识别概率 P_c 与接收符号数的关系

接收符号数为 1024、2048、4096、8192 时，平均识别概率 P_c 与接收符号数的关系如图 4-6 所示。由图 4-6 可知，即使在很低的 SNR 下，增加接收符号数，平均识别概率 P_c 也显著提高。主要是因为接收样本数增大，$\hat{C}_{4,r}(\hat{\alpha},\hat{\tau})$ 的估计值更准确，在低样本数下，即使在高信噪比下，平均识别概率 P_c 也不是很理想，约为 0.7。

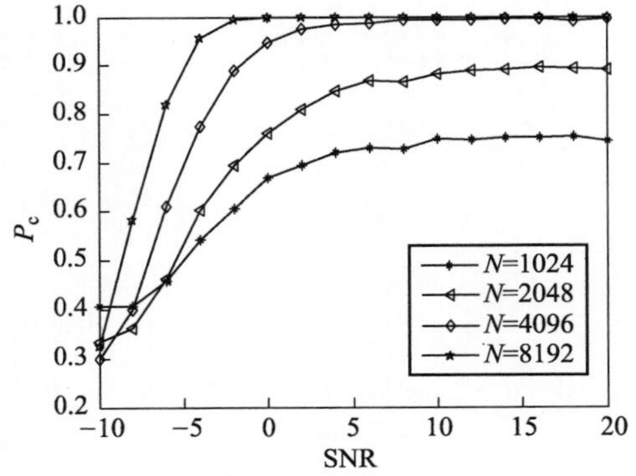

图 4-6　接收的符号数与 P_c 的关系

4.4 基于 FOLP 的方法

本节介绍用于区分 SM 码和 AL 码的 FOM 算法和 FOLP 算法[53]。

4.4.1 基于 FOM 的算法

基于 FOM 的算法采用四阶矩构造特征函数,并采用最大似然检测的方式进行不同 STBC 的识别。当四阶矩的向量为[0,0,1,1]时,四阶矩定义为

$$m_{40}=\mathrm{E}[r^2(k)r^2(k+1)] \tag{4-91}$$

在工程上,定义 N 个接收符号的四阶矩的估计值为[102]

$$\hat{m}_{40} = \frac{1}{N}\sum_{n=0}^{N-1} r^2(k)r^2(k+1) \tag{4-92}$$

可以证明,估计值与理论值基本相同,且符合高斯分布。

SM 信号是独立同分布的,因此 SM 信号的四阶矩为 0,即

$$m_{40}^{\mathrm{SM}}=0 \tag{4-93}$$

同一个 STBC 矩阵内的 STBC 信号是相关的,因此可得[53]

$$m_{40}^{\mathrm{AL}}=h_0^2h_1^2c_{42} \tag{4-94}$$

式中:h_0、h_1 为信道参数;$c_{42}=\mathrm{E}[|x|^4]-2(\mathrm{E}[|x|^2])^2$ 为信号的四阶累积量。

SM 和 AL 的四阶矩 $\hat{m}_{40}$的方差分别为

$$\begin{aligned}\sigma_{\mathrm{SM}}^2=\frac{1}{N}\{&16|h_0|^4|h_1|^4+m_{42}^2(|h_0|^4+|h_1|^4)^2\\&+8m_{42}(|h_0|^6|h_1|^2+|h_0|^2|h_1|^6+\sigma_{\mathrm{w}}^2+8\sigma_{\mathrm{w}}^6(|h_0|^2+|h_1|^2)^2)\\&+40\sigma_{\mathrm{w}}^4|h_0|^2|h_1|^2+32\sigma_{\mathrm{w}}^2(|h_0|^6|h_1|^2+|h_0|^2|h_1|^6)\\&+18m_{42}\sigma_{\mathrm{w}}^4(|h_0|^4+|h_1|^4)\\&+8m_{42}\sigma_{\mathrm{w}}^2(|h_0|^6+|h_0|^4|h_1|^2+|h_0|^2|h_1|^4+|h_1|^6)\}\end{aligned} \tag{4-95}$$

$$\begin{aligned}\sigma_{\mathrm{AL}}^2=\frac{1}{N}\{&m_{42}^2(|h_0|^8+|h_1|^8)+4(m_{63}+m_{42})(|h_0|^6|h_1|^2+|h_0|^2|h_1|^6)\\&+\sigma_{\mathrm{w}}^8+8\sigma_{\mathrm{w}}^6(|h_0|^2+|h_1|^2)+8m_{42}\sigma_{\mathrm{w}}^2(|h_0|^6+|h_1|^6)\\&+2m_{42}\sigma_{\mathrm{w}}^4(5|h_0|^4+8|h_0|^2|h_1|^2+5|h_1|^4)\\&+4\sigma_{\mathrm{w}}^4(m_{63}+5m_{42}+4)(|h_0|^4|h_1|^2+|h_0|^2|h_1|^4)\\&+8\sigma_{\mathrm{w}}^2(|h_0|^4+3|h_0|^2|h_1|^2+|h_1|^4)\}\end{aligned} \tag{4-96}$$

式中：$m_{\alpha\beta}=\mathrm{E}(x^{\alpha-\beta}(x^*)^{\beta})$为信号的$(\alpha,\beta)$阶矩，在 QPSK、8PSK、16QAM 和 64QAM 下部分高阶矩和高阶累积量如表 4-1 所列。

表 4-1 不同调制方式下部分高阶矩和高阶累积量值

	QPSK	8PSK	16QAM	64QAM
$m_{21}=c_{21}$	1	1	1	1
m_{42}	1	1	1.32	1.38
c_{42}	-1	-1	-0.68	-0.619
m_{63}	1	1	1.96	2.2
c_{63}	4	4	2.08	1.7972

根据四阶累积量的性质，可以得到事件 H_0（SM 信号）和事件 H_1（AL 信号）的假设检验的概率密度函数表达式为

$$p(\hat{m}_{40}\mid\mathrm{H}_0)=\frac{1}{\pi\sigma_{\mathrm{SM}}^2}\exp\left(\frac{-\mid\hat{m}_{40}\mid^2}{\sigma_{\mathrm{SM}}^2}\right) \tag{4-97}$$

$$p(\hat{m}_{40}\mid\mathrm{H}_1)=\frac{1}{\pi\sigma_{\mathrm{AL}}^2}\exp\left(\frac{-\mid\hat{m}_{40}-h_0^2h_1^2c_{42}\mid^2}{\sigma_{\mathrm{AL}}^2}\right) \tag{4-98}$$

基于等可能假设，最大似然检测可表示为

$$\begin{cases}\mathrm{H}_1: \dfrac{-\mid\hat{m}_{40}\mid^2}{\sigma_{\mathrm{SM}}^2}-\dfrac{-\mid\hat{m}_{40}-h_0^2h_1^2c_{42}\mid^2}{\sigma_{\mathrm{AL}}^2}>\ln\dfrac{\sigma_{\mathrm{AL}}^2}{\sigma_{\mathrm{SM}}^2}\\ \mathrm{H}_0: \dfrac{-\mid\hat{m}_{40}\mid^2}{\sigma_{\mathrm{SM}}^2}-\dfrac{-\mid\hat{m}_{40}-h_0^2h_1^2c_{42}\mid^2}{\sigma_{\mathrm{AL}}^2}<\ln\dfrac{\sigma_{\mathrm{AL}}^2}{\sigma_{\mathrm{SM}}^2}\end{cases} \tag{4-99}$$

可以看出，SM 信号和 AL 信号的正确识别概率分别取决于式(4-45)和式(4-46)，根据统计通信理论[103]，式(4-97)可表示为

$$p(\lambda=\xi\mid\xi,h_0,h_1)=1-Q\left(\frac{\mid h_0^2h_1^2c_{42}\mid}{\sqrt{2\sigma_{\xi}^2}}\right),\xi\in\{\mathrm{SM},\mathrm{AL}\} \tag{4-100}$$

式中：λ 为估计的信号类型；$p(\lambda=\xi\mid\xi,h_0,h_1)$为正确识别概率；$Q(\cdot)$函数为

$$Q(x)=\int_x^{\infty}\frac{1}{\sqrt{2\pi}}\exp\left(-\frac{1}{2}t^2\right)\mathrm{d}t \tag{4-101}$$

式(4-100)可进一步变形为

$$p(\lambda = \xi \mid \xi) = 1 - \int_0^{\infty}\int_0^{\infty} Q\left(\frac{\gamma_0^2\gamma_1^2 \mid c_{42} \mid}{\sqrt[4]{2\sigma_\xi^2}}\right)p(\gamma_0)p(\gamma_1)\mathrm{d}\gamma_0\mathrm{d}\gamma_1 \quad (4-102)$$

式中：γ_i 为 h_i 的度量值，其中 $i=0,1$。

由式(4-95)和式(4-96)可得，σ_ξ^2 表示为 γ_0 和 γ_1 的方程。因此，基于FOM 的算法的平均正确识别概率可表示为

$$p_c = \frac{1}{2}\sum_{\xi \in \{\mathrm{SM},\mathrm{AL}\}} p(\lambda = \xi \mid \xi) \quad (4-103)$$

该算法需要预先知道信道参数、调制方式和噪声功率。在上述信息已知的前提下，该算法的识别效果较为理想。基于 FOM 算法的算法流程如下：

（1）预处理。载波频偏和时延、调制方式、信道参数和噪声功率的预估计。

（2）计算 AL 信号的四阶累积量理论值。

（3）计算接收信号的四阶累积量估计值。

（4）根据式(4-95)计算 σ_{SM}^2。

（5）根据式(4-96)计算 σ_{AL}^2。

（6）根据式(4-99)识别 AL 和 SM 信号。

4.4.2 基于 FOLP 的算法

1. 特征参数构造

基于 FOLP 算法与基于 FOM 算法不同的是，其不需要预先知道信号的信道信息、调制信息和噪声功率。

考虑 $\boldsymbol{y}=[y(0),y(1),\cdots,y(N-1)]$，其中 $y(n)=r^2(n)r^2(n+1)$。由于随机向量可以表示成它的均值与另一个零均值随机向量的形式，因此，$y(n)$ 可以表示为

$$y^{\mathrm{SM}}(n) = \mathrm{E}[y^{\mathrm{SM}}(n)] + \boldsymbol{\Psi}^{\mathrm{SM}}(n) \quad (4-104)$$

$$y^{\mathrm{SM}}(n) = \mathrm{E}[y^{\mathrm{AL}}(n)] + \boldsymbol{\Psi}^{\mathrm{AL}}(n) \quad (4-105)$$

式中：$\mathrm{E}[y^{\xi}(n)]$ 为 $y^{\xi}(n)$ 的均值；$\boldsymbol{\Psi}^{\xi}(n)$ 为去均值后的值，$\xi \in \{\mathrm{SM},\mathrm{AL}\}$。

根据 AL 的编码矩阵和传输方式，当接收信号 $r(n)$ 和 $r(n+1)$ 为同一个编码矩阵内的符号时（定义为事件 H_0），$\mathrm{E}[y^{\mathrm{AL}}(n)]=2h_0^2h_1^2c_{42}$。当接收信号 $r(n)$ 和 $r(n+1)$ 不是同一个编码矩阵内的符号时（定义为事件 H_1），$\mathrm{E}[y^{\mathrm{AL}}(n)]=0$。事件 H_0 和 H_1 的区别如图 4-7 所示。

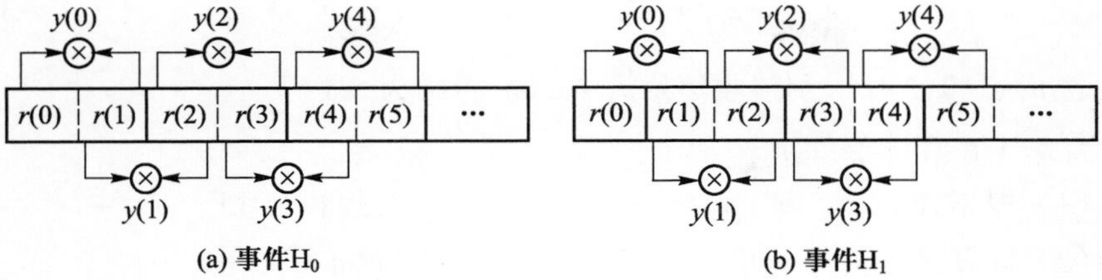

图4-7 事件 H_0 和事件 H_1 图解

当事件 H_0 成立时，$E[y^{AL}(n)]=2h_0^2h_1^2c_{42}=C$（$C$ 为常数），其值由调制方式和信道系数决定。可以看出，$\Psi^{AL}(n)$ 可看作加在 $y^{AL}(n)$ 上的噪声。

类似地，当传输的是 SM 信号时，$E[y^{SM}(n)]=0$，因此，$\Psi^{SM}(n)$ 可看作加在 $y^{SM}(n)$ 上的噪声。不失一般性，$\Psi^{AL}(n)=\Psi^{SM}(n)=0$。

根据接收信号 $r(0)$ 和 $r(1)$ 是否为同一个 STBC 矩阵，AL 码的 FOLP 序列可表示为 $[C,0,C,0,\cdots]$ 和 $[0,C,0,C,\cdots]$ 两种形式，而 SM 信号的 FOLP 序列为 $[0,0,0,0,\cdots]$。

定义 $\boldsymbol{Y}=[Y(0),Y(1),\cdots,Y(N-1)]$ 为 $\boldsymbol{y}$ 的离散傅里叶变换，其中

$$Y(n)=\frac{1}{\sqrt{N}}\sum_{k=0}^{N-1}y(k)\mathrm{e}^{-\mathrm{j}2\pi qn/N},n=0,1,\cdots,N-1 \tag{4-106}$$

不失一般性，此处设 N 为偶数，则有

$$Y^{SM}(n)=\Phi^{SM}(n),n=0,1,2,\cdots,N-1 \tag{4-107}$$

$$Y^{AL}(n)=\begin{cases}\zeta+\Phi^{AL}(n),n=0,N/2\\ \Phi^{AL}(n),\text{其他}\end{cases} \tag{4-108}$$

式中：$\Phi^{SM}(n)$、$\Phi^{AL}(n)$ 分别为 $\Psi^{SM}(n)$、$\Psi^{AL}(n)$ 的离散傅里叶变换。

当 $r(0)$ 和 $r(1)$ 为同一个 STBC 矩阵时，$\zeta=\frac{\sqrt{N}C}{2}$，否则，$\zeta=\pm\frac{(N-2)C}{2\sqrt{N}}\approx\pm\frac{\sqrt{N}C}{2}$，当 $n=0$ 时，正号成立，当 $n=N/2$ 时，负号成立。显然，$|Y^{SM}(n)|$ 不存在任何峰值，而 $|Y^{AL}(n)|$ 在 $n=0$ 和 $n=N/2$ 处存在两个尖峰。根据这一性质，能够对 SM 信号和 AL 信号进行识别，剩下的问题是如何检测出接收信号是否在 $n=0$ 和 $n=N/2$ 处存在两个尖峰。根据检测方式不同，有三种识别算法。

2. 三种识别算法

算法1：定义 $|Y(n)|$ 在 n_1 处取得最大值，则有

$$n_1 = \arg\max_n |Y(n)|, n = 0, 1, \cdots, N-1 \tag{4-109}$$

若 $n_1 \in \{0, N/2\}$，则接收信号为 AL 码，否则为 SM 码。

算法 1 具体流程如下：

（1）根据式 $y(n) = r^2(n) r^2(n+1)$ 计算接收信号的 FOLP。

（2）计算接收信号 FOLP 的离散傅里叶变换 $|Y(n)|$。

（3）计算 $n_1 = \arg\max\limits_n |Y(n)|$。

（4）当 $n_1 \in \{0, N/2\}$ 时，接收信号为 AL 码；否则，接收信号为 SM 信号。

算法 2：通过检测在 $n=0$ 和 $n=N/2$ 处 $|Y(n)|$ 是否存在尖峰来进行识别。由于调制方式和信道参数是未知的，因此 $Y(n=0)$ 和 $Y(n=N/2)$ 的值无法确定。为了分析在 $n=0$ 和 $n=N/2$ 处，$|Y(n)|$ 是否取得了峰值，引入阈值 ε 来构造虚警概率 P_{fa} 以达到识别目的。当 $Y(n=0)$ 或 $Y(n=N/2)$ 大于阈值 ε 时，认定接收信号为 AL 信号；否则，认定接收信号为 SM 信号。由于 SM 信号的 $Y(n=0)$ 和 $Y(n=N/2)$ 的分布为零均值高斯分布，其 $Y(n=0)$ 或 $Y(n=N/2)$ 的分布符合瑞利分布特性，因此虚警概率可表示为

$$P_{\mathrm{fa}} = \int_{\varepsilon}^{\infty} \frac{2x}{\Omega} \mathrm{e}^{-\frac{-x^2}{\Omega}} \mathrm{d}x \tag{4-110}$$

式中：Ω 为表征瑞利分布的二阶矩。

阈值可表示为

$$\varepsilon = \sqrt{-\Omega \ln P_{\mathrm{fa}}} \tag{4-111}$$

在实际应用中，引入 Ω 的估计值：

$$\hat{\Omega} = \frac{1}{N-2} \Big[\sum_{n=0, n\neq 0, N/2}^{N-1} |Y(n)|^2 \Big] \tag{4-112}$$

需要注意的是，由于当接收信号为 AL 信号时，在 $|Y(0)|$ 或 $|Y(N/2)|$ 时的值不符合瑞利分布，因此这两处的值是排除在外的。

图 4-8 为当 $n \neq 0, N/2$ 时，AL 信号的 $|Y(n)|$ 的分布情况，此处取调制方式为 QPSK，$N=2048$，信噪比为 20dB，图中横向的直线为阈值的位置，可以看出，$|Y(0)|$ 或 $|Y(N/2)|$ 的值均明显大于阈值。图 4-9 为 AL 信号 $|Y(n)|$ 的仿真图，图中直线为 $\Omega = \hat{\Omega}$ 时瑞利分布的理论值，虚线为瑞利分布的理论分布，点线为 $P_{\mathrm{fa}} = 0.01$ 时阈值。由于仿真值和估计值基本相同，因此 $n \neq 0, N/2$ 时，接收信号的 $|Y(n)|$ 为瑞利分布。

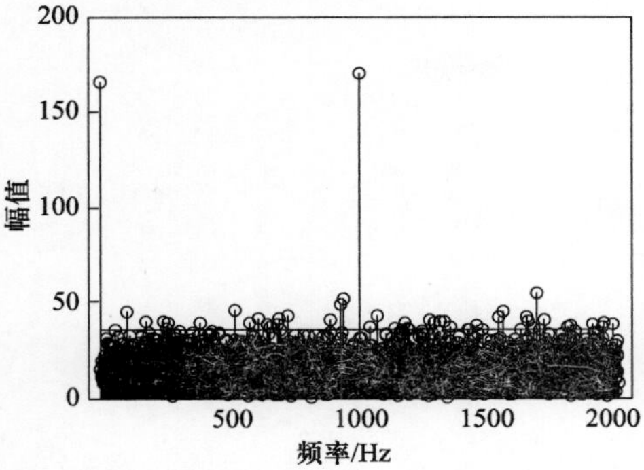

图 4-8 $|Y(n)|$的分布图

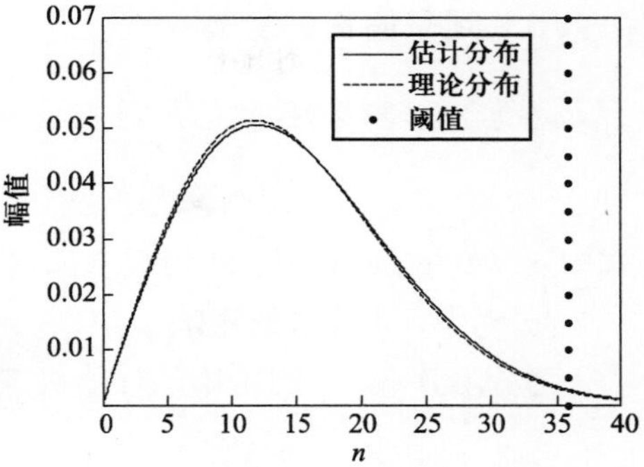

图 4-9 AL 信号的$|Y(n)|$仿真图

算法 2 具体流程如下:

(1) 根据式 $y(n)=r^2(n)r^2(n+1)$计算接收信号的 FOLP。

(2) 计算接收信号 FOLP 的离散傅里叶变换$|Y(n)|$。

(3) 计算瑞利分布的二阶矩 Ω。

(4) 根据需要的虚警概率计算阈值 ε。

(5) 当$|Y(0)|\geqslant\varepsilon$ 或$|Y(N/2)|\geqslant\varepsilon$ 时,接收信号为 AL 码;否则,接收信号为 SM 信号。

算法3:既然 AL 码的$|Y(n)|$在 $n=0$ 和 $n=N/2$ 处存在峰值,那么可通过检测峰值间距离是否为 $N/2$ 来判断接收信号是否为 AL 码。定义峰值位置分别为 n_1 和 n_2,则有

$$n_1=\arg\max_n|Y(n)|, n=0,1,\cdots,N-1 \tag{4-113}$$

$$n_2=\arg\max_n|Y(n)|, n=0,1,\cdots,N-1, n_1\neq n_2 \tag{4-114}$$

若$|n_1-n_2|=N/2$,则接收信号为 AL 信号;否则,为 SM 信号。

算法 3 具体流程如下:

(1) 根据式 $y(n)=r^2(n)r^2(n+1)$计算接收信号的 FOLP。

(2) 计算接收信号 FOLP 的离散傅里叶变换$|Y(n)|$。

(3) 计算 $n_1=\arg\max_n|Y(n)|$。

(4) 计算 $n_2=\arg\max_n|Y(n)|$。

(5) 若$|n_1-n_2|=N/2$,则接收信号为 AL 信号;否则,为 SM 信号。

4.4.3 频率偏移的影响

考虑频率偏移，接收信号可表示为

$$r'(k)=r(k)\mathrm{e}^{-\mathrm{j}(2\pi\Delta fk)},k=0,1,\cdots,K-1 \tag{4-115}$$

式中：$r(k)$为接收信号；Δf为频率偏移。

1. 对 FOM 算法的影响

考虑频率偏移，四阶矩估计值可表示为

$$\hat{m}_{40}=\frac{1}{K}\sum_{k=0}^{K-1}r'^2(k)r'^2(k+1)=\mathrm{e}^{-\mathrm{j}4\pi\Delta f}\left[\frac{1}{K}\sum_{k=0}^{K-1}r'^2(k)r'^2(k+1)\mathrm{e}^{-\mathrm{j}8\pi\Delta fk}\right] \tag{4-116}$$

$y(n)=r^2(n)r^2(n+1)$的离散傅里叶变换可表示为

$$\Im(f)=\sum_{n=0}^{N-1}r^2(k)r^2(k+1)\mathrm{e}^{-\mathrm{j}2\pi fk},0<f<1 \tag{4-117}$$

显然有

$$m_{40}=\mathrm{e}^{-\mathrm{j}4\pi\Delta f}\left[\frac{1}{N}\Im(4\Delta f)\right] \tag{4-118}$$

若$K\to\infty$，则可以忽略噪声$\boldsymbol{\Psi}^{\mathrm{SM}}$和$\boldsymbol{\Psi}^{\mathrm{AL}}$的影响。对 AL 信号，有

$$\Im(f)=N(h_0^2h_1^2c_{42})[\delta(f)+\delta(f-1/2)] \tag{4-119}$$

对于 SM 信号，有

$$\Im(f)=0 \tag{4-120}$$

因此，对于 AL 信号，当$\Delta f=0$时，有

$$\hat{m}_{r',40}=m_{r',40}=m_{r,40}=h_0^2h_1^2c_{42} \tag{4-121}$$

当$\Delta f=0.125$时，有

$$\hat{m}_{r',40}=m_{r',40}=-\mathrm{j}h_0^2h_1^2c_{42} \tag{4-122}$$

$$m_{r,40}=0 \tag{4-123}$$

对于 SM 信号，无论Δf取任何值，都有

$$\hat{m}_{r',40}=m_{r',40}=m_{r,40}=0 \tag{4-124}$$

因此，对于基于 FOM 算法，AL 的识别结果受频率偏移的影响。

2. 对 FOLP 算法的影响

考虑频率偏移的影响，基于 FOLP 的接收信号可表示为

$$y'(k)=\frac{1}{K}\sum_{k=0}^{K-1}r'^2(k)r'^2(k+1)=\mathrm{e}^{-\mathrm{j}4\pi\Delta f}r'^2(k)r'^2(k+1)\mathrm{e}^{-\mathrm{j}8\pi\Delta fk},k=0,1,2,\cdots,K-1 \tag{4-125}$$

考虑式(4－128)的 K 点离散傅里叶变换，可得

$$Y'(n)=\frac{1}{K}\sum_{k=0}^{K-1}y'(k)\mathrm{e}^{-\mathrm{j}2\pi kn/K}=\mathrm{e}^{-\mathrm{j}4\pi\Delta f}\left[\frac{1}{K}\sum_{k=0}^{K-1}r^2(k)r^2(k+1)\mathrm{e}^{-\mathrm{j}2\pi k(n+4K\Delta f)/K}\right] \tag{4-126}$$

显然，参数 $\mathrm{e}^{-\mathrm{j}4\pi\Delta f}$对于结果没有影响，利用离散傅里叶变换的位移特性可得

$$Y'(n)=A(n)\,|Y(n+\Theta(4K\Delta f))| \tag{4-127}$$

式中：$\Theta()$为取整函数；$A(n)$为衰减因子，且有

$$A(n)=\frac{1}{|Y(n)|}\left|\frac{1}{K}\sum_{k=0}^{K-1}y(k)\mathrm{e}^{-\mathrm{j}2\pi k(n+(\Theta(4K\Delta f)-4K\Delta f))/K}\right| \tag{4-128}$$

可以看出，$|Y(0)|$和$|Y(K/2)|$随 $\Theta(4K\Delta f)$的变化而变化，其值分别通过 $A(0)$和 $A(K/2)$来度量。若 Δf 为 1/8 的整数倍，则峰值的周期为 $K/2$，因此 AL 信号的$|Y'(n)|$的峰值位置不会发生改变。当 Δf 为 1/4 的整数倍时，$A(n)=1$；否则，$A(n)<1$。

4.4.4 实验验证

以 FOLP 算法为例验证算法性能。

1. 仿真条件

算法采用 1000 次蒙特卡罗仿真验证其性能。调制方式采用 QPSK，样本数量 $N=1024$，虚警概率 $P_{\mathrm{fa}}=10^{-2}$，噪声为高斯白噪声且噪声能量为 σ_{w}^2，信道为平坦 Nakagami－m 衰落信道且 $m=3$，$\mathrm{E}\{|h_i^2|\}=1(i=0,1)$。假定星座方差为 1，信噪比定义为 $10\lg10\left(\frac{n_{\mathrm{t}}}{\sigma_{\mathrm{w}}^2}\right)$，采用正确识别概率和平均正确识别概率衡量算法性能。

2. 性能评价

FOM 识别算法在 $m=3$ 和 $m=1$ 时正确识别概率如图 4－10 所示。由图可见，仿真与理论推导结果一致，m 值越小，算法性能越差（主要是因为随着 m 减少，h_0 和 h_1 方差增加导致 $\hat{m}_{r,40}$方差增加，进而导致错误判决）。

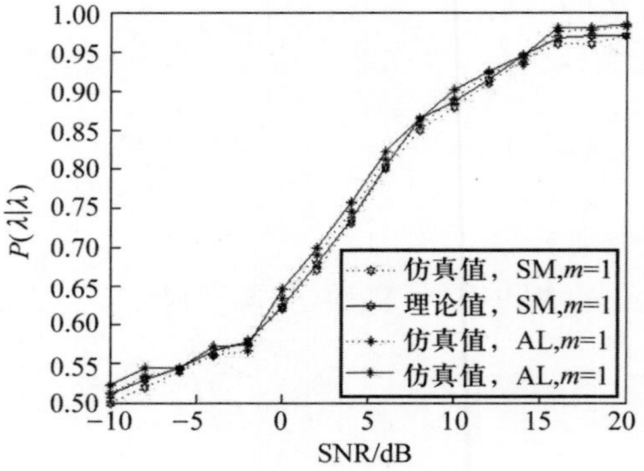

图 4-10 FOM 算法正确识别概率

上述讨论的三种 FOLP 算法的性能如图 4-11 所示，其中 $m=3$ 和 $m=1$。信道参数 m 和信噪比仅影响 AL 码性能，对 SM 信号没有影响。由式(4-104)可知，噪声部分和信道系数共同决定峰值。同时由式(4-108)可知，对于 AL 信号而言，$|Y^{\mathrm{AL}}(n)|$在 $n=0,N/2$ 呈现峰值；对 SM 信号，$|Y^{\mathrm{SM}}(n)|,n=0,1,\cdots,N-1$ 服从独立同分布，也就是说$|Y^{\mathrm{SM}}(n)|$在任何位置有峰值的概率为$\frac{1}{N}$，即 $P(|Y(0)|=\max|Y(0)|)=P(|Y(N/2)|=\max|Y(n)|)=1/N$，与信道参数和噪声功率无关。对于 FOLP 中算法 1，若最大值出现在 $n=0,N/2$ 位置，SM 被否定，因此 $P(\mathrm{SM}|\mathrm{SM})=1-N/2$，当且仅当 $N\to\infty$时概率为 1。对于算法 3，当 $n_1-n_2=N/2$，其中 n_1 和 n_2 由式(4-113)和式(4-

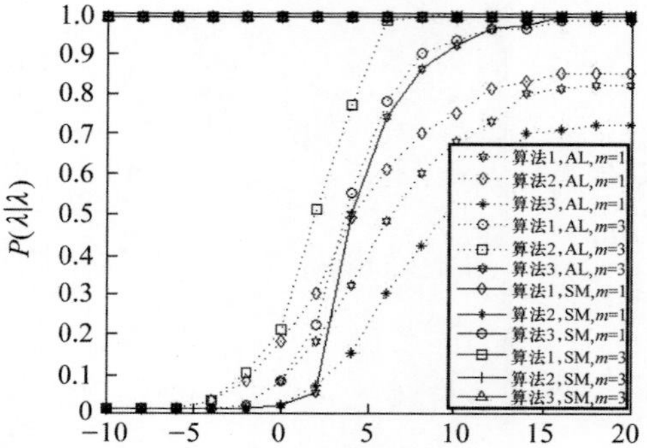

图 4-11 FOLP 算法正确识别概率

114)可得，因此 $P(\mathrm{SM}\mid\mathrm{SM})=\dfrac{N-2}{N-1}$，当且仅当 $N\to\infty$ 时概率为1。对于FOLP算法2，SM正确识别概率由虚警概率 P_{fa} 决定，$P(\lambda=\mathrm{SM}\mid\mathrm{SM})=1-2P_{\mathrm{fa}}$，与信道参数 m 和信噪比无关。

3. 算法与接收样本数目关系

接收样本对平均正确识别概率 P_c 的影响如图4-12所示，图中信噪比为10dB。由图可见，算法性能随着接收样本增加而增加。对于FOLP算法，随着接收样本数量增加，四阶矩的估计值更精确，从而提高正确识别概率。对于FOLP算法，随着接收样本增加，噪声分布影响 $|Y^{\mathrm{AL}}(n)|$ 在 $n=0$ 和 $n=N/2$ 的峰值减弱，因此提高算法识别性能。对于算法1和算法3，增高接收样本SM识别概率更接近1，而对算法2增加接收样本对算法几乎无影响。如图4-11所示，接收样本较少对算法3影响较大，主要是由于算法3需要检测两个峰值去识别AL码，然而对于算法1和算法2只要检测其中一个峰值就可以识别信号。

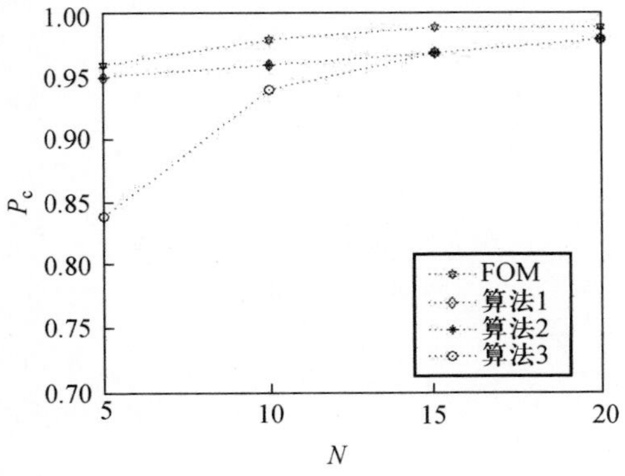

图4-12 接收样本与正确识别概率的关系

4. 算法与调制方式的影响

调制方式对算法影响如图4-13所示，SNR = 10dB，$N=2048$。分析如下：FOM算法性能取决于零与 $h_0^2h_1^2c_{x,42}$ 距离，随着距离增大性能提高。而对 MPSK而言，距离不依赖调制方式，也就说 $c_{x,42}$ 独立于 M，而对 MQAM，M 增加距离减少。对于FOLP算法，SM与调制方式无关，对于AL码，MPSK调制不影响算法性能，而 MQAM算法依赖于 M 值，主要是因为 $|Y^{\mathrm{AL}}(n)|$ 在 $n=0$ 或 $n=N/2$ 的峰值依赖于 $c_{x,42}$。

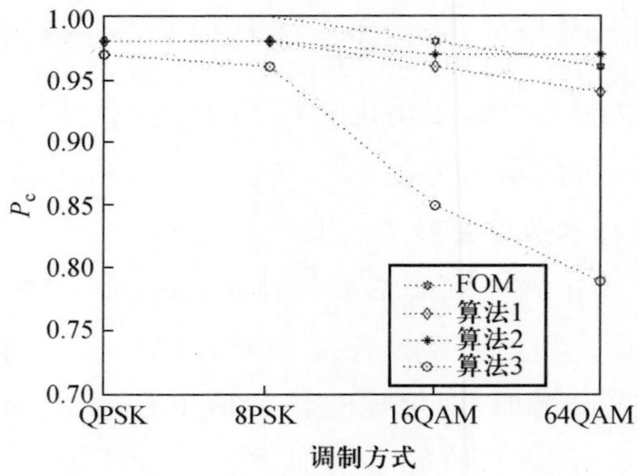

图 4－13　调制方式与正确识别概率的关系

第5章

STBC-OFDM信号的识别

5.1 STBC-OFDM 模型

5.1.1 STBC-OFDM 信号空时编码

OFDM 在近十几年得到了快速发展,已经广泛应用于 IEEE802.11a 无线局域网[104]。它把频率选择信道转换为并行的平坦衰落信道,大大降低了信号处理复杂度,也消除了多径分集的影响。STBC-OFDM 的主导思想与 OFDM 信号类似,与传统 OFDM 信号不同的是,前者是长度为 N 的符号流,后者是 n_s 个长度为 N 的并行数据流。首先对并行的数据流进行空时编码;然后将码字矩阵集合进行快速傅里叶逆变换(IFFT),得到 N_b 个空时矩阵;最后对 N_b 个空时矩阵添加循环前缀,就得到了 STBC-OFDM 信号。STBC-OFDM 方案如图 5-1 所示。

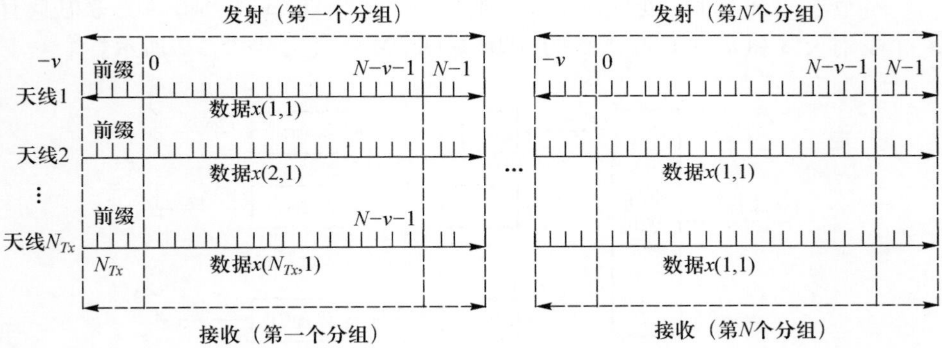

图 5-1　STBC-OFDM 方案

考虑一个长度为 $N_b \times N$ 的符号序列 $x(n)$,并将其分割成 N_b 个长度为 N 的序列如下:

$$x_1(n) = x(n), n = 0,1,2,\cdots,N-1 \tag{5-1}$$

$$x_2(n)=x(n+N),n=0,1,2,\cdots,N-1 \tag{5-2}$$

$$x_{N_b}(n)=x(n+(N_b-1)N),n=0,1,2,\cdots,N-1 \tag{5-3}$$

通过将符号流映射成一个 $n_t \times N$ 维矩阵 $\boldsymbol{\Phi}(n)$ 得到空时编码：

$$\{x_1(n),x_2(n),\cdots,x_{N_b-1}(n)\}\rightarrow\{\boldsymbol{\Phi}(n)\} \tag{5-4}$$

$$\boldsymbol{\Phi}(n)=[\phi_1(n),\phi_2(n),\cdots,\phi_N(n)],n=0,1,\cdots,N-1 \tag{5-5}$$

矩阵 $\boldsymbol{\Phi}(n)$ 的集合为 IFFT：

$$\boldsymbol{X}(n)=\frac{1}{N}\sum_{K=0}^{N-1}\boldsymbol{\Phi}(k)\exp\left(\frac{\mathrm{j}2\pi nk}{N}\right) \tag{5-6}$$

且矩阵 $\boldsymbol{X}(n)$ 依据图 5-1 的发射方式进行发射。

应用 STBC-OFDM 方案，假定两个相邻的分组之间无额外的保护间隔，在第 $KN+KN_{\mathrm{pre}}$ 发射第 $N_b \times N$ 个符号。所以 STBC-OFDM 通信系统的速率为

$$R_{\mathrm{STBC-OFDM}}=\frac{NN_b}{KN+KN_{\mathrm{pre}}} \tag{5-7}$$

与传统的 OFDM 信号相同的是，STBC-OFDM 信号的处理可以通过 N 点 IFFT 完成，接收机的结构简单，便于在通信系统中推广。但它是以多径分集为代价的，原因是采用了循环前缀。可以采用正交的 STBC-OFDM 信号系统，应用固定的前缀并且事先让接收机知道就可以得到多径分集。

5.1.2 STBC-OFDM 信号发射模型

本节取四种 STBC 进行识别，分别为 SM、AL、STBC3 和 STBC4。考虑具有 n_t 个发射天线和 n_r 个接收天线的 STBC-OFDM 系统，如图 5-2 所示。[105]

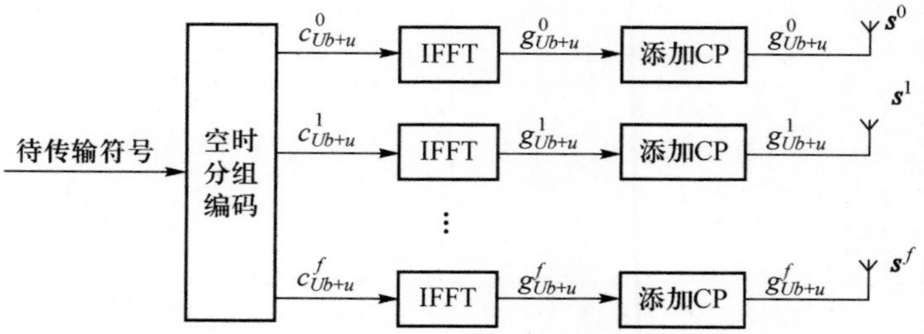

图 5-2 STBC-OFDM 传输系统框图

发射信号为采用复调制（不考虑 BPSK）的独立同分布信号，这样可以保证信号的实部和虚部也是独立同分布的。OFDM 块的长度为 N，每个 OFDM 块可表示为

$$\boldsymbol{c}_{Ub+u}^{f}=[c_{Ub+u}^{f}(0),c_{Ub+u}^{f}(1),\cdots,c_{Ub+u}^{f}(N-1)] \tag{5-8}$$

式中：$\boldsymbol{c}_{Ub+u}^{f}(N)$为第$f$根天线的第$Ub+u$个OFDM块的$N$个符号，$U$为码矩阵的长度(其中，SM码，$U=1$，AL码，$U=2$，以此类推)，$b$为码矩阵块的序号，$u$为一个码矩阵块内的列序号，且$u=0,1,\cdots,U-1$。

$\boldsymbol{d}_{Xb+x}$表示每个空时分组码矩阵$\boldsymbol{C}$中发射的OFDM块，X为每个空时分组码矩阵$\boldsymbol{C}$中包含的OFDM块的数量，x为每个空时分组码矩阵$\boldsymbol{C}$中OFDM块的序号，$x=0,1,\cdots,X-1$。每个AL码矩阵包含2个OFDM块，即$X=2$；STBC3中，$X=3$；STBC4中，$X=4$；SM中，$X=n_{\mathrm{t}}$。$\boldsymbol{d}_{Xb+x}$元素之间互相不相关，即$\mathrm{E}[\boldsymbol{d}_{Xb+x}(k)\boldsymbol{d}_{Xb+x}(k')]=0$，$\mathrm{E}[\boldsymbol{d}_{Xb+x}(k)\boldsymbol{d}_{Xb'+x'}^{*}(k')]=\sigma_{\mathrm{s}}^{2}\delta(k-k')\delta(b-b')\delta(x-x')$，其中$\sigma_{\mathrm{s}}^{2}$为传输信号能量。

不失一般性，SM码的发射天线数取2，SM-OFDM编码可表示为

$$\boldsymbol{C}^{\mathrm{SM}}=[\boldsymbol{c}_{b+0}^{0};\boldsymbol{c}_{b+0}^{1}]=[\boldsymbol{d}_{2b+0};\boldsymbol{d}_{2b+1}] \tag{5-9}$$

AL-OFDM编码可表示为

$$\boldsymbol{C}^{\mathrm{AL}}=\begin{bmatrix}\boldsymbol{c}_{2b+0}^{0} & \boldsymbol{c}_{2b+1}^{0}\\ \boldsymbol{c}_{2b+0}^{1} & \boldsymbol{c}_{2b+1}^{1}\end{bmatrix}=\begin{bmatrix}\boldsymbol{d}_{2b+0} & -\boldsymbol{d}_{2b+1}^{*}\\ \boldsymbol{d}_{2b+1} & \boldsymbol{d}_{2b+0}^{*}\end{bmatrix} \tag{5-10}$$

STBC3-OFDM编码可表示为

$$\boldsymbol{C}^{\mathrm{STBC3}}=\begin{bmatrix}\boldsymbol{c}_{4b+0}^{0} & \boldsymbol{c}_{4b+1}^{0} & \boldsymbol{c}_{4b+2}^{0} & \boldsymbol{c}_{4b+3}^{0}\\ \boldsymbol{c}_{4b+0}^{1} & \boldsymbol{c}_{4b+1}^{1} & \boldsymbol{c}_{4b+2}^{1} & \boldsymbol{c}_{4b+3}^{1}\\ \boldsymbol{c}_{4b+0}^{2} & \boldsymbol{c}_{4b+1}^{2} & \boldsymbol{c}_{4b+2}^{2} & \boldsymbol{c}_{4b+3}^{2}\end{bmatrix}=\begin{bmatrix}\boldsymbol{d}_{3b+0} & 0 & \boldsymbol{d}_{3b+1} & -\boldsymbol{d}_{3b+2}\\ 0 & \boldsymbol{d}_{3b+0} & \boldsymbol{d}_{3b+2}^{*} & \boldsymbol{d}_{3b+1}^{*}\\ -\boldsymbol{d}_{3b+1}^{*} & -\boldsymbol{d}_{3b+2} & \boldsymbol{d}_{3b+0}^{*} & 0\end{bmatrix} \tag{5-11}$$

STBC4-OFDM编码可表示为

$$\boldsymbol{C}^{\mathrm{STBC4}}=\begin{bmatrix}\boldsymbol{c}_{8b+0}^{0} & \boldsymbol{c}_{8b+1}^{0} & \boldsymbol{c}_{8b+2}^{0} & \boldsymbol{c}_{8b+3}^{0} & \boldsymbol{c}_{8b+4}^{0} & \boldsymbol{c}_{8b+5}^{0} & \boldsymbol{c}_{8b+6}^{0} & \boldsymbol{c}_{8b+7}^{0}\\ \boldsymbol{c}_{8b+0}^{1} & \boldsymbol{c}_{8b+1}^{1} & \boldsymbol{c}_{8b+2}^{1} & \boldsymbol{c}_{8b+3}^{1} & \boldsymbol{c}_{8b+4}^{1} & \boldsymbol{c}_{8b+5}^{1} & \boldsymbol{c}_{8b+6}^{1} & \boldsymbol{c}_{8b+7}^{1}\\ \boldsymbol{c}_{8b+0}^{2} & \boldsymbol{c}_{8b+1}^{2} & \boldsymbol{c}_{8b+2}^{2} & \boldsymbol{c}_{8b+3}^{2} & \boldsymbol{c}_{8b+4}^{2} & \boldsymbol{c}_{8b+5}^{2} & \boldsymbol{c}_{8b+6}^{2} & \boldsymbol{c}_{8b+7}^{2}\end{bmatrix}$$

$$=\begin{bmatrix}\boldsymbol{d}_{4b+0} & -\boldsymbol{d}_{4b+1} & -\boldsymbol{d}_{4b+2} & -\boldsymbol{d}_{4b+3} & \boldsymbol{d}_{4b+0}^{*} & -\boldsymbol{d}_{4b+1}^{*} & -\boldsymbol{d}_{4b+2}^{*} & -\boldsymbol{d}_{4b+3}^{*}\\ \boldsymbol{d}_{4b+1} & \boldsymbol{d}_{4b+0} & \boldsymbol{d}_{4b+3} & -\boldsymbol{d}_{4b+2} & \boldsymbol{d}_{4b+1}^{*} & \boldsymbol{d}_{4b+0}^{*} & \boldsymbol{d}_{4b+3}^{*} & -\boldsymbol{d}_{4b+2}^{*}\\ \boldsymbol{d}_{4b+2} & -\boldsymbol{d}_{4b+3} & \boldsymbol{d}_{4b+0} & \boldsymbol{d}_{4b+1} & \boldsymbol{d}_{4b+2}^{*} & -\boldsymbol{d}_{4b+3}^{*} & \boldsymbol{d}_{4b+0}^{*} & \boldsymbol{d}_{4b+1}^{*}\end{bmatrix} \tag{5-12}$$

如图5-2所示，在传输端对每个OFDM块$\boldsymbol{c}_{Ub+u}^{f}$进行$N$点离散快速傅里叶

逆变换得到时域上的 OFDM 块：

$$\boldsymbol{g}_{Ub+u}^{f}=[g_{Ub+u}^{f}(0),g_{Ub+u}^{f}(1),\cdots,g_{Ub+u}^{f}(N-1)] \tag{5-13}$$

对$\boldsymbol{g}_{Ub+u}^{f}$添加循环前缀，假设循环前缀的长度为 v，则可把长度为 $N+v$ 的 OFDM 块表示为

$$\begin{aligned}\tilde{\boldsymbol{g}}_{Ub+u}^{f}&=[\tilde{g}_{Ub+u}^{f}(0),\tilde{g}_{Ub+u}^{f}(1),\cdots,\tilde{g}_{Ub+u}^{f}(v),\tilde{g}_{Ub+u}^{f}(v+1),\cdots,\tilde{g}_{Ub+u}^{f}(N+v-1)]\\&=[\tilde{g}_{Ub+u}^{f}(-v),\cdots,\tilde{g}_{Ub+u}^{f}(0),\tilde{g}_{Ub+u}^{f}(1),\cdots,\tilde{g}_{Ub+u}^{f}(N-1)]\end{aligned} \tag{5-14}$$

式中

$$\tilde{\boldsymbol{g}}_{Ub+u}^{f}(n)=\frac{1}{\sqrt{N}}\sum_{p=0}^{N-1}c_{Ub+u}^{f}(p)\mathrm{e}^{\frac{\mathrm{j}2\pi p(n-v)}{N}},n=0,1,\cdots,N+v-1 \tag{5-15}$$

因此，可得到在第 f 根发射天线上发射的所有空时分组码块，即

$$\boldsymbol{s}^{f}=[\cdots,\tilde{\boldsymbol{g}}_{-1}^{f},\tilde{\boldsymbol{g}}_{0}^{f},\tilde{\boldsymbol{g}}_{1}^{f},\tilde{\boldsymbol{g}}_{2}^{f},\cdots] \tag{5-16}$$

5.1.3 STBC－OFDM 信号接收模型

式(5－16)中第 k 个元素定义为 $s^{f}(k)$，则第 i 根接收天线接收到的第 k 个接收信号可以表示为[56]

$$r^{i}(k)=\sum_{f=0}^{1}\sum_{l=0}^{L_{\mathrm{h}}-1}h_{fi}(l)s^{f}(k-l)+w^{i}(k) \tag{5-17}$$

式中：L_{h} 为传输路径的数量；$h_{fi}(l)$ 为传输天线 f 到接收天线 i 对应的第 l 条传输路径的信道系数；$w^{i}(k)$ 为接收天线 i 对应的加性高斯白噪声(AWGN)，其均值为 0、方差为 σ_{w}^{2}。

由式(5－17)，设第 i 根接收天线上接收信号为

$$\boldsymbol{R}^{i}=[\boldsymbol{r}_{0}^{i},\boldsymbol{r}_{1}^{i},\cdots,\boldsymbol{r}_{N_{\mathrm{b}}-1}^{i}] \tag{5-18}$$

式中：$\boldsymbol{r}_{j}^{i}$ 表示第 i 根接收天线上接收到的第 j 个 OFDM 块，且有

$$\boldsymbol{r}_{j}^{i}=[r_{j}^{i}(0),r_{j}^{i}(1),\cdots,r_{j}^{i}(N-1)]^{\mathrm{T}},j=0,1,\cdots,N_{\mathrm{b}}-1 \tag{5-19}$$

由 5.1.2 节分析和式(5－17)可知：对于 SM－OFDM 信号，接收信号中任意两个元素是不相关的；对于 AL－OFDM 接收信号，对应同一个空时分组码的向量$\boldsymbol{r}_{2b}^{i}$和$\boldsymbol{r}_{2b+1}^{i}$及其内部元素是相关的，而不同空时分组码之间的向量和元素是不相关的，如$\boldsymbol{r}_{2b+1}^{i}$和$\boldsymbol{r}_{2(b+1)}^{i}$；类似地，对于 STBC3－OFDM 接收信号，对应同一个空时分组码的向量$\boldsymbol{r}_{4b}^{i}$、$\boldsymbol{r}_{4b+1}^{i}$、$\boldsymbol{r}_{4b+2}^{i}$和$\boldsymbol{r}_{4b+3}^{i}$及其内部元素是相关的，而不同空时分

组码之间的向量和元素是不相关的，如$\boldsymbol{r}_{4b}^{i}$和$\boldsymbol{r}_{4(b+1)}^{i}$；对于 STBC4 - OFDM 接收信号，对应同一个空时分组码的向量$\boldsymbol{r}_{8b}^{i}$、$\boldsymbol{r}_{8b+1}^{i}$、…、$\boldsymbol{r}_{8b+7}^{i}$及其内部元素是相关的，而不同空时分组码之间的向量和元素是不相关的，如$\boldsymbol{r}_{8b}^{i}$和$\boldsymbol{r}_{8(b+1)}^{i}$。

5.2 基于 FOLP 的方法

5.2.1 假设条件

不失一般性，在接收端做了以下假设：

（1）接收信号的第一个符号为 OFDM 块的第一个符号。由随后的分析可知，当接收信号的第一个符号不是 OFDM 块的第一个符号时，本节算法同样适用。此处的假设是为了简化分析和计算过程。

（2）在接收端 OFDM 块的长度是已知的，并将接收信号定义为$(N+v-1)\times N_{\mathrm{b}}$维的向量。

（3）传输信号和噪声是不相关的，即

$$\mathrm{E}[s^{f}(m_0)w^{i}(m_1)]=0$$

式中：$m_1,m_2=0,1,\cdots,N+v-1$；$f\in\{0,1,\cdots,n_{\mathrm{t}}-1\}$；$i\in\{1,2,\cdots,n_{\mathrm{r}}\}$。

（4）不同信道之间的噪声和相同信道上的噪声互相是不相关的，即

$$\mathrm{E}[w^{i_0}(m_0)w^{i_1}(m_1)]=\mathrm{E}[w^{i_0}(m_0)(w^{i_1}(m_1))^{*}]=0$$

式中：$i_0,i_1\in\{1,2,\cdots,n_r\}$。

5.2.2 发射信号的相关性

以 AL 码为例，将发射信号表示为如图 5 - 3 所示的形式，N_{b}为传输信号中包含的 OFDM 块的数量。

图 5 - 3 中每一列代表一个空时分组码块，表示为

$$\tilde{\boldsymbol{g}}_{Ub+u}^{f}=[\tilde{g}_{Ub+u}^{f}(-v),\cdots,\tilde{g}_{Ub+u}^{f}(0),\tilde{g}_{Ub+u}^{f}(1),\cdots,\tilde{g}_{Ub+u}^{f}(N-1)]^{\mathrm{T}} \tag{5-20}$$

在此特别说明的是，此处将每个天线上发射的符号表示为一个$(N+v-1)\times N_{\mathrm{b}}$维的矩阵，是为了叙述和证明方便，此处的改变并不影响识别结果。实际无线通信系统中，$\tilde{\boldsymbol{g}}_{Ub+u}^{f}$为行向量，每个 OFDM 块中的符号依次发射。

考虑 AL - OFDM 发射信号，在同一个空时分组码内的 OFDM 块$\tilde{\boldsymbol{g}}_{2b+0}^{0}$和$\tilde{\boldsymbol{g}}_{2b+1}^{1}$具有相关性，$\tilde{\boldsymbol{g}}_{2b+0}^{0}$和$\tilde{\boldsymbol{g}}_{2b+1}^{1}$也具有相关性。证明过程如下：

$\tilde{\boldsymbol{g}}_0^0$	$\tilde{\boldsymbol{g}}_1^0$	$\tilde{\boldsymbol{g}}_2^0$	…	$\tilde{\boldsymbol{g}}_{N_b-1}^0$
$\tilde{g}_0^0(-v)$ $\tilde{g}_0^0(-v+1)$ ⋮ $\tilde{g}_0^0(N-1)$	$\tilde{g}_1^0(-v)$ $\tilde{g}_1^0(-v+1)$ ⋮ $\tilde{g}_1^0(N-1)$	$\tilde{g}_2^0(-v)$ $\tilde{g}_2^0(-v+1)$ ⋮ $\tilde{g}_2^0(N-1)$	…	$\tilde{g}_{N_b-1}^0(-v)$ $\tilde{g}_{N_b-1}^0(-v+1)$ ⋮ $\tilde{g}_{N_b-1}^0(N-1)$

(a) 天线0

$\tilde{\boldsymbol{g}}_0^1$	$\tilde{\boldsymbol{g}}_1^1$	$\tilde{\boldsymbol{g}}_2^1$	…	$\tilde{\boldsymbol{g}}_{N_b-1}^1$
$\tilde{g}_0^1(-v)$ $\tilde{g}_0^1(-v+1)$ ⋮ $\tilde{g}_0^1(N-1)$	$\tilde{g}_1^1(-v)$ $\tilde{g}_1^1(-v+1)$ ⋮ $\tilde{g}_1^1(N-1)$	$\tilde{g}_2^1(-v)$ $\tilde{g}_2^1(-v+1)$ ⋮ $\tilde{g}_2^1(N-1)$	…	$\tilde{g}_{N_b-1}^1(-v)$ $\tilde{g}_{N_b-1}^1(-v+1)$ ⋮ $\tilde{g}_{N_b-1}^1(N-1)$

(b) 天线1

图 5-3 AL-OFDM 发射信号

首先考虑$\tilde{\boldsymbol{g}}_{2b+0}^0$和$\tilde{\boldsymbol{g}}_{2b+1}^1$的关系：

$$\tilde{g}_{2b+0}^0(n)=\frac{1}{\sqrt{N}}\sum_{p=0}^{N-1}c_{2b+0}^0(p)\mathrm{e}^{\frac{\mathrm{j}2\pi p(n-v)}{N}},n=0,1,\cdots,N+v-1 \tag{5-21}$$

$$\tilde{g}_{2b+1}^1(n)=\frac{1}{\sqrt{N}}\sum_{p=0}^{N-1}c_{2b+1}^1(p)\mathrm{e}^{\frac{\mathrm{j}2\pi p(n'-v)}{N}},n'=0,1,\cdots,N+v-1 \tag{5-22}$$

由式(5-10)可知，$c_{2k+1}^1(p)=(c_{2k+0}^0(p))^*$，$p=0,1,\cdots,N-1$。对式(5-22)求复共轭，可得

$$(\tilde{g}_{2b+1}^1(n'))^*=\frac{1}{\sqrt{N}}\sum_{p=0}^{N-1}c_{2b+0}^0(p)\mathrm{e}^{-\frac{\mathrm{j}2\pi p(n'-v)}{N}},n'=0,1,\cdots,N+v-1 \tag{5-23}$$

显然可得

$$\tilde{g}_{2b+0}^0(n)=(\tilde{g}_{2b+1}^1(n'))^* \tag{5-24}$$

式中：$n,n'=0,1,\cdots,N+v-1$，当且仅当$n'-v=\mathrm{mod}(-(n-v),N)$。即：当$n=0$时，$n'=2v$；当$n=v$时，$n'=v$；当$n=v+1$时，$n'=n+v-1$；当$n=n'$时，$n'=v+1$。可以看出：当$n=0,1,\cdots,v$时，$n+n'=2v$；当$n=v+1,\cdots,N+v-1$时，$n+$

$n' = N + 2v$。当 $N=6, v=1$ 时，n 和 n' 的关系如表 5－1 所列。

表 5－1 当式(5－24)成立时 n 和 n' 的关系

n	0	1	2	3	4	5	6
n'	2	1	6	5	4	3	2

根据式(5－24)可得到发射信号 $\tilde{\boldsymbol{g}}_{2b+0}^{0}$ 和 $\tilde{\boldsymbol{g}}_{2b+1}^{1}$ 在 $N=6, v=1$ 时的分布，如图 5－4 所示。

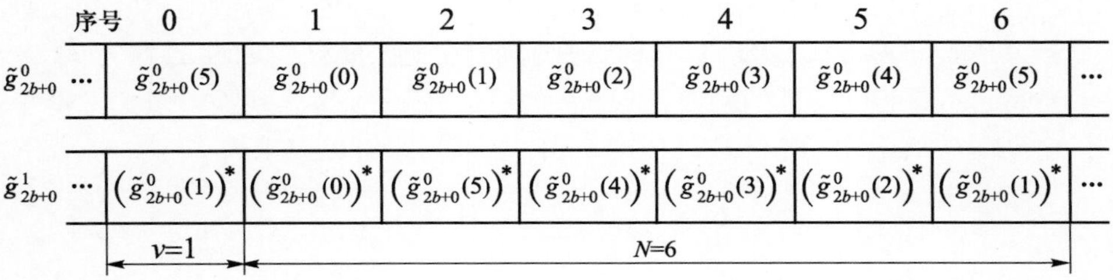

图 5－4 当 $N=6, v=1$ 时，某个 AL－OFDM 块的元素分布

同理，考虑 $\tilde{\boldsymbol{g}}_{2b+0}^{1}$ 和 $\tilde{\boldsymbol{g}}_{2b+1}^{0}$ 的关系，有

$$\tilde{g}_{2b+0}^{1}(n) = -\left(\tilde{g}_{2b+1}^{0}(n')\right)^{*} \tag{5-25}$$

式中：$n, n' = 0, 1, \cdots, N+v-1$，当且仅当 $n' - v = \mathrm{mod}(-(n-v), N)$。

同理，在同一个空时分组码内，STBC3－OFDM 和 STBC4－OFDM 也有相应的关系，此处不再一一推导；而 SM－OFDM 信号的任意两个符号间是不相关的，也就没有上述关系。

5.2.3 接收信号的四阶时延矩

对第 i 个接收天线上的接收信号 $\{\boldsymbol{r}_q^i\}_{q=0}^{N_b-1}$（本节中省略上标 i，表示为 $\{\boldsymbol{r}_q\}_{q=0}^{N_b-1}$）在时延参数 $(0,\tau,0,\tau)$ 下的四阶时延矩定义为

$$y(q,\tau) = (\boldsymbol{r}_q)^2 (\boldsymbol{r}_{q+\tau})^2 \tag{5-26}$$

首先考虑 SM－OFDM 和 AL－OFDM 的四阶时延矩，当时延参数为 $(0,1,0,1)$ 时，有

$$y^{\mathrm{SM}}(q,1) = \psi^{\mathrm{SM}}(q), q = 0, 1, \cdots, N_b - 1 \tag{5-27}$$

$$y^{\mathrm{AL}}(q,1) = \mathrm{E}[y^{\mathrm{AL}}(q,1)] + \psi^{\mathrm{AL}}(q), q = 0, 1, \cdots, N_b - 1 \tag{5-28}$$

式中：$\psi^{\xi}(q)$ 为 $y^{\xi}(q,1)$ 与其均值的偏差。

当 N_b 足够大时，$\psi^{\xi}(q)$ 的值趋近于 0。当 $\boldsymbol{r}_q$ 和 $\boldsymbol{r}_{q+\tau}$ 对应两个不同的空时

分组码矩阵时，即$\boldsymbol{r}_q$和$\boldsymbol{r}_{q+\tau}$不相关时，$\mathrm{E}[y^{\mathrm{AL}}(q,1)]$趋近于0，则$y^{\mathrm{AL}}(q,1)=\psi^{\mathrm{AL}}(q)$；当$\boldsymbol{r}_q$和$\boldsymbol{r}_{q+\tau}$对应同一个空时分组码矩阵，即$\boldsymbol{r}_q$和$\boldsymbol{r}_{q+\tau}$相关时，$\mathrm{E}[y^{\mathrm{AL}}(q,1)]=A$，其中$A\neq 0$。

因此，当时延向量为(0,1,0,1)时，在不考虑噪声影响的情况下，可以得到SM-OFDM和AL-OFDM的FOLP序列：

SM-OFDM：$[0\quad 0\quad 0\quad \cdots]$

AL-OFDM：$[A\quad 0\quad A\quad 0\quad A\quad 0\quad A\quad \cdots]$或$[0\quad A\quad 0\quad A\quad 0\quad A\quad 0\quad \cdots]$

AL-OFDM的FOLP序列具有明显的周期性，可以通过离散傅里叶变换对SM-OFDM和AL-OFDM的FLOP序列进行处理，具有周期性的码为AL-OFDM码，不具有周期性的码为SM-OFDM码。定义$y(q,1)$的N_{b}点离散傅里叶变换$\boldsymbol{Y}=[Y(0,\tau),Y(1,\tau),\cdots,Y(N_{\mathrm{b}},\tau)]$，其元素可以表示为

$$Y(n,\tau)=\frac{1}{N_{\mathrm{b}}}\sum_{k=0}^{K-1}y(q,\tau)\mathrm{e}^{-\mathrm{j}2\pi qn/N_{\mathrm{b}}},n=0,1,\cdots,N_{\mathrm{b}}-1 \tag{5-29}$$

则由式(5-27)和式(5-28)可得

$$Y^{\mathrm{SM}}(n,1)=\Psi^{\mathrm{SM}}(n),n=0,1,\cdots,N_{\mathrm{b}}-1 \tag{5-30}$$

$$Y^{\mathrm{AL}}(n,1)=\Theta+\Psi^{\mathrm{AL}}(n),n=0,1,\cdots,N_{\mathrm{b}}-1 \tag{5-31}$$

式中：$\Psi^{\mathrm{SM}}(n)$、$\Psi^{\mathrm{AL}}(n)$分别为$\psi^{\mathrm{SM}}(q)$、$\psi^{\mathrm{AL}}(q)$的离散傅里叶变换。

当$\boldsymbol{r}_q$和$\boldsymbol{r}_{q+\tau}$对应同一个空时分组码矩阵时，即$\boldsymbol{r}_q$和$\boldsymbol{r}_{q+\tau}$相关时，有$\Theta=\frac{\sqrt{N_{\mathrm{b}}}}{2}A$；否则，有

$$\Theta=\pm\frac{N_{\mathrm{b}}-2}{2\sqrt{N_{\mathrm{b}}}}\approx\frac{\sqrt{N_{\mathrm{b}}}}{2}A$$

显然，由式(5-30)和式(5-31)可得，$|Y^{\mathrm{SM}}(n,1)|$不具有任何峰值，而$|Y^{\mathrm{AL}}(n,1)|$在$n=0$和$n=N_{\mathrm{b}}/2$时具有峰值。

对$|Y^{\mathrm{SM}}(n,1)|$和$|Y^{\mathrm{AL}}(n,1)|$进行仿真，如图5-5所示。仿真条件：采用QPSK调制，采用高斯白噪声，SNR=20dB，接收信号OFDM块数量$N_{\mathrm{b}}=2048$，每个OFDM块子载波数量为64，循环前缀长度为8，多径瑞利衰落信道，路径数量为4。很明显可以看出，SM-OFDM没有任何峰值，而AL-OFDM在$n=0$和$n=N_{\mathrm{b}}/2$处存在峰值，因此，可以通过检测峰值的方式识别SM-OFDM和AL-OFDM。

需要特别指出的是，本节假设接收信号的第一个符号为OFDM块的第一个符号。当接收信号的第一个符号不对应OFDM块的第一个符号

时,SM-OFDM 信号的 FOLP 同样没有循环周期,而 AL-OFDM 的 FOLP 仍然为[A 0 A 0 A 0 A …]或[0 A 0 A 0 A 0 …],对识别结果没有影响,因此 5.2.1 节中假设(1)的作用仅仅是为了便于推导。

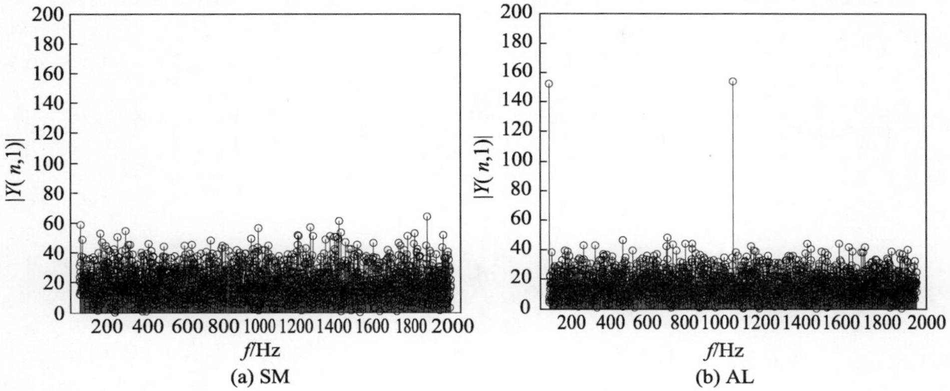

图 5-5 SM-OFDM 和 AL-OFDM 的 $|Y(n,1)|$ 分布

同理,对于 STBC3-OFDM,当 $\tau=1$ 时,可以得到 FOLP 序列:

STBC3-OFDM:[0 B_1 B_2 0 0 B_1 B_2 0 0 …]

$|Y^{\text{STBC3}}(n,1)|$ 在 $n=0,\dfrac{N_b}{4},\dfrac{N_b}{2},\dfrac{3N_b}{4}$ 处有峰值。

对于 STBC4-OFDM,当 $\tau=4$ 时,可得到 FOLP 序列:

STBC4-OFDM:[C C C C 0 0 0 0 C C C C 0 0 0 0 …]

$|Y^{\text{STBC4}}(n,4)|$ 在 $n=0,\dfrac{N_b}{8},\dfrac{3N_b}{8},\dfrac{5N_b}{8},\dfrac{7N_b}{8}$ 处有峰值。

为表述方便,定义:

$$Z(u,1)=\sum_{m=0}^{1}\left|Y\left(\frac{mN_b}{2}+u,1\right)\right|^2,u=0,1,\cdots,\frac{N_b}{2}-1 \tag{5-32}$$

$$Z(u,4)=\sum_{m=0}^{1}\left|Y\left(\frac{mN_b}{4}+u,4\right)\right|^2,u=0,1,\cdots,\frac{N_b}{4}-1 \tag{5-33}$$

由式(5-32)可得,$Z^{\text{STBC3}}(u,1)$ 在 $u=0,\dfrac{N_b}{4}$ 存在两处峰值,分别为

$$Z^{\text{STBC3}}(0,1)=|Y^{\text{STBC3}}(0,1)|^2+\left|Y^{\text{STBC3}}\left(\frac{K}{2},1\right)\right|^2 \tag{5-34}$$

$$Z^{\mathrm{STBC3}}\left(\frac{K}{4},1\right)=\left|Y^{\mathrm{STBC3}}\left(\frac{K}{4},1\right)\right|^{2}+\left|Y^{\mathrm{STBC3}}\left(\frac{3K}{4},1\right)\right|^{2} \tag{5-35}$$

由式(5-33)可得，$Z^{\mathrm{STBC4}}(u,4)$在$u=0,\frac{N_{\mathrm{b}}}{8}$存在两处峰值，分别为

$$Z^{\mathrm{STBC4}}(0,4)=|Y^{\mathrm{STBC4}}(0,4)|^{2} \tag{5-36}$$

$$Z^{\mathrm{STBC4}}\left(\frac{K}{8},1\right)=\left|Y^{\mathrm{STBC4}}\left(\frac{K}{8},4\right)\right|^{2}+\left|Y^{\mathrm{STBC4}}\left(\frac{3K}{8},4\right)\right|^{2}+\left|Y^{\mathrm{STBC4}}\left(\frac{5K}{8},4\right)\right|^{2}+\left|Y^{\mathrm{STBC4}}\left(\frac{7K}{8},4\right)\right|^{2} \tag{5-37}$$

综上所述：当$\tau=4$时，$Z^{\mathrm{STBC4}}(u,4)$在$u=0,\frac{N_{\mathrm{b}}}{8}$存在两处峰值；当$\tau=1$时，$Z^{\mathrm{STBC3}}(u,1)$在$u=0,\frac{N_{\mathrm{b}}}{4}$存在两处峰值；当$\tau=1$时，$|Y^{\mathrm{AL}}(n,1)|$在$n=0$和$n=\frac{N_{\mathrm{b}}}{2}$存在两处峰值；而SM-OFDM信号不存在任何峰值。通过检测峰值的算法可以区分这四种空时分组码。

5.2.4 基于FOLP的峰值检测算法

由前面可知，不同STBC的$|Y(n,\tau)|$在不同时延参数下具有不同位置的峰值。定义n_1和n_2为$|Y(n,1)|$的峰值位置，则有

$$n_1=\arg\max_n(|Y(n,1)|),n=0,1,\cdots,N_{\mathrm{b}}-1 \tag{5-38}$$

$$n_2=\arg\max_n(|Y(n,1)|),n=0,1,\cdots,N_{\mathrm{b}}-1,n\neq n_1 \tag{5-39}$$

定义u_1和u_2为$Z(u,\tau)$的峰值位置，则有

$$u_1=\arg\max_u(Z(u,\tau))\begin{cases}当\tau=1时,u=0,1,\cdots,\dfrac{N_{\mathrm{b}}}{2}-1\\ 当\tau=4时,u=0,1,\cdots,\dfrac{N_{\mathrm{b}}}{4}-1\end{cases} \tag{5-40}$$

$$u_2=\arg\max_u(Z(u,\tau))\begin{cases}当\tau=1时,u=0,1,\cdots,\dfrac{N_{\mathrm{b}}}{2}-1,u\neq u_1\\ 当\tau=4时,u=0,1,\cdots,\dfrac{N_{\mathrm{b}}}{4}-1,u\neq u_1\end{cases} \tag{5-41}$$

检测算法可以归纳为图5-6所示决策树。

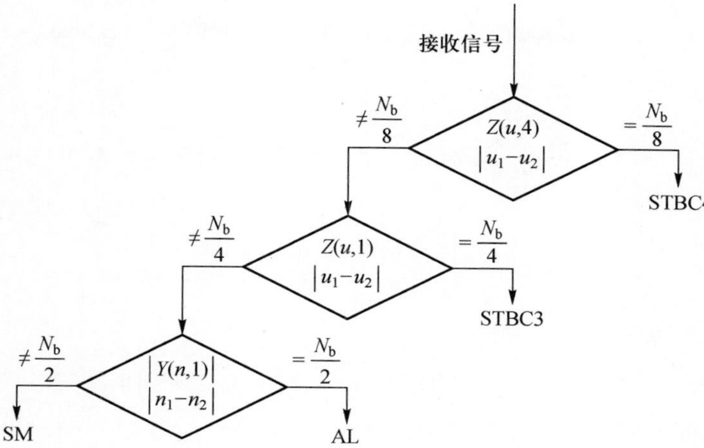

图 5-6 峰值检测算法决策树

5.2.5 算法流程

FOLP 峰值检测算法流程如下:

(1) 采样,初始化接收信号$\boldsymbol{R}^i$。

(2) 根据式(5-26)计算 $\tau=4$ 时接收信号的四阶时延矩 $y(q,\tau)$。

(3) 根据式(5-29)和式(5-33)计算 $Z(n,4)$。

(4) $u_1=\arg\max\limits_u(Z(u,4)),u=0,1,\cdots,\frac{N_b}{4}-1;u_2=\arg\max\limits_u(Z(u,4)),u=0,1,\cdots,\frac{N_b}{4}-1,u\neq u_1$。

(5) 若$|u_1-u_2|=\frac{N_b}{8}$,则判定为 STBC4;否则,继续步骤(6)。

(6) 根据式(5-29)和式(5-32)计算 $Z(n,1)$。

(7) $u_1=\arg\max\limits_u(Z(u,1)),u=0,1,\cdots,\frac{N_b}{2}-1;u_2=\arg\max\limits_u(Z(u,1)),u=0,1,\cdots,\frac{N_b}{2}-1,u\neq u_1$。

(8) 若$|u_1-u_2|=\frac{N_b}{4}$,则判定为 STBC3;否则,继续步骤(9)。

(9) 根据式(5-29)计算$|Y(n,1)|$。

(10) $n_1=\arg\max_n(|Y(n,1)|), n=0,1,\cdots,N_b-1; n_2=\arg\max_n(|Y(n,1)|)$，$n=0,1,\cdots,N_b-1, n\neq n_1$。

(11) 若$|u_1-u_2|=\dfrac{N_b}{2}$，则判定为AL；否则，待识别的码为SM。

5.2.6 实验验证

1. 仿真条件

仿真经过1000次蒙特卡罗仿真，OFDM信号是基于IEEE802.11e标准产生的，采样时间间隔为91.4μs。无特殊说明，仿真条件设置如下：采用QPSK调制方式对OFDM信号进行调制，载波频率$f_c=2.5\text{GHz}$，子载波数量$N=256$，循环前缀数$v=N/4$，OFDM块的数量$N_b=1000$，接收天线数$n_r=1$。信道为等增益慢衰落频率选择信道，最大路径编号$p_{max}=3$，信道模型采用指数能量时延模型，$P(p)=P(0)e^{-p/5}, p=0,1,\cdots,p_{max}$，其中，$P(0)$为第一路径的功率，$p$为路径编号，$p_{max}$为最后一条路径的编号。接收端采用巴特沃斯滤波器滤除频带外噪声，信噪比$\text{SNR}=10\lg(n_t/\sigma_w^2)$。

在实验中，采用正确的识别概率P和平均识别概率P_c衡量算法的性能。

2. 不同STBC正确识别概率

对四种STBC在默认条件下进行仿真，不同STBC的正确识别概率如图5-7所示。由图可以看出SM信号的正确识别概率近似为1，这是由于SM信号的FOLP序列不存在周期性。AL信号的正确识别概率最高，STBC4次之，原因在于，AL码矩阵的维数为2×2，STBC4码矩阵的维数为3×8，在采样点数相同的条件下，AL的码矩阵的总数多于其他STBC的码矩阵的总数，因此AL码的特征会比较明显。STBC3的正确识别概率最低，这是由于STBC3的码矩阵包含0元素，且STBC3码矩阵的各列之间的相关性较差（每列由3个码矩阵块组成，只有1~2个码矩阵块相关）。在本节前述条件下，AL信号在SNR≥-6dB，STBC3信号在SNR≥2dB，STBC4信号在SNR≥-2dB时识别概率达到1。

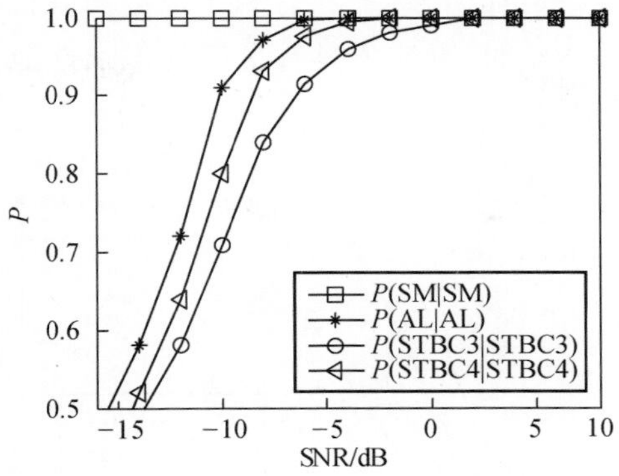

图 5－7　不同 STBC 的正确识别概率

3. 不同子载波数量下算法性能

在不同子载波数量下对算法性能进行仿真，采用平均识别概率衡量算法性能，子载波数量 $N\in\{128,256,512,1024\}$，如图 5－8 所示。可以看出，随着子载波数量 N 的增大，算法识别性能随之变好。原因在于：随着 N 的增大，FOLP 序列符号数更多，周期性更明显，$|Y(n,\tau)|$的峰值也更加明显。默认仿真条件 $N=256$，在 −2dB 时平均识别概率即可达到 1。

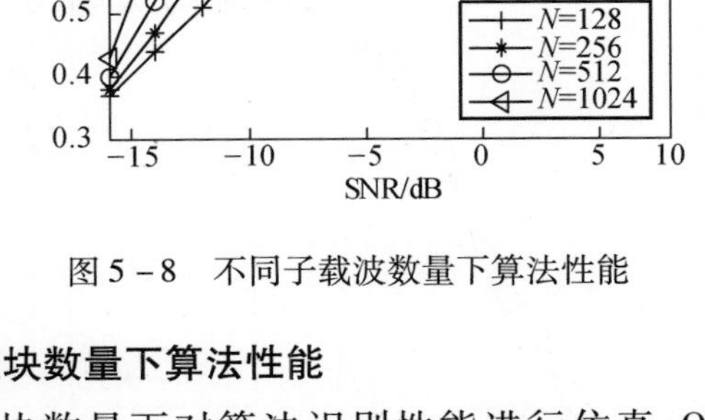

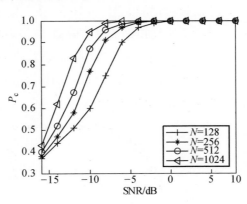

图 5－8　不同子载波数量下算法性能

4. 不同子载波块数量下算法性能

在不同子载波块数量下对算法识别性能进行仿真，OFDM 块数量 $N_b\in\{300,500,1000,2000\}$，算法性能如图 5－9 所示。由图可以看出，算法的平均识别概率随着 OFDM 块数量的增大而增大。这是由于 OFDM 块数量增多，

$|Y(n,\tau)|$的统计特性将更加明显，更加有利于检测出峰值。在默认仿真条件下，OFDM 块数量 $N_b \geqslant 500$ 时，算法才具有良好的识别性能，当 $N_b = 500$ 时，在 0dB 时识别概率即可达到 1。

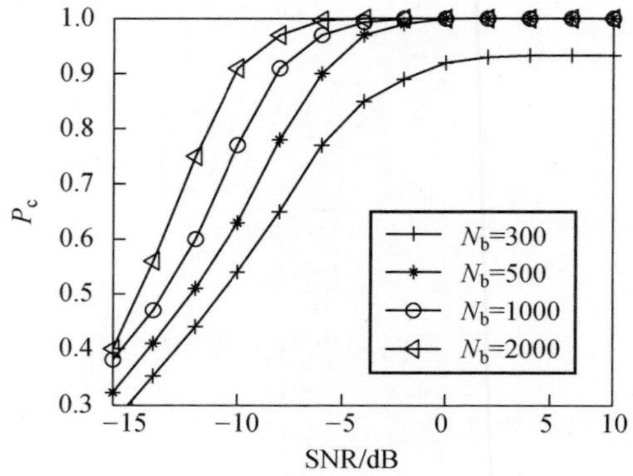

图 5 -9　不同 OFDM 块数量下算法性能

5. 不同循环前缀数量下算法性能

在不同循环前缀数量下对算法识别性能进行仿真，循环前缀数量分别取 $v \in \{N/4, N/8, N/16, N/32\}$，算法性能如图 5 -10 所示。由图可以看出，随着循环前缀数量变化，四种 STBC 的平均识别概率有着微小的区别，循环前缀数量较大的，算法识别效果稍好一些。当循环前缀数量增大时，FOLP 序列中非零项数值会变大，FOLP 的周期性会更明显，有利于 STBC 的识别。但总体来说，循环前缀数量对算法的识别性能影响较小，可以忽略。

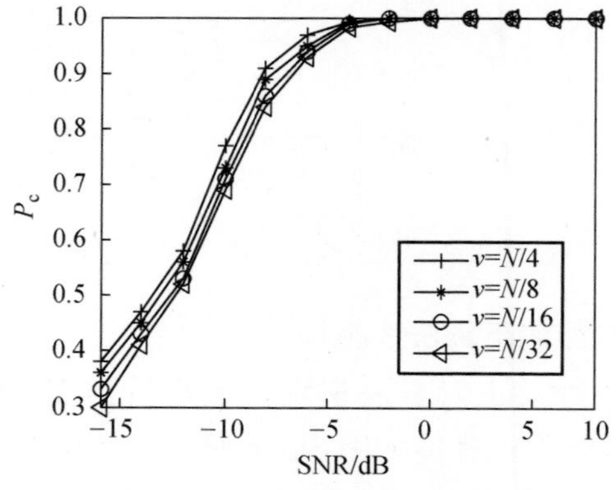

图 5 -10　不同循环前缀数量下算法性能

5.3 基于K-S检测的方法

5.3.1 构造接收信号

对接收信号求自相关函数,有两种构造子序列的方法,即断序法和间序法。

1. 断序法

接收序列为 $r(k)$[29,35],把 $r(k)$ 分为两个子序列 $\boldsymbol{r}_1$ 和 $\boldsymbol{r}_2$(图 5-11):

$$\boldsymbol{r}=[r(0),r(1),\cdots,r(K-1)] \tag{5-42}$$

$$\boldsymbol{r}_1=[r(0),r(1),\cdots,r(2\lfloor K/4\rfloor-1)] \tag{5-43}$$

$$\boldsymbol{r}_2=[r(2\lfloor K/4\rfloor+1),r(2\lfloor K/4\rfloor+2),\cdots,r(K-2)] \tag{5-44}$$

式中:K 为接收样本数量,不失一般性,设 K 为偶数;$\boldsymbol{r}_1$ 和 $\boldsymbol{r}_2$ 的长度分别为 $2\lfloor K/4\rfloor$ 和 $K-2(\lfloor K/4\rfloor+1)$,$\lfloor\ \rfloor$ 为 floor 函数,表示向下取整。

自相关函数定义[29,35]为

$$y(k)=|r(2k)r(2k+1)| \tag{5-45}$$

$$z(k)=|r(2k+2\lfloor K/4\rfloor+1)r(2k+2\lfloor K/4\rfloor+2)| \tag{5-46}$$

式中

$$L=\lfloor K/4\rfloor+1,N=K/2-\lfloor K/4\rfloor+1$$

算法原理如图 5-11 所示。

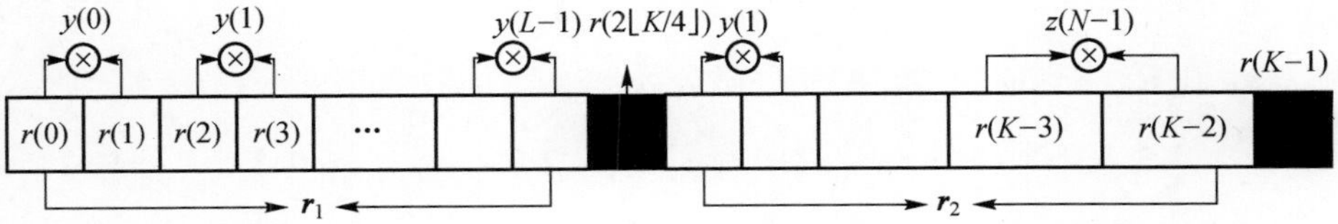

图 5-11 两个不重叠的接收序列

2. 间序法

接收序列如图 5-12 所示,定义两个长度为 $K-1$ 的相互重叠的序列 $\boldsymbol{p}_1$ 和 $\boldsymbol{p}_2$:

$$\boldsymbol{p}_1=[r(0),r(1),\cdots,r(K-2)] \tag{5-47}$$

$$\boldsymbol{p}_2=[r(0),r(1),\cdots,r(K-1)] \tag{5-48}$$

相关函数定义为

$$q_i(k) = |p_i(2k)p_i(2k+1)|, i=1,2 \tag{5-49}$$

算法的原理如图 5－12 所示。

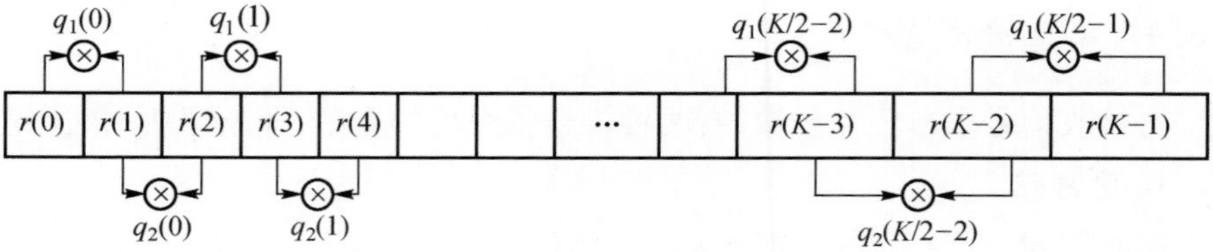

图 5－12 两个重叠接收序列

间序法相对于断序法样本利用率提高了 1 倍。

5.3.2 特征参数

在接收端，单个 OFDM 块 $\boldsymbol{g}_{Ub+u}$ 可表示为

$$\boldsymbol{g}_{Ub+u} = [y_{Ub+u}(N-v)\cdots y_{Ub+u}(0)\cdots y_{Ub+u}(N-1)] \tag{5-50}$$

因此，接收天线接收的 OFDM 块 $\boldsymbol{R}$ 可表示为

$$\boldsymbol{R} = [\boldsymbol{g}_0, \boldsymbol{g}_1, \cdots, \boldsymbol{g}_{N_b-1}] \tag{5-51}$$

式中，$\boldsymbol{R}$ 为 $(N+v)\times N_b$ 维矩阵；$\boldsymbol{g}_i$ 为接收的单个 OFDM 块。

定义两个长度为 $N_b - t$ 的块矩阵：

$$\boldsymbol{R}_0 = [\boldsymbol{g}_0, \boldsymbol{g}_1, \cdots, \boldsymbol{g}_{N_b-t-1}] \tag{5-52}$$

$$\boldsymbol{R}_1 = [\boldsymbol{g}_t, \boldsymbol{g}_{t+1}, \cdots, \boldsymbol{g}_{N_b-1}] \tag{5-53}$$

$\boldsymbol{R}_0$ 和 $\boldsymbol{R}_1$ 中列向量之间的相关函数为

$$x_i(k) = |[R_i(:,2tk)]^{\mathrm{T}}[R_i(:,2tk+t)]|, i=0,1$$

不失一般性，设 $N_b \bmod 2t=0$，如果其值不为零，可对接收块矩阵 $\boldsymbol{R}$ 进行处理，去掉尾部 $N_b \bmod 2t=0$ 向量 $\boldsymbol{g}_i$。

因此，得到自相关向量 $\boldsymbol{X}_i$ 为

$$\boldsymbol{X}_0 = [x_0(0), x_0(1), \cdots, x_0(M-1)] \tag{5-54}$$

$$\boldsymbol{X}_1 = [x_1(0), x_1(1), \cdots, x_1(M-1)] \tag{5-55}$$

以 AL－OFDM 和 SM－OFDM 码为例，AL 码长为 2，SM 码长为 1，因此 $t=1$。上述的算法示意图如图 5－13 所示。

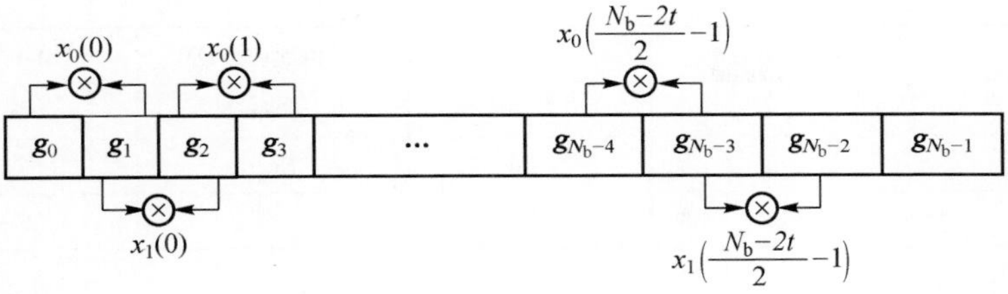

图 5-13 计算 $\boldsymbol{X}_0$ 和 $\boldsymbol{X}_1$

5.3.3 决策参数

以 SM-OFDM 和 AL-OFDM 为例，其中 $t=1$。对于 SM-OFDM 编码，第 $\boldsymbol{g}_{Ub+u-1}$ 和 $\boldsymbol{g}_{Ub+u}$ 个 OFDM 块是独立的；对于 AL-OFDM 编码，第 $\boldsymbol{g}_{Ub+u-1}$ 和 $\boldsymbol{g}_{Ub+u}$ 个 OFDM 块可能是独立的，也可能是不独立的，取决于 $\boldsymbol{g}_{Ub+u-1}$ 和 $\boldsymbol{g}_{Ub+u}$ 是否在同一编码矩阵内。对于 SM-OFDM 编码，由于接收 OFDM 块 $\boldsymbol{R}$ 的列向量 $\boldsymbol{g}_{Ub+u}$ 是独立同分布向量，因此向量 $\boldsymbol{X}_0$ 和 $\boldsymbol{X}_1$ 均为独立同分布；对于 AL-OFDM 编码，由于接收 OFDM 块 $\boldsymbol{R}$ 的列向量 $\boldsymbol{g}_{Ub+u}$ 并不是独立同分布的向量，因此向量 $\boldsymbol{X}_0$ 和 $\boldsymbol{X}_1$ 并非是独立同分布。由于在非合作通信中，接收到的第一个 OFDM 块并不一定是对应 AL-OFDM 的第一列，因此可能存在两种情况：

事件 1：接收的第一个 OFDM 块不是对应 AL-OFDM 的开始，第 $\boldsymbol{g}_{Ub+u-1}$ 和 $\boldsymbol{g}_{Ub+u}$ 个 OFDM 块是独立的，$\boldsymbol{X}_1$ 是独立同分布，而 $\boldsymbol{X}_0$ 不是独立同分布。

事件 2：接收的第一个 OFDM 块是对应 AL-OFDM 的开始，$\boldsymbol{X}_0$ 是独立同分布，而 $\boldsymbol{X}_1$ 不是独立同分布。

因此，可以通过判定向量 $\boldsymbol{X}_0$ 和 $\boldsymbol{X}_1$ 是否为独立同分布区分 SM-OFDM 和 AL-OFDM 编码。同样，t 取合适的值，也可以区分其他的码型。

记事件 1 和事件 2 任意事件发生的情况为事件 Event，若向量 $\boldsymbol{X}_0$ 和 $\boldsymbol{X}_1$ 为独立同分布的情况为 iid。记事件 Non 为未定事件：可能是事件 Event，也可能是事件 iid。表 5-2 所列为 $t\in\{1,2,4\}$ 时 STBC-OFDM 对应事件的分布情况，以此作为特征参数区分集合 $\Omega\in\{\mathrm{SM},\mathrm{AL},\mathrm{STBC3},\mathrm{STBC4}\}$，可以用一个决策树表示。每一个分支可以用二元假设检验完成，定义事件 iid 为假设检验的 H_0：$\boldsymbol{X}_0$ 和 $\boldsymbol{X}_1$ 均为独立同分布，定义非 iid 为假设检验的 H_1：$\boldsymbol{X}_0$ 和 $\boldsymbol{X}_1$ 不都为独立同分布。

表 5-2 t 不同时,STBC-OFDM 对应事件

t	SM-OFDM	AL-OFDM	STBC3-OFDM	STBC4-OFDM
1	iid	Event	Non	Non
2	iid	iid	Event	Non
4	iid	iid	iid	Event

整个决策树的过程:当 $t=4$ 时,拒绝 H_0 的 STBC-OFDM 为 STBC4-OFDM;当 $t=2$ 时,拒绝 H_0 的 STBC-OFDM 为 STBC3-OFDM;当 $t=1$ 时,拒绝 H_0 的 STBC-OFDM 为 AL-OFDM。Ω 集合的 STBC-OFDM 识别决策树如图 5-14 所示。

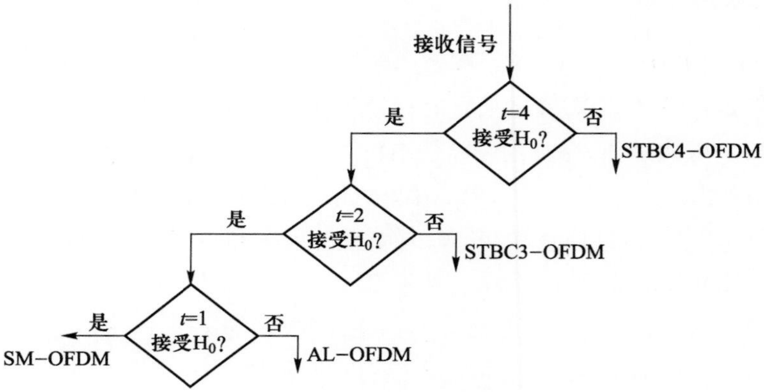

图 5-14 Ω 集合的 STBC-OFDM 识别决策树

5.3.4 K-S 检测

判定向量 $\boldsymbol{X}_0$ 和 $\boldsymbol{X}_1$ 是否同为独立同分布,可以采用向量 $\boldsymbol{X}_0$ 和 $\boldsymbol{X}_1$ 的 K-S 检测,定义 $\hat{F}_{x0}(z)$ 和 $\hat{F}_{x1}(z)$ 为向量 $\boldsymbol{X}_0$ 和 $\boldsymbol{X}_1$ 的经验分布函数:

$$\hat{F}_{x_0}(z) = \frac{1}{M}\sum_{n=0}^{M-1}\text{ind}(X_0(n) < x_0) \tag{5-56}$$

$$\hat{F}_{x_1}(z) = \frac{1}{M}\sum_{n=0}^{M-1}\text{ind}(X_1(n) < x_1) \tag{5-57}$$

其中 M 为向量 $\boldsymbol{X}_i(i=0,1)$ 的长度;ind(·)为指示函数,当输入参数为真时,$F_i(z)$ 返回值 1;当输入参数为假时,$F_i(z)$ 返回值 0。两个分布函数之间最大距离可表示为

$$\hat{D} = \sup|\hat{F}_1(z_i) - \hat{F}_0(z_i)| \tag{5-58}$$

$\hat{D}$ 作为拟合优度统计值,当 $\hat{D} \geqslant \beta$ 成立时,拒绝 H_0,其中

$$p(\hat{H} = H_0 \mid H_0) = p(\hat{D} < \beta \mid H_0) = \alpha \tag{5-59}$$

式中:$\hat{H}$ 为 K-S 检验的估计;β 为阈值;α 为置信区间,且有

$$\alpha = 1 - \Phi\left(\beta \sqrt{M/2} + 0.12 + \frac{0.11}{\sqrt{M/2}}\right) \tag{5-60}$$

其中

$$\Phi(x) = 2\sum_{i=1}^{\infty} (-1)^{i-1} e^{-2t^2x^2}$$

5.3.5 算法流程

本节提出的算法流程如下:

(1) 截获 STBC-OFDM 的信号。

(2) 由式(5-54)和式(5-55)求取 $\boldsymbol{X}_0$、$\boldsymbol{X}_1$。

(3) 由式(5-56)和式(5-57)求取经验累积分布函数$\hat{F}_i(z)$。

(4) 计算$\hat{F}_i(z)$之间最大距离 $\hat{D}$。

(5) 由式(5-60)可得到假设检验的阈值 β。

(6) 如果 $\hat{D} < \beta$,判定 H_0 成立;否则,判定 H_1 成立。

5.3.6 实验验证

1. 仿真条件设定

无特殊说明,默认的仿真条件:算法性能由 1000 次蒙特卡罗仿真实验衡量,OFDM 信号是基于 IEEE802.11e 标准产生的,OFDM 符号子载波数量 $N = 256$,循环前缀长度 $v = N/4$,接收天线个数为 n_r,接收的 OFDM 块数量为 N_b,置信区间为 99%,采用频率选择性瑞利衰落信道,且包含 4 条统计独立的路径,以上 4 条路径具有指数功率时延且 $\sigma^2(p) = \exp(-p/5)$,$p = 0,1,\cdots,p_a - 1$。噪声为零均值加性高斯白噪声,且信噪比 $\text{SNR} = 10\lg\left(\frac{n_t}{\sigma_w^2}\right)$,信号采用 QPSK 调制方式,采用正确识别概率 $P(\lambda \mid \lambda)$,$\lambda \in \{$SM-OFDM, AL-OFDM, STBC3-OFDM, STBC4-OFDM$\}$和平均识别概率 P_c。

2. 正确识别概率

在设定的仿真条件下,正确识别概率如图 5-15 所示。由图可以看出:SM-OFDM 识别最好,SM-OFDM 正确识别概率接近置信区间 0.99;STBC3-

OFDM 的识别效果最差，这是因为 STBC3 - OFDM 码矩阵中包含符号 0，这将影响 $\boldsymbol{X}_i$ 的分布特性，使得经验分布函数 $\hat{F}_{x_0}(z)$ 和 $\hat{F}_{x_1}(z)$ 之间的距离变小，从而导致 STBC3 - OFDM 在低信噪比下识别效果不理想；AL - OFDM、STBC3 - OFDM 和 STBC4 - OFDM 的识别性能随着信噪比 SNR 的提高而提高。主要原因是由于在低信噪比环境下，强噪声使得经验分布函数 $\hat{F}_{x_0}(z)$ 和 $\hat{F}_{x_1}(z)$ 之间的距离变小，从而使得 STBC - OFDM 的识别性能不理想。

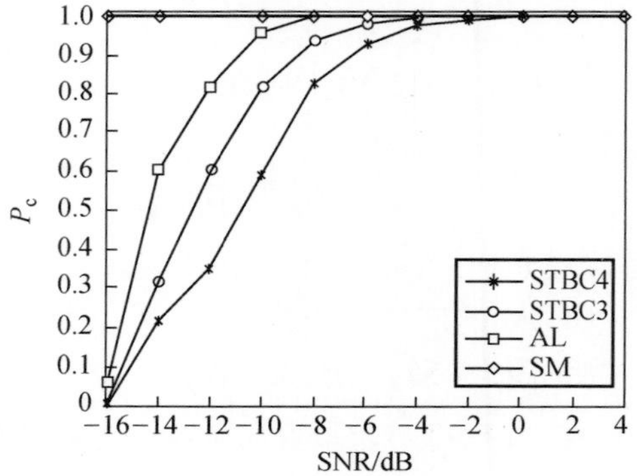

图 5 - 15　正确识别概率 $P(\lambda \mid \lambda)$

3. OFDM 子载波数量 N 对算法影响

图 5 - 16 为 OFDM 子载波数量 $N \in \{64, 128, 256, 512\}$ 时平均正确识别概率 P_c 的变化。由图 5 - 16 可知，在低信噪比下识别性能随着子载波个数提高而提高。当子载波数量 N 增加时，式(5 - 50)中的 OFDM 块 $\boldsymbol{g}_{Ub+u}$ 的元素增多，$\boldsymbol{R}_0$ 和 $\boldsymbol{R}_1$ 中列向量之间的相关函数 $x_i(k)$ 更准确，从而使经验分布函数 $\hat{F}_{x_0}(z)$ 和 $\hat{F}_{x_1}(z)$ 更精确，因此其正确识别概率随着子载波数量增加而提高。

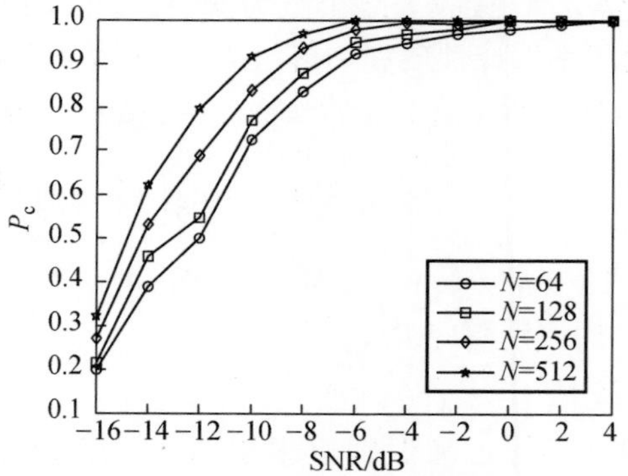

图 5 - 16　P_c 与 OFDM 子载波数量之间的关系

4. OFDM 块数量 N_b 对算法影响

图 5－17 为 OFDM 块数量 $N_b=\{1000,2000,3000,4000\}$ 时平均正确识别概率 P_c 的变化。由图 5－17 可知：在低信噪比环境下，平均正确识别概率 P_c 在 OFDM 块数量为 4000 时识别效果更理想；而在高信噪比下，OFDM 块数量为 1000 时识别效果不理想，其他的 OFDM 块数量下平均正确识别概率都达到 1。当 OFDM 块数量较小时，如果 t 取值过大，则会使经验分布函数 $\hat{F}_{x_0}(z)$ 和 $\hat{F}_{x_1}(z)$ 中元素较小，不利于抑制噪声和信道对经验分布函数的影响，从而导致 STBC3－OFDM 和 STBC4－OFDM 的正确识别概率较低，影响了平均正确概率 P_c。以 STBC4－OFDM 为例，STBC4－OFDM 在 $t=4$ 和 $N_b=2000$ 时，由式(5－52)～式(5－55)可知，自相关函数向量 $\boldsymbol{X}_i$ 和经验累积分布函数 $\hat{F}_{x_0}(z)$ 只有 249 个元素，导致识别效果不是很理想。

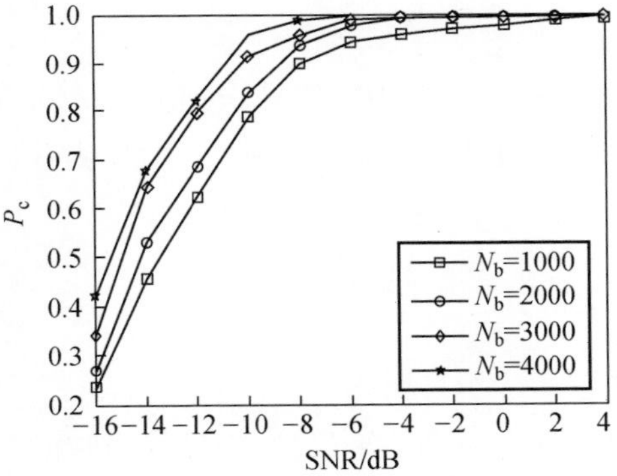

图 5－17 P_c 与 OFDM 块数量之间的关系

5. 采样信号数量对算法的影响

采样信号数等于 OFDM 块数量与 OFDM 子载波数量相乘，其性能随着采样信号数增加而变好。图 5－18 为采样数量 $\mathrm{Num}\in\{6400,51200,128000,512000\}$ 时平均正确识别概率 P_c 的变化。算法的平均正确识别概率在采样信号数量为 6400 和 51200 时分别为 0.5 和 0.8 左右，在 128000 以上时，达到 0.99～1。采样信号数过少使得 t 取值较大时 $\hat{F}_{x0}(z)$ 和 $\hat{F}_{x1}(z)$ 元素较小，不利于抑制噪声和信道对经验分布函数的影响，从而影响识别效果。

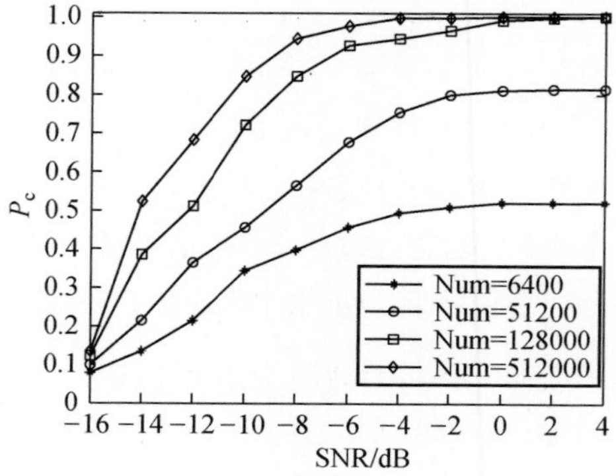

图 5－18　P_c 与采样信号数量之间的关系

5.4 基于循环谱的方法

基于循环谱特性的 STBC－OFDM 信号识别方法分为基于二阶循环谱特性和基于四阶循环谱特性的方法。与矩分析相似，循环谱分析分别从主成分和次成分对循环谱进行分析。

5.4.1 循环谱的概念

1. 二阶循环平稳

若接收信号 $r(t)$ 表现二阶循环平稳性，当且仅当它的二阶时变相关函数在时间上为周期性。二阶相关函数的定义为

$$m_{2t}(t,\tau)=\mathrm{E}[r(t)r(t+\tau)] \tag{5-61}$$

式中：τ 为时延。

若 $m_{2t}(t,\tau)$ 在时间轴 t 上呈现周期性，且周期为 M_0，则可以表示为傅里叶级数，即

$$m_{2t}(t,\tau)=\sum_{\alpha}C(\alpha,\tau)\mathrm{e}^{\mathrm{j}2\pi m\alpha} \tag{5-62}$$

式中

$$C(\alpha,\tau)=\frac{1}{M_0}\sum_{t}m_{2t}(t,\tau)\mathrm{e}^{-\mathrm{j}2\pi m\alpha} \tag{5-63}$$

$C(\alpha,\tau)$ 定义为循环频率 α 和时延 τ 的循环互相关函数(Cyclic Cross－correlation Function, CCF)，循环频率 $\alpha=\{l/M_0,l\in\mathbb{Z}\}$ 且 $\mathbb{Z}$ 为整数集合。

2. 四阶循环平稳

将二阶时变相关函数扩展到四阶，得到四阶时变相关函数。四阶时变相关函数为

$$m_{4t}(t,\tau)=\mathrm{E}[r(t)r(t+\tau_1)r(t+\tau_2)r(t+\tau_3)] \tag{5-64}$$

式中：τ 为时延，$\tau=(\tau_1,\tau_2,\tau_3)$。

若 $m_{4t}(t,\tau)$ 在时间轴 t 上呈现周期性，且周期为 M_0，则可以表示为傅里叶级数，即

$$m_{4t}(t,\tau)=\sum_{\alpha}C(\alpha,\tau)\mathrm{e}^{\mathrm{j}2\pi m\alpha} \tag{5-65}$$

式中

$$C(\alpha,\tau)=\frac{1}{M_0}\sum_{t}m_{4t}(t,\tau)\mathrm{e}^{-\mathrm{j}2\pi m\alpha} \tag{5-66}$$

$C(\alpha,\tau)$定义为循环频率 α 和时延 τ 的循环互相关函数，循环频率 $\alpha=\{l/M_0,l\in\mathbb{Z}\}$ 且 $\mathbb{Z}$ 为整数集合。

值得指出的是，循环平稳还可以扩充到高阶（$k\geqslant4$）循环平稳。若时变相关函数 $m_{kr}(t,\tau)$，$\tau=(\tau_1,\tau_2,\cdots,\tau_{k-1})$在时间上呈现周期性，它的傅里叶级数称作 k 阶循环平稳。另外，还可以是累积量的形式。

5.4.2 基于二阶循环谱的方法

1. 信号模型

二阶循环谱的方法主要适用于 $n_r\geqslant2$ 时 STBC-OFDM 信号的识别问题。

考虑循环前缀、循环后缀以及窗系数[60]，本节考虑的信号模型为

$$\boldsymbol{z}^f_{Ub+u}=[z^f_{Ub+u}(-v),z^f_{Ub+u}(-v+1),\cdots,z^f_{Ub+u}(N+N_W-1)] \tag{5-67}$$

式中

$$z^f_{Ub+u}(n)=W_n\,g^f_{Ub+u}(\tilde{n}) \tag{5-68}$$

其中：W_n 为窗系数；$n=-v,\cdots,N+N_W-1$；$f=0,1$；$u=0,\cdots,U-1$；$\tilde{n}=\mathrm{mod}(n,N)$。

因此，第 f 个发射天线发射序列可表示为

$$s^f(m)=\sum_{b=-\infty}^{\infty}\sum_{u=0}^{U-1}\sum_{n=-v}^{N+N_W-1}z^f_{Ub+u}(n)\times\delta(m-(Ub+u)(N+v)-n),f=0,1 \tag{5-69}$$

第 f 个发射天线发射序列 $s^f(m)$通过一个频率选择信道，接收信号 $r^i(k)$如

式(5-17)所示。

2. 假设条件

假设条件如下：

(1) 发射序列与噪声是不相关的：$\mathrm{E}[s^f(k_0)w^v(k_1)]=0, f,v=0,1,k_0,k_1\in\mathbf{I}$。

(2) 不同信道的噪声是不相关的：$\mathrm{E}[w^{v_0}(k_0)w^{v_1}(k_1)]=\mathrm{E}[w^{v_0}(k_0)(w^{v_1}(k_1))^*]=0, k_0,k_1\in\mathbb{Z}, v_0,v_1=0,1$ 且 $v_0\neq v_1$。

(3) 发射符号是不相关的：$\mathrm{E}[d_{k_0}(n_0)d_{k_1}(n_1)]=0, \mathrm{E}[d_{k_0}(n_0)d^*_{k_1}(n_1)]=\sigma_s^2\delta(k_0-k_1)\delta(n_0-n_1)$，$\forall k_0,k_1,n_0,n_1$，其中 σ_s^2 为发射信号能量。

(4) 对于每一个发射接收链路，信道增益在观察周期内保持不变。

3. 接收信号的二阶循环谱

1) SM-OFDM

结合式(5-9)和式(5-15)可得

$$\mathrm{E}[g_{k_0}^{f_0}(n_0)g_{k_1}^{f_1}(n_1)]=0 \tag{5-70}$$

式中：$f_0,f_1=0,1; n_0,n_1=-v,\cdots,N-1; k_0,k_1\in\mathbb{Z}$。

进一步结合式(5-17)、式(5-63)和式(5-67)，可得 SM-OFDM 时变互相关函数为

$$c^{\mathrm{SM}}(m,\tau)=0, \forall m,\tau \tag{5-71}$$

因此，由式(5-63)和式(5-71)可得

$$C^{\mathrm{SM}}(m,\tau)=0, \forall m,\tau \tag{5-72}$$

2) AL-OFDM

已知[56]

$$\mathrm{E}[z_{2k_0+u_0}^{f_0}(n_0)z_{2k_1+u_1}^{f_1}(n_1)]=$$
$$\begin{cases}\sigma_s^2W_{n_0}W_{n_1}\delta(\mathrm{mod}(n_0+n_1),N)\delta(k_0-k_1) & \begin{array}{l}\forall f_0=0,f_1=1,u_0=0,u_1=1\\ \forall f_0=1,f_1=0,u_0=1,u_1=0\end{array}\\ -\sigma_s^2W_{n_0}W_{n_1}\delta(\mathrm{mod}(n_0+n_1),N)\delta(k_0-k_1) & \begin{array}{l}\forall f_0=1,f_1=0,u_0=0,u_1=1\\ \forall f_0=0,f_1=1,u_0=1,u_1=0\end{array}\\ 0 & 其他\end{cases} \tag{5-73}$$

由于 AL 编码矩阵特有的结构，相同的 AL 块内邻近的 OFDM 符号和满足条件 $\mathrm{mod}(n_0+n_1,N)=0$ 的 OFDM 符号抽样相关函数是非零的。接收 AL-OFDM 信号的时变互相关函数表示为(推导过程见附录 D)：

$$
\begin{aligned}
c^{\mathrm{AL}}(m,\tau) = & \sum_{p_0,p_1=0}^{L_h-1}(h_{00}(p_0)h_{11}(p_1) - h_{01}(p_0)h_{10}(p_1)) \\
& \times \sum_{k=-\infty}^{\infty}\delta(m - 2k(N+v) - \vartheta(p_0)) \\
& \otimes \sum_{n_0,n_1=-v}^{N+N_W-1}\sigma_s^2 W_{n_0}W_{n_1}\delta(\mathrm{mod}(n_0+n_1,N)) \times \delta(m - n_0 - \vartheta(p_0)) \\
& \times \delta(\tau - (N+v) + n_0 - n_1 + \vartheta(p_0) - \vartheta(p_1)) \\
& - \delta(m - (N+v) - n_0 - \vartheta(p_0)) \times \delta(\tau + (N+v) \\
& + n_0 - n_1 + \vartheta(p_0) - \vartheta(p_1))
\end{aligned}
\tag{5-74}
$$

其中,⊗代表共轭。

由上可见,时变互相关函数 $c^{\mathrm{AL}}(m,\tau)$ 在 m 轴上呈现周期性,且周期 $M_0 = 2(N+v)$。因此,可以证明 AL-OFDM 信号呈现二阶循环平稳性。进一步推导,在平坦衰落信道下接收 AL-OFDM 信号的时变互相关函数可以表示为

$$
\begin{aligned}
c^{\mathrm{AL}}(m,\tau) = & (h_{00}h_{11} - h_{01}h_{10})\sum_{k=-\infty}^{+\infty}\delta(m - 2k(N+v)) \\
& \otimes \sum_{n_0,n_1=-v}^{N+N_W-1}\sigma_s^2 W_{n_0}W_{n_1}\delta(\mathrm{mod}(n_0+n_1,N)) \\
& \otimes (\delta(m - n_0)\delta(\tau - (N+v) + n_0 - n_1) - \delta(m - (N+v) - n_0) \\
& \times \delta(\tau + (N+v) + n_0 - n_1))
\end{aligned}
\tag{5-75}
$$

对式(5-75)进行傅里叶变换,很容易得到接收端 AL-OFDM 信号的 CCF:

$$
\begin{aligned}
c^{\mathrm{AL}}(\alpha,\tau) = & \frac{h_{00}h_{11} - h_{01}h_{10}}{2(N+v)}\sigma_s^2 \times \sum_{n_0,n_1=-v}^{N+N_W-1} W_{n_0}W_{n_1}\delta(\mathrm{mod}(n_0+n_1,N)) \\
& \times (\delta(\tau - (N+v) + n_0 - n_1)\mathrm{e}^{-\mathrm{j}2\pi\alpha n_0} \\
& - \delta(\tau + (N+v) + n_0 - n_1)\mathrm{e}^{-\mathrm{j}2\pi\alpha(N+v+n_0)})
\end{aligned}
\tag{5-76}
$$

其中,相应的 CF 为 $\alpha = l/(2(N+v)), l \in \mathbb{Z}$。考虑式(5-76)中三个克罗内

克函数项,式(5-64)变形为(详细推导见附录D):

$$c^{\mathrm{AL}}(\alpha,\tau)=\begin{cases}\operatorname{sgn}(\tau)g_1(\tau)\mathrm{e}^{-\mathrm{j}\pi\alpha(2N+v-\tau)}, |\tau|\in I_1\cap I_0^{\mathrm{c}}\\ \operatorname{sgn}(\tau)\sum\limits_{q=0}^{1}g_q(\tau)\mathrm{e}^{-\mathrm{j}\pi\alpha((q+1)+v-\tau)}, |\tau|\in I_0\cap I_2^{\mathrm{c}}\\ \operatorname{sgn}(\tau)\sum\limits_{q=0}^{2}g_q(\tau)\mathrm{e}^{-\mathrm{j}\pi\alpha((q+1)+v-\tau)}, |\tau|\in I_2\\ 0,其他\end{cases}\tag{5-77}$$

式中:sgn()为符号函数;| |为绝对值函数;上标c表示补集;并且$g_q(\tau)=(h_{00}h_{11}-h_{01}h_{10})\times 2(N+v)\sigma_{\mathrm{s}}^2W_{(qN-|\tau|+N+v)/2}W_{(qN+|\tau|-N-v)/2}$

$$I_0=\{N-v,N-v+2,\cdots,N+3v-2,N+3v\}\tag{5-78}$$

$$I_1=\{v-2N_W+2,v-2N_W+4,\cdots,2N+v+2N_W-2\}\tag{5-79}$$

$$I_2=\{N+v-2N_W+2,N+v-2N_W+4,\cdots,N+v+2N_W-4,N+v+2N_W-2\}\tag{5-80}$$

由上可知,在三个区域τ中CCF值是非零的,这三个区域分别为$|\tau|\in I_1\cap I_0^{\mathrm{c}}$,$|\tau|\in I_0\cap I_2^{\mathrm{c}}$,$|\tau|\in I_2$。显然,CCF能提供一个识别特征参数用来识别SM-OFDM和AL-OFDM信号。

4. 识别算法

当接收天线个数$n_{\mathrm{r}}=2$时,识别算法框图如图5-19所示。

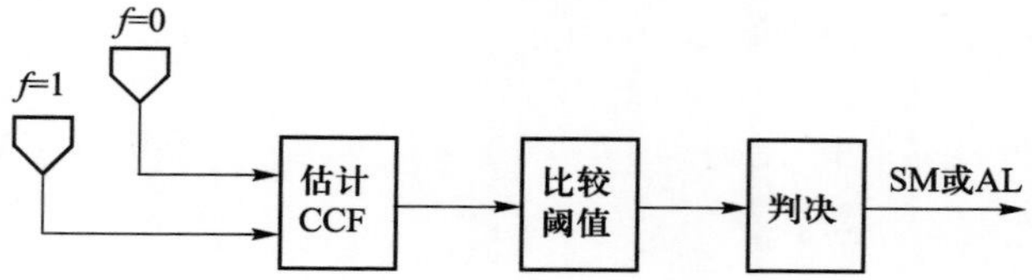

图5-19 算法框图($n_{\mathrm{r}}=2$)

步骤1:估计CF、CCF值在α为0、α_0、$-\alpha_0$时以及CCF不等于0的τ,其中$\alpha_0=1/(2(N+v))$。CCF在α和时延τ的估计值可表示为[101]

$$\hat{C}(\alpha,\tau)=\frac{1}{M}\sum_{m=0}^{M_r-1}r^0(m)r^1(m+\tau)\mathrm{e}^{-\mathrm{j}2\pi\alpha m}\tag{5-81}$$

式中:M_r为接收样本数量,它等于$N_{\mathrm{b}}(N+v)$,N_{b}为接收OFDM块数量。

步骤2:比较估计CCF幅度与阈值,其中阈值的设定依据恒虚警准则,虚警概率是发射的SM-OFDM信号在接收端判决为AL-OFDM信号的概率。虚警概率的封闭表达式依据SM-OFDM信号CCF估计值的分布设定。由文献[101]可知,CCF估计值服从近似的高斯分布。结合式(5-

81)进一步分析得到,CCF 幅度估计值服从近似的瑞利分布。如果在单个 α 和时延 τ 的 CCF 可以作为识别特征,就可以通过互补累积分布函数计算虚警概率:[107]

$$P_{\mathrm{f}} = \exp\left(-\frac{T^2}{\sigma^2}\right) \tag{5-82}$$

式中:T 为阈值;σ^2 为 SM - OFDM 信号的 CCF 幅度估计值的方差。

当不同的 α 和 τ 作为识别参数时,采用 k - out - of - ζ 准则判决信号:如果 k - out - of - ζ 估计值 CCF 的幅度超出阈值,识别为 AL - OFDM 信号;否则,识别为 SM - OFDM 信号。因此,虚警概率为

$$P_{\mathrm{F}} = \sum_{l=k}^{\zeta} \binom{\zeta}{l} P_{\mathrm{f}}^{l} (1 - P_{\mathrm{f}}^{l})^{\zeta - l} \tag{5-83}$$

其中,由式(5 - 83)计算虚警概率 P_{F} 和 P_{f},阈值由式(5 - 82)得到。其他问题就是选择合适的参数 k 和 ζ。由式(5 - 77)可知,对于每个 α 值,当 $|\tau| \in I_0$ 时,CCF 存在一个较大的幅值。当采用单个 CF 时,考虑 $|\tau| \in I_0 \cup \{N-v+1, N-v+3, \cdots, N+3v-3, N+3v-1\}$,因此 $\zeta = 8v+2$。进一步分析,当采用三个 CF 值时,$\zeta = 24v+6$。通过设置不同的仿真条件,选择 $k = v/2$。

算法流程如下:

输入:接收信号 $r^f(m)$ $(f=0,1)$,子载波数量 N 和循环前缀 v。

(1) 采用式(5 - 81)估计 CCF 在 $\alpha = \{0, \alpha_0, -\alpha_0\}$ 的数值、CCF 在(作为识别特征)$|\tau| \in I_0 \cup \{N-v+1, N-v+3, \cdots, N+3v-3, N+3v-1\}$ 的数值和 CCF 在 $\tau = 2(N+v)+1, \cdots, 3(N+v)$ 的数值(估计方差 σ^2)。

(2) 由 CCF 在 CF $\alpha = \{0, \alpha_0, -\alpha_0\}$ 和 $\tau = 2(N+v)+1, \cdots, 3(N+v)$ 的数值估计方差。

(3) 由式(5 - 82)和式(5 - 83)计算阈值 T。

(4) 比较在 $\alpha = \{0, -\alpha_0, \alpha_0\}$ 和 $|\tau| \in I_0$ 时 CCF 估计值与阈值大小:如果最小 k 值估计 CCF 幅度大于阈值,接收信号就为 AL - OFDM 信号;否则,为 SM - OFDM 信号。

算法可以延伸到 $n_{\mathrm{r}} > 2$ 的情况,对每对接收天线 (i_0, i_1) $(i_0 < i_1, i_1 = 0, 1, \cdots, n_{\mathrm{r}}-1)$ 定义相应的 CCF,因此对每对接收天线采用式(5 - 81)估计 CCF,式(5 - 83)中 k 和 ζ 的选择为 $n_{\mathrm{r}} = 2$ 时的 $n_{\mathrm{r}}(n_{\mathrm{r}}-1)/2$。其余步骤与 $n_{\mathrm{r}} = 2$ 时相同。

5.4.3 基于四阶循环谱的方法

与 5.1 节信号模型不同的是,本节考虑了载波频偏、相位偏差和载波相位

噪声等因素对接收信号的影响，因此接收信号表示为

$$r(k)=\mathrm{e}^{\mathrm{j}2\pi(\Delta f_{c}k+\phi_0+\varphi(k))}y^{\lambda}(k)+w(k) \tag{5-84}$$

式中：Δf_c 为载波频偏；ϕ_0 为相位偏差；$\varphi(k)$ 为相位噪声；$w(k)$ 为复高斯白噪声，其均值为 0，方差为 σ_{w}^2；$y^{\lambda}(k)$ 是未加噪声的信号，且有

$$y^{\lambda}(k)=\sum_{i=0}^{n_{\mathrm{t}}}\sum_{p=0}^{p_{\mathrm{a}}}h_i(p)X^i(k-p) \tag{5-85}$$

式中：$h_i(p)$ 为第 i 个发射天线和接收天线对应的 p 路径信道系数；p_{a} 为路径的数量；$\lambda\in\{\mathrm{SM},\mathrm{AL},\mathrm{STBC3},\mathrm{STBC4}\}$。

1. STBC-OFDM 信号 CCF 的推导

接收的信号 $r(k)$ 以长度 $N+v$ 进行分组，分组的向量可表示为

$$\boldsymbol{g}_{Uk+u}=[r_{Uk+u}(N-v),\cdots,r_{Uk+u}(0),\cdots,r_{Uk+u}(N-1)] \tag{5-86}$$

因此，接收的 OFDM 块可表示为

$$\boldsymbol{G}=[\boldsymbol{g}_0,\boldsymbol{g}_1,\cdots,\boldsymbol{g}_{N_{\mathrm{b}}-1}] \tag{5-87}$$

式中：N_{b} 为 OFDM 块的数量；$\boldsymbol{G}$ 为 $(N+v)\times N_{\mathrm{b}}$ 维矩阵，每一列代表接收的单个 OFDM 块。

接收 OFDM 块在时延向量 $[0,\tau_1,\tau_2,\tau_3]$ 的四阶矩可表示为

$$m_{g,42}=\mathrm{E}\{(\boldsymbol{g}_q^*)^{\mathrm{T}}\boldsymbol{g}_{q+\tau_1}(\boldsymbol{g}_{q+\tau_2}^*)^{\mathrm{T}}\boldsymbol{g}_{q+\tau_3}\}\triangleq\lim_{N_{\mathrm{b}}\to\infty}\frac{1}{N_{\mathrm{b}}}\sum_{q=0}^{N_{\mathrm{b}}-1}(\boldsymbol{g}_q^*)^{\mathrm{T}}\boldsymbol{g}_{q+\tau_1}(\boldsymbol{g}_{q+\tau_2}^*)^{\mathrm{T}}\boldsymbol{g}_{q+\tau_3} \tag{5-88}$$

四阶循环矩可表示为

$$M_{g,42}=\lim_{T\to\infty}\sum_{t=0}^{T-1}m_{g,42}(t,\tau)\mathrm{e}^{-j\alpha t} \tag{5-89}$$

1）SM-OFDM

对于任意 τ，有

$$m_{g,42}^{\mathrm{SM}}(q,\tau)=0 \tag{5-90}$$

因此，SM 没有任何的循环频率。

2）AL-OFDM

令 $\tau_2=0$ 和 $\tau_1=\tau_3=\tau$，取 $\tau=1$，推导可得

$$m_{g,42}^{\mathrm{AL}}=\mathrm{E}\{(\boldsymbol{g}_q^*)^{\mathrm{T}}\boldsymbol{g}_{q+\tau}(\boldsymbol{g}_q^*)^{\mathrm{T}}\boldsymbol{g}_{q+\tau}\}=C_1a(q,\tau)\otimes\sum_{\substack{k=-\infty\\k\in nU}}^{\infty}\delta(q-kT_{\mathrm{s}}) \tag{5-91}$$

式中

$$C_1 = \sum_{l,l'=0}^{p_a-1}[(h_0(l))^* h_1(l') - (h_1(l))^* h_0(l')]^2 m_{s,42} \tag{5-92}$$

$$a(q,\tau) = e^{j4\pi(\Delta f_c\tau + \varphi(q+\tau) - \varphi(q))} \tag{5-93}$$

式(5-91)是周期为$2T_s$(T_s为符号周期)的周期函数,对式(5-91)进行傅里叶变换,可得

$$M_{g,42} = C_1 A(\alpha,\tau)\sum_{k=-\infty}^{\infty}\delta\left(\alpha - \frac{k}{2T_s}\right) \tag{5-94}$$

式中:$A(\alpha,\tau)$为$a(\alpha,\tau)$的傅里叶变换。

3) STBC3 - OFDM

令$\tau_2=0$和$\tau_1=\tau_3=\tau$,取$\tau=2$,推导可得

$$m_{g,42}^{\mathrm{STBC3}} = \mathrm{E}\{(\boldsymbol{g}_q^*)^{\mathrm{T}}\boldsymbol{g}_{q+\tau}(\boldsymbol{g}_q^*)^{\mathrm{T}}\boldsymbol{g}_{q+\tau}\} = C_2 a(q,\tau)\otimes\sum_{\substack{k=-\infty\\ k\in nU}}^{\infty}\delta(q-kT_s) \tag{5-95}$$

式中

$$C_2 = \sum_{l,l'=0}^{p_a-1}[(h_2(l))^* h_0(l') - (h_0(l))^* h_2(l') - (h_0(l))^* h_3(l')]^2 m_{s,42} \tag{5-96}$$

式(5-95)是周期为$4T_s$的周期函数,对式(5-95)进行傅里叶变换,可得

$$M_{g,42} = C_2 A(\alpha,\tau)\sum_{k=-\infty}^{\infty}\delta(\alpha - \frac{k}{4T_s}) \tag{5-97}$$

4) STBC4 - OFDM

令$\tau_2=0$和$\tau_1=\tau_3=\tau$,取$\tau=5$,推导可得

$$m_{g,42}^{\mathrm{STBC4}} = \mathrm{E}\{(\boldsymbol{g}_q^*)^{\mathrm{T}}\boldsymbol{g}_{q+\tau}(\boldsymbol{g}_q^*)^{\mathrm{T}}\boldsymbol{g}_{q+\tau}\} = C_3 a(q,\tau)\otimes\sum_{\substack{k=-\infty\\ k\in nU}}^{\infty}\delta(q-kT_s) \tag{5-98}$$

式中

$$C_3 = \sum_{l,l'=0}^{p_a-1}\{2\times[(h_0(l))^* h_1(l') - (h_1(l))^* h_0(l')] + [(h_1(l))^* h_2(l') - (h_2(l))^* h_1(l')]\}^2 m_{s,40} \tag{5-99}$$

式(5－98)是周期为 $8T_s$ 的周期函数,对式(5－98)进行傅里叶变换,可得

$$M_{g,42} = C_3A(\alpha,\tau)\sum_{k=-\infty}^{\infty}\delta\left(\alpha - \frac{k}{8T_s}\right) \tag{5-100}$$

2. 识别算法

可以根据接收信号块的四阶循环平稳特性识别 STBC－OFDM 信号。首先,在时延 $\tau=5$ 时,只有 STBC4－OFDM 在循环频率 $\alpha\in\left\{\frac{k}{8T_s},k\in\mathbb{Z}\right\}$时呈现峰值,识别出 STBC4－OFDM;然后,在时延 $\tau=2$ 时,只有 STBC3－OFDM 在循环频率 $\alpha\in\left\{\frac{k}{4T_s},k\in\mathbb{Z}\right\}$时呈现峰值,识别出 STBC3－OFDM;最后,在时延 $\tau=1$ 时,只有 AL－OFDM 在循环频率 $\alpha\in\left\{\frac{k}{2T_s},k\in\mathbb{Z}\right\}$时呈现峰值,识别出 AL－OFDM,也就识别了 SM－OFDM。

下面分析在传输过程中信道、频偏、相偏和相位噪声对识别算法的影响。以 AL－OFDM 为例,频偏不但产生相位旋转,而且改变 $M_{g,42}^{\mathrm{AL}}$ 循环频率位置,产生了 $2\Delta f_c$ 的位移;ϕ_0 会对 $M_{g,42}^{\mathrm{AL}}$ 产生相位旋转,但不会改变 $M_{g,42}^{\mathrm{AL}}$ 的幅度和循环频率位置。$\phi(k)$ 和 $h(k)$ 不仅会改变 $M_{g,42}^{\mathrm{AL}}$ 的幅度和相位,而且会产生新的频率成分。因此,只有频偏和相偏不会对 $M_{g,42}^{\mathrm{AL}}$ 的幅度产生影响。STBC－OFDM 识别算法流程图如图 5－20 所示。循环频率的存在通过检测是否存在峰值来确定。

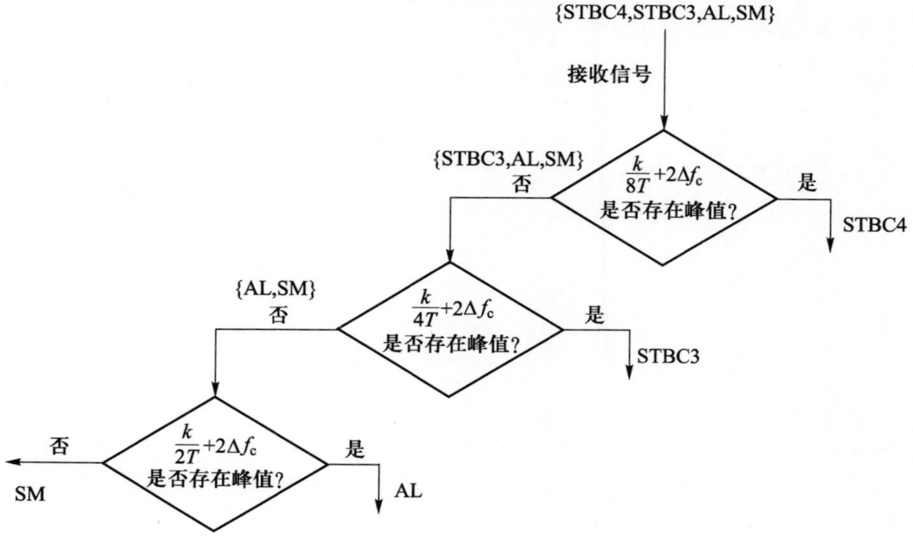

图 5－20 STBC－OFDM 识别算法流程图

5.4.4 实验验证

1. 仿真条件设定

仿真经过1000次蒙特卡罗仿真,无特殊说明:OFDM信号采用QPSK调制,OFDM信号子载波数量$N=64$,循环前缀$v=8$,OFDM块数量$N_b=2000$,接收天线数量$n_r=1$。信道采用频率选择性瑞利衰落信道,其概率分布函数服从指数模型,将每一个信道抽头建模为独立复高斯随机变量,其功率服从指数的概率分布函数,最大路径数$p_a=4$。噪声为零均值加性高斯白噪声,且功率为σ_w^2。接收滤波器为巴特沃斯滤波器,时偏ε和相位偏差ϕ_0分别设为均匀分布在$[0,T)$和$[0,2\pi)$的随机变量,频率偏差为$\frac{0.04}{T}$。信噪比$\text{SNR}=10\lg(n_t/\sigma_w^2)$。在实验中,采用正确识别概率$P(\lambda=\xi|\xi)$和平均正确识别概率$P_c$衡量算法的性能。

2. 正确识别概率$P(\lambda|\lambda)$

对四种STBC-OFDM在默认的仿真条件下进行仿真,不同的STBC-OFDM的正确识别概率如图5-21所示。SM-OFDM信号的正确识别概率接近1,主要是由于SM-OFDM没有任何循环频率。AL-OFDM信号的正确识别概率最高,其次是STBC4-OFDM,原因是AL-OFDM码矩阵的维数为2×2,STBC4-OFDM码矩阵的维数为3×8,在相同的采样样本下,AL-OFDM编码块数量大于STBC4-OFDM的编码块数量,因此AL-OFDM的特征比较明显。STBC3-OFDM正确识别概率最低,主要是由于STBC3-OFDM中含有零向量,且STBC3-OFDM码矩阵相关性较差,因此STBC3-OFDM的正确识别概率最低。在默认条件下,AL-OFDM信号在SNR≥-6dB,STBC3-OFDM信号在SNR≥-3dB和STBC4-OFDM信号在SNR≥-2dB时识别概率为1。因此,算法在低信噪比下性能较好,实用性较强。

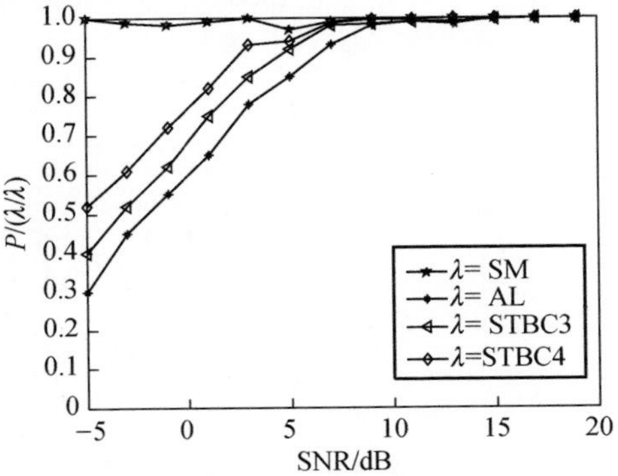

图5-21 正确识别概率$P(\lambda|\lambda)$

3. 不同子载波数量下算法性能

在不同的子载波数量下对算法的性能仿真，采用平均正确识别概率衡量算法的性能。子载波数量 $N \in \{32,64,128,256\}$。如图5－22所示，算法的性能随着子载波数量 N 的增大而变好。原因是随着 N 的增大，四阶循环矩序列的符号数增大，周期性更明显，呈现的循环特性更明显，因此算法的性能变好。

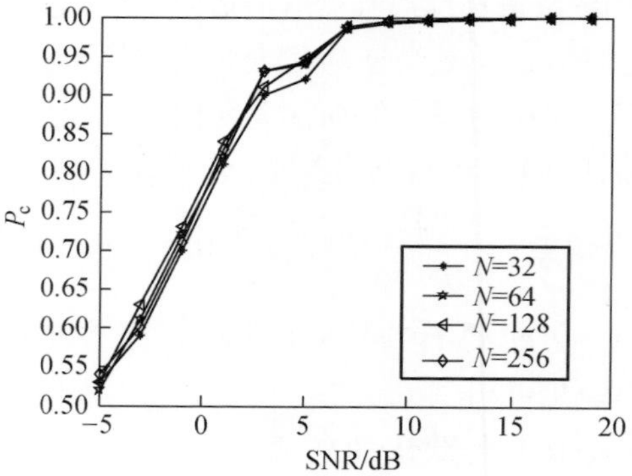

图5－22 P_c 与OFDM子载波数量的关系

4. 不同 OFDM 块数量算法性能

在不同的OFDM块数量下对算法的性能进行仿真，采用平均正确识别概率衡量算法的性能。OFDM块的数量 $N_b \in \{1000,2000,3000,5000\}$。如图5－23所示，算法的性能随着OFDM块数量的增大而变好。原因是OFDM块数量增大，$\hat{M}_{g,42}$ 估计值更准确，因此它的循环平稳特性更明显。在默认的仿真条件下，需要OFDM块数量 $N_b \geq 2000$ 时，在0dB下正确识别概率达到1。

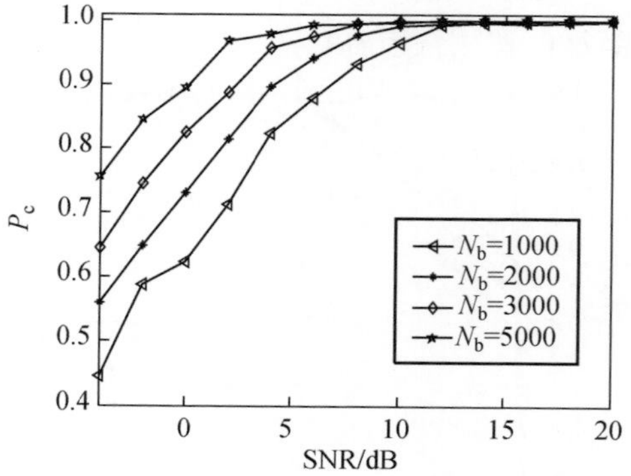

图5－23 P_c 与OFDM块数量的关系

5. 不同调制方式下算法性能

在不同的调制方式下对算法的性能进行仿真，采用平均正确识别概率衡量算法的性能。在这里，调制方式为 QPSK、8PSK、16QAM 和 64QAM。如图 5-24 所示，算法的性能并不随着调制方式的改变而变化。因此，本节提出的算法无需预先知道或估计调制方式，适合非合作通信场合，实用性较好。

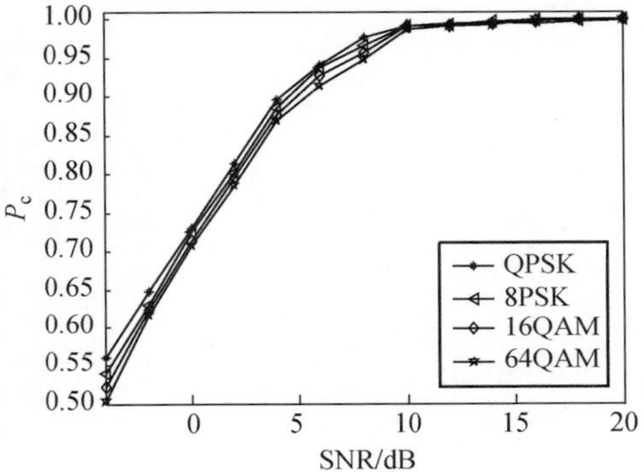

图 5-24 P_c 与调制方式的关系

5.5 相关方程方法

相关方程方法分为二阶相关方程法和四阶相关方程法，其中二阶相关方程法主要适用于多接收天线（$n_r \geqslant 2$），四阶相关方程法适用于单接收天线（$n_r = 1$）。设 $r(t)$ 是包含 STBC-OFDM 的接收信号，$r(t+\tau)$ 是它的时延形式，定义包含且仅包含 $r(t)$ 和 $r(t+\tau)$ 的乘积形式的方程为相关方程。

5.5.1 二阶相关方程法

1. 互相关方程特性

首先分析发射端 AL-OFDM 信号和 SM-OFDM 信号的互相关特性，然后延伸到接收端。

发射端：构造序列 $\boldsymbol{s}^{(f,\tau)}$，其中元素 $\boldsymbol{s}^{(f,\tau)}(k) = \boldsymbol{s}^{f}(k+\tau)$，$\tau = 0,1,\cdots,N+v-1$。以 $N+v$ 为单位划分块，表示为 $\boldsymbol{s}^{(f,\tau)} = [\cdots \tilde{g}_{-1}^{(f,\tau)}, \tilde{g}_{0}^{(f,\tau)}, \tilde{g}_{1}^{(f,\tau)}, \cdots, \tilde{g}_{q-1}^{(f,\tau)}, \tilde{g}_{q}^{(f,\tau)}, \tilde{g}_{q+1}^{(f,\tau)}]$，如图 5-25 所示。

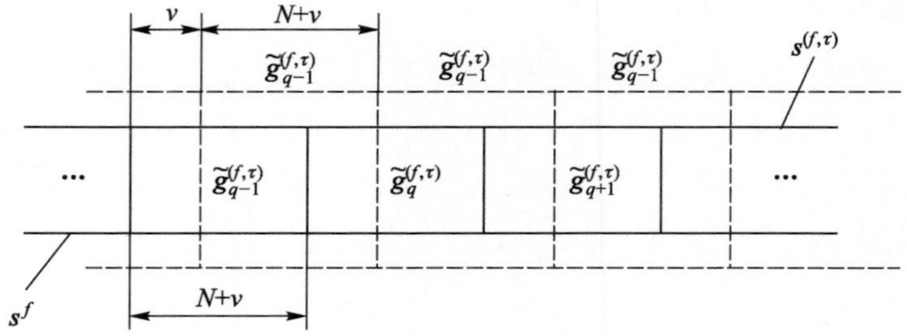

图 5-25　发射端信号

命题 5.1　对于 AL-OFDM 信号，以 $N+v$ 块为单位的新序列 $\boldsymbol{s}^{(f,\tau)}$ 的块 $\hat{g}_q^{(f,\tau)}$ 特性如下：

当 $\tau=0$ 时，有

$$\tilde{g}_{2b+0}^{(0,0)}(n)=\tilde{g}_{2b+1}^{(1,0)*}(\bmod(-(n-v),N)+v),n=0,1,\cdots,N+v-1 \tag{5-101}$$

当 $\tau=N/2$ 时，有

$$\tilde{g}_{2b+0}^{\left(0,\frac{N}{2}\right)}(n)=\tilde{g}_{2b+1}^{\left(1,\frac{N}{2}\right)^*}(\bmod(-(n-v),N)+v),n=0,1,\cdots,v \tag{5-102}$$

当 $\tau=N/2+v$ 时，有

$$\tilde{g}_{2b-1}^{\left(0,\frac{N}{2}+v\right)}(n)=\tilde{g}_{2b+0}^{\left(1,\frac{N}{2}+v\right)^*}(\bmod(-(n-v),N)+v),n=\frac{N}{2},\frac{N}{2}+1,\cdots,\frac{N}{2}+2v \tag{5-103}$$

对于其他时延 τ 上述特性是不成立的，对 SM-OFDM 信号也没有上述的特性。具体的推导过程见附录 F。

结合命题 5.1，定义互相关方程为

$$R_g(\tau)=\mathrm{E}\{\tilde{\boldsymbol{g}}_q^{(0,\tau)}[\tilde{\boldsymbol{g}}_{q+1}^{(1,\tau)}]^{\mathrm{T}}\}\triangleq\lim_{N_{\mathrm{b}}\to\infty}\frac{1}{N_{\mathrm{b}}}\sum_{q=0}^{N_{\mathrm{b}}-1}\tilde{\boldsymbol{g}}_q^{(0,\tau)}[\tilde{\boldsymbol{g}}_{q+1}^{(1,\tau)}]^{\mathrm{T}} \tag{5-104}$$

式中：$\tilde{\boldsymbol{g}}_{q+1}^{(1,\tau)}$ 为长度 $N+v$ 的块，其中元素为 $\tilde{g}_q^{(1,\tau)}(p)=\tilde{g}_{q+1}^{(1,\tau)}(\bmod(-(p-v),N)+v)$，$p=0,1,\cdots,N+v-1$。

利用命题 5.1 可得，对于 $\tau=0,1,\cdots,N+v-1$，AL-OFDM 信号和 SM-OFDM 信号互相关方程可表示为

$$R_g^{\mathrm{AL}}(\tau)=\begin{cases}\frac{1}{2}(N+v)\sigma_{\mathrm{d}}^2,\tau=0\\ \frac{1}{2}(v+1)\sigma_{\mathrm{d}}^2,\tau=\frac{N}{2}\\ \frac{1}{2}(2v+1)\sigma_{\mathrm{d}}^2,\tau=\frac{N}{2}+v\\ 0,\text{其他}\end{cases} \tag{5-105}$$

$$R_g^{\mathrm{SM}}(\tau)=0 \tag{5-106}$$

式中：σ_{d}^2 为调制符号的方差。值得注意的是，乘以 1/2 是因为相关性只存在长度 $N+v$ 的块属于同一个 AL 块矩阵内。因此，$R_g(\tau)$ 能提供识别特征参数用来识别 AL－OFDM 信号和 SM－OFDM 信号。

接收端：不失一般性，假定第一个截获的样本对应 OFDM 块的开始，在后面将放宽这一假设。定义序列 $\boldsymbol{r}^{(i,\tau)}(k)$，其中的元素可以表示为

$$r^{(i,\tau)}(k)=r^i(k+\tau),\tau=0,1,\cdots,N+v-1$$

然后将序列 $\boldsymbol{r}^{(i,\tau)}(k)$ 以 $N+v$ 为单位分组，即

$$\boldsymbol{r}^{(i,\tau)}=[\cdots,\boldsymbol{a}_{-1}^{(i,\tau)},\boldsymbol{a}_0^{(i,\tau)},\boldsymbol{a}_1^{(i,\tau)},\cdots]$$

式中

$$\boldsymbol{a}_q^{(i,\tau)}=[a_q^{(i,\tau)}(0),\cdots,a_q^{(i,\tau)}(N+v-1)]$$

其中

$$a_q^{(i,\tau)}(p)=r^{(i,\tau)}(q(N+v)+p),p=0,1,\cdots,N+v-1$$

考虑发射符号的独立性、噪声和信道系数，对于 $\tau=0,1,\cdots,N+v-1$，可得

$$R_a^{\mathrm{AL}}(\tau)=\mathrm{E}[\hat{\boldsymbol{a}}_q^{(0,\tau)}(\hat{\boldsymbol{a}}_{q+1}^{(0,\tau)})^{\mathrm{T}}]$$

$$=\begin{cases}\frac{\sigma_{\mathrm{d}}^2}{2}(N+v)\varXi(\tau),\tau=0,1,\cdots,L_{\mathrm{h}}-1\\ \frac{\sigma_{\mathrm{d}}^2}{2}(v+1)\varXi(\tau),\tau=\frac{N}{2},\frac{N}{2}+1,\cdots,\frac{N}{2}+L_{\mathrm{h}}-1\\ \frac{\sigma_{\mathrm{d}}^2}{2}(2v+1)\varXi(\tau),\tau=\frac{N}{2}+v,\frac{N}{2}+v+1,\cdots,\frac{N}{2}+v+L_{\mathrm{h}}-1\\ 0,\text{其他}\end{cases} \tag{5-107}$$

$$R_a^{\mathrm{SM}}(\tau)=0 \tag{5-108}$$

式中

$$\Xi(\tau) = \sum_{p_0,p_1}^{L_h-1} (h_{00}(p_0)h_{11}(p_1) - h_{10}(p_0)h_{01}(p_1))\delta(\tau - \vartheta(p_0) - \vartheta(p_1))$$

AL－OFDM 的互相关方程绝对值的估计值 $\hat{R}_a^{AL}(\tau)$ 存在统计意义上的尖峰，可以作为用于识别 AL－OFDM 信号和 SM－OFDM 信号的特征参数。

2. 当接收天线数量为 2 时的相关方程法

识别 AL－OFDM 信号和 SM－OFDM 信号的关键是检测 $|\hat{R}_a(\tau)|(\tau=0,1,\cdots,N+v-1)$ 是否存在统计意义上的峰值。该问题可以归结为一个二元假设检验问题：在假设 H_0 下（无尖峰检测），判决接收信号为 SM－OFDM 信号；在假设 H_1 下（有尖峰检测），判决接收信号为 AL－OFDM 信号。

不失一般性，假定观察样本数量为 K，对应的 OFDM 块数量为

$$N_b = \frac{K}{N+v}$$

对应的 $\hat{R}_a(\tau)$ 为

$$\hat{R}_a(\tau) = \frac{1}{N_b}\sum_{q=0}^{N_b} \boldsymbol{a}_q^{(0,\tau)} [\boldsymbol{a}_{q+1}^{(1,\tau)}]^T \tag{5-109}$$

$\hat{R}_a(\tau)$ 可以表示为[108]

$$\hat{R}_a(\tau) = R_a(\tau) + \psi(\tau) \tag{5-110}$$

式中：$\psi(\tau)$ 为零均值随机变量，它表示估计的误差，当 $N_b \to \infty$ 时，误差消失。

如式（5－107）所示，在假设第一个接收符号对应 OFDM 块第一个符号时，$R_a^{AL}(\tau)$ 存在 L_h 个尖峰，位置分别为：$\tau=0, \tau=\frac{N}{2}, \tau=\frac{N}{2}+v$。当第一个接收符号对应 OFDM 块的第 τ_0 个点时，$R_a^{AL}(\tau)$ 尖峰的位置为：$\tau=\tau_0, \tau=\tau_1=\text{mod}\left(\tau_0+\frac{N}{2}, N+v\right), \tau=\tau=\text{mod}\left(\tau_0+\frac{N}{2}+v, N+v\right)$。

对于 AL－OFDM 信号，则有

$$\hat{R}_a^{AL}(\tau) = R_a^{AL}(\tau) + \psi_a^{AL}(\tau) \tag{5-111}$$

其中对于 $\tau \in \Omega_0$，$\Omega_0 = \{\tau_0, \tau_0+1, \cdots, \tau_0+L_h-1\} \cup \{\tau_1, \tau_1+1, \cdots, \tau_1+L_h-1\} \cup \{\tau_2, \tau_2+1, \cdots, \tau_2+L_h-1\}$，$R_a^{AL}(\tau)$ 是非零的。

对于 SM－OFDM 信号，则有

$$\hat{R}_a^{SM}(\tau) = \psi_a^{SM}(\tau), \forall \tau = 0, 1, \cdots, N+v-1 \tag{5-112}$$

因此,如果至少有一个 τ 使得 $R_a(\tau)\neq 0$,AL-OFDM 信号成立,也就是假设 H_1 成立。$R_a(\tau)$ 非零性统计检测算法:对于 $\tau=0,1,\cdots,N+v-1$,定义 τ_p 是使得 $|\hat{R}_a(\tau)|$ 取得最大值的 τ 值,因此

$$\tau_p=\arg\max_{\tau}|\hat{R}_a(\tau)| \tag{5-113}$$

综上所述,对于 AL-OFDM 信号,τ_p 在集合 $\{\tau_0,\tau_0+1,\cdots,\tau_0+L_h-1\}$ 取值。依据 τ_p 在此范围内,可以估计所有可能的峰值位置。考虑集合

$$\Omega_p=\{\tau_p,\tau_p+1,\cdots,\tau_p+L_h-1\}\cup\{\tau_{p1},\tau_{p1}+1,\cdots,\tau_{p1}+L_h-1\}$$
$$\cup\{\tau_{p2},\tau_{p2}+1,\cdots,\tau_{p2}+L_h-1\}$$

式中

$$\tau_{p1}=\mathrm{mod}\left(\tau_p+\frac{N}{2},N+v\right),\tau_{p2}=\mathrm{mod}\left(\tau_p+\frac{N}{2}+v,N+v\right)$$

为了避免统计意义上的峰值,该结论用于统计测试的定义。

当接收的信号是 SM-OFDM 信号(假设 H_0 成立)时,$\hat{R}_a(\tau)=\psi(\tau)$ 是一个近似的复高斯分布,且其均值为 0、方差为 σ^2。因此,归一化互相关方程 $\sqrt{\frac{2}{\sigma^2}}\hat{R}_a(\tau)$ 服从近似的复高斯分布,且均值为 0、方差为 2。因此,定义函数 $F(\tau)$ 为

$$F(\tau)=\frac{2|\hat{R}_a(\tau')|^2}{\frac{1}{N+v-\overline{\overline{\Omega}}_p}\sum\limits_{\tau'\notin\Omega_p}|\hat{R}_a(\tau')|^2} \tag{5-114}$$

式中:$\overline{\overline{\Omega}}_p$ 为集合 Ω_p 基数。

式(5-114)分母是在假设 H_0 条件下 $\hat{R}_a(\tau)$ 方差的估计值,且当 $N\to\infty$ 时,其方差趋近于 σ^2。因此,在假设 H_0 下 $F(\tau)$ 服从一个近似自由度为 2 的 χ^2 分布。定义检测统计量为

$$Y=\max F(\tau),\tau=0,1,\cdots,N+v-1 \tag{5-115}$$

根据预先设定的阈值 η 计算虚警概率 P_{fa},$P_{fa}=P(H_1|H_0)=P(Y\geqslant\eta)$。由于累积分布函数的表达式是一个自由度为 2 的 χ^2 分布,因此有

$$P(Y<\eta)=(1-e^{-\frac{\eta}{2}})^{N+v} \tag{5-116}$$

由于 $P_{fa}=1-P(Y<\eta)$,在给定 P_{fa} 下阈值为

$$\eta=-2\ln(1-(1-P_{fa})^{\frac{1}{N+v}}) \tag{5-117}$$

若 $\Upsilon \geqslant \eta$，则接收信号为 AL－OFDM 信号；否则，为 SM－OFDM 信号。

接收天线数量为 2 时，算法流程如下：

（1）信号预处理：估计 OFDM 块长度 $N+v$。

（2）输入：观察的 K 个接收信号 $\{r^0(k)\}_{k=0}^{k=K-1}$ 和 $\{r^1(k)\}_{k=0}^{k=K-1}$。

（3）估计互相关方程 $R_a(\tau)$，$\tau=0,1,\cdots,N+v-1$。

（4）计算 Υ。

（5）基于目标 P_{fa}，计算阈值 η。

（6）若 $\Upsilon \geqslant \eta$，则接收信号为 AL－OFDM 信号（假设 H_1 下）；否则，接收信号为 SM－OFDM 信号。

3. 当接收天线数大于 2 时的相关方程法

基本思想是结合每一对收发天线信号的互相关方程提高识别特征。

对于第 i 个发射天线和第 j 个接收天线，$\hat{R}_{a,i,j}(\tau)(i=0,1,\cdots,n_{\mathrm{r}}-2;j=i+1,i+2,\cdots,n_{\mathrm{r}}-1)$ 估计值为

$$\hat{R}_{a,i,j}(\tau) = \frac{1}{N_{\mathrm{b}}}\sum_{q=0}^{N_{\mathrm{b}}-1} \boldsymbol{a}_q^{(i,\tau)} \left[\boldsymbol{a}_{q+1}^{(i,\tau)}\right]^{\mathrm{T}} \tag{5-118}$$

对于每一对收发天线，函数 $F_{i,j}(\tau)(\tau=0,1,\cdots,N+v-1)$ 可以表示为

$$F_{i,j}(\tau) = \frac{2\,|\hat{R}_{a,i,j}(\tau')|^2}{\dfrac{1}{N+v-\overline{\Omega}_{\mathrm{p}}}\sum\limits_{\tau'\notin\Omega_{\mathrm{p}}} |\hat{R}_{a,i,j}(\tau')|^2} \tag{5-119}$$

因此，所有收发天线 $F_{i,j}(\tau)$ 合并函数表示为

$$F_{\mathrm{c}}(\tau) = \sum_{i=0}^{n_{\mathrm{r}}-2}\sum_{j=i+1}^{n_{\mathrm{r}}-1} F_{i,j}(\tau) \tag{5-120}$$

相应地，统计测试量定义为

$$\Upsilon = \max F_{\mathrm{c}}(\tau) \tag{5-121}$$

在假设 H_0 下，$F_{i,j}(\tau)$ 服从一个自由度为 2 的近似 χ^2 分布，因此 $F_{\mathrm{c}}(\tau)$ 服从自由度为 $2N_{\mathrm{c}}$ 的 χ^2 分布。给定某个 $P_{\mathrm{fa}}=P(\mathrm{H}_1|\mathrm{H}_0)=P(\Upsilon\geqslant\eta)$，根据累积分布函数服从 χ^2 分布，设定相应的阈值：

$$(1-P_{\mathrm{fa}})^{\frac{1}{N+v}} = \frac{\Upsilon(N_{\mathrm{c}},\eta/2)}{(N_{\mathrm{c}}-1)!} \tag{5-122}$$

式中：$\Upsilon(\cdot)$ 是低阶不完整伽马函数；$N_{\mathrm{c}}=\dfrac{n_{\mathrm{r}}(n_{\mathrm{r}}-1)}{2}$ 为接收天线对的数量。

对于 $n_r>2$，阈值 η 不能表示为一个封闭形式，在此情况下，对于某个给定 P_{fa}，可以采用对分法计算数值。

5.5.2 四阶相关方程法

1. 互相关方程特性

在接收端的 OFDM 块可表示为

$$g_{Ub+u}=[r_{Ub+u}(N-v),\cdots,r_{Ub+u}(N-1)]^{T} \tag{5-123}$$

因此，接收的 OFDM 块可表示为

$$G=[g_0,g_1,\cdots,g_{N_b-1}] \tag{5-124}$$

式中：G 为 $(N+v)\times N_b$ 维矩阵，每一列代表接收的单个 OFDM 块。

接收 OFDM 块在时延为 τ 时四阶矩可表示为

$$m_{g,42}=E\{(g_q^*)^{T}g_{q+\tau}(g_q^*)^{T}g_{q+\tau}\}\triangleq\lim_{N_b\to\infty}\frac{1}{N_b}\sum_{q=0}^{N_b-1}(g_q^*)^{T}g_{q+\tau}(g_q^*)^{T}g_{q+\tau} \tag{5-125}$$

假定数据符号的二阶统计量已知，符号与噪声独立，SM－OFDM 的每列信号是相互独立的，则有

$$m_{g,42}^{SM}=0 \tag{5-126}$$

AL－OFDM、STBC3－OFDM 和 STBC4－OFDM 相应的推导过程如下：

$$m_{g,42}^{AL}=E[(g_q^*)^{T}g_{q+1}(g_q^*)^{T}g_{q+1}] \tag{5-127}$$

当 g_q 与 g_{q+1} 不在同一编码矩阵内时，两者之间没有相关性，当 g_q 与 g_{q+1} 在同一编码矩阵内时，两者之间存在相关性，因此

$$m_{g,42}^{AL}\neq 0 \tag{5-128}$$

先分析发射端 AL－OFDM 的相关性，再延伸到接收端。

发射端 AL－OFDM 块中 z_{2k+0}^{i} 与 $z_{2k+1}^{i'}$ 的关系，且 $i\neq i'$：

$$z_{2k+0}^{0}(n)=\frac{1}{\sqrt{N}}\sum_{n_1=0}^{N-1}c_{2k+0}^{0}(n_1)e^{j2\pi nn_1/N},n=0,1,\cdots,N-1 \tag{5-129}$$

$$z_{2k+0}^{1}(n')=\frac{1}{\sqrt{N}}\sum_{n_1=0}^{N-1}c_{2k+1}^{1}(n_1)e^{j2\pi n'n_1/N},n'=0,1,\cdots,N-1 \tag{5-130}$$

可得

$$c_{2k+1}^{1}(n)=(c_{2k+0}^{0}(n))^{*}$$

则有

$$(z_{2k+1}^{1}(n'))^{*} = \frac{1}{\sqrt{N}}\sum_{n_1=0}^{N-1} c_{2k+0}^{0}(n_1)\mathrm{e}^{\mathrm{j}2\pi n' n_1/N}, n' = 0,1,\cdots,N-1 \tag{5-131}$$

因此,可得到

$$(z_{2k+1}^{1}(n))^{*} = z_{2k+0}^{0}(n'), n' = 0,1,\cdots,N-1, n = 0,1,\cdots,N-1 \tag{5-132}$$

式中:

$$n' - v = \mathrm{mod}(-(n-v), N)$$

同理,可得

$$-(z_{2k+0}^{1}(n))^{*} = z_{2k+1}^{0}(n'), n' = 0,1,\cdots,N-1, n = 0,1,\cdots,N-1 \tag{5-133}$$

以 $N=6$ 和 $v=1$ 为例,$z_{2k+0}^{0}(n)$ 和 $z_{2k+1}^{1}(n')$ 的关系如表 5-3 所列。

表 5-3 $z_{2k+0}^{0}(n)$ 与 $z_{2k+1}^{1}(n')$ 的关系

n	0	1	2	3	4	5	6
$z_{2k+0}^{0}(n)$	$z_{2k+0}^{0}(5)$	$z_{2k+0}^{0}(0)$	$z_{2k+0}^{0}(1)$	$z_{2k+0}^{0}(2)$	$z_{2k+0}^{0}(3)$	$z_{2k+0}^{0}(4)$	$z_{2k+0}^{0}(5)$
$z_{2k+1}^{1}(n)$	$z_{2k+0}^{0*}(1)$	$z_{2k+0}^{0*}(0)$	$z_{2k+0}^{0*}(5)$	$z_{2k+0}^{0*}(4)$	$z_{2k+0}^{0*}(3)$	$z_{2k+0}^{0*}(2)$	$z_{2k+0}^{0*}(1)$

因此,发射端 $m_{\tilde{z},42}^{\mathrm{AL}}$ 的表达式为

$$m_{\tilde{z},42}^{\mathrm{AL}} = \mathrm{E}\{(\tilde{z}_q^{*})^{\mathrm{T}}\tilde{z}_{q+1}(\tilde{z}_q^{*})^{\mathrm{T}}\tilde{z}_{q+1}\} = \frac{1}{2}(N+v)m_{s,40} \tag{5-134}$$

接收端 OFDM 块 $m_{g,42}^{\mathrm{AL}}$ 的表达式为

$$m_{g,42}^{\mathrm{AL}} \approx \frac{1}{2}(N+v)\sum_{l,l'=0}^{p_{\mathrm{a}}}[(h_0(l))^{*}h_1(l') - (h_1(l))^{*}h_0(l')]^{2}m_{s,40} \tag{5-135}$$

式中:$m_{s,40}$ 为调制后符号的四阶矩。

同理,对于 STBC3-OFDM 信号,计算接收 OFDM 块在时延为 2 时发射端 $m_{\tilde{z},42}^{\mathrm{STBC3}}$ 的表达式为

$$m_{\tilde{z},42}^{\mathrm{STBC3}} = \mathrm{E}\{(\tilde{z}_q^{*})^{\mathrm{T}}\tilde{z}_{q+2}(\tilde{z}_q^{*})^{\mathrm{T}}\tilde{z}_{q+2}\} = \frac{1}{2}(N+v)m_{s,40} \tag{5-136}$$

接收端 OFDM 块 $m_{g,42}^{\mathrm{STBC3}}$ 的表达式为

$$m_{g,42}^{\mathrm{STBC3}} \approx \frac{1}{2}(N+v)\sum_{l,l'=0}^{p_a}\left[(h_2(l))^* h_0(l') - (h_0(l))^* h_2(l') - (h_0(l))^* h_3(l')\right]^2 m_{s,40} \tag{5-137}$$

同理,对于 STBC4 - OFDM 信号,计算接收 OFDM 块在时延为 5 时发射端 $m_{\tilde{z},42}^{\mathrm{STBC4}}$ 的表达式为

$$m_{\tilde{z},42}^{\mathrm{STBC4}} = \mathrm{E}\{(\tilde{z}_q^*)^{\mathrm{T}}\tilde{z}_{q+5}(\tilde{z}_q^*)^{\mathrm{T}}\tilde{z}_{q+5}\} = \frac{3}{8}(N+v)m_{s,40} \tag{5-138}$$

接收端 OFDM 块 $m_{g,42}^{\mathrm{STBC4}}$ 的表达式为

$$\begin{aligned} m_{g,42}^{\mathrm{STBC4}} \approx \frac{3}{8}(N+v)\sum_{l,l'=0}^{p_a}\{2[(h_0(l))^* h_0(l') - (h_1(l))^* h_0(l')] \\ + [(h_1(l))^* h_2(l') - (h_2(l))^* h_1(l')]\}^2 m_{s,40} \end{aligned} \tag{5-139}$$

2. 判决准则

不失一般性,在信号处理的实际应用中,假设信号的抽样数为 K,相应的 OFDM 块数量为

$$N_{\mathrm{b}} = \frac{K}{N+v} \tag{5-140}$$

因此,接收的 OFDM 块的四阶矩 $\hat{m}_{g,42}$ 应从有限长度的 OFDM 块估计:

$$\hat{m}_{g,42} \triangleq \lim_{N_{\mathrm{b}}\to\infty}\sum_{q=0}^{N_{\mathrm{b}}-1}(\boldsymbol{g}_q^*)^{\mathrm{T}}\boldsymbol{g}_{q+1}(\boldsymbol{g}_q^*)^{\mathrm{T}}\boldsymbol{g}_{q+1} = m_{g,40} + \varepsilon \tag{5-141}$$

式中:ε 为估计的误差,是一个零均值的随机变量,当 $N_{\mathrm{b}}\to\infty,\varepsilon\to 0,\tau\in\{1,2,5\}$。

STBC - OFDM 信号的识别可以由实验值与理论值的最小欧几里得距离表示:

$$\hat{\lambda} = \arg\min_{\lambda\in\{\mathrm{SM,AL,STBC3,STBC4}\}} d_{\mathrm{c}} = \arg\min(\hat{m}_{g,42} - m_{g,42}^{\lambda}) \tag{5-142}$$

3. 识别流程

(1) 预先估计 OFDM 块的长度($N+v$)。

(2) 截获接收信号 $y(k)$。

(3) 估计时延为 1、2、5 时的接收 OFDM 块的四阶矩 $\hat{m}_{g,42}$。

(4) 当时延为 5 时,只有 STBC4 - OFDM 信号的四阶矩不为零,可以区分 STBC4 - OFDM 信号;当时延为 2 时,只有 STBC3 - OFDM 信号的四阶矩不为零,可以区分 STBC3 - OFDM 信号;当时延为 1 时,只有 AL - OFDM 信号的四阶矩不为零,可以区分 AL - OFDM 信号。判断非零性方法:计算待识别信号四阶

矩的估计值与 0 的欧几里得距离，距离大的判定为待识别信号，否则为其他信号。

算法流程图如图 5－26 所示。

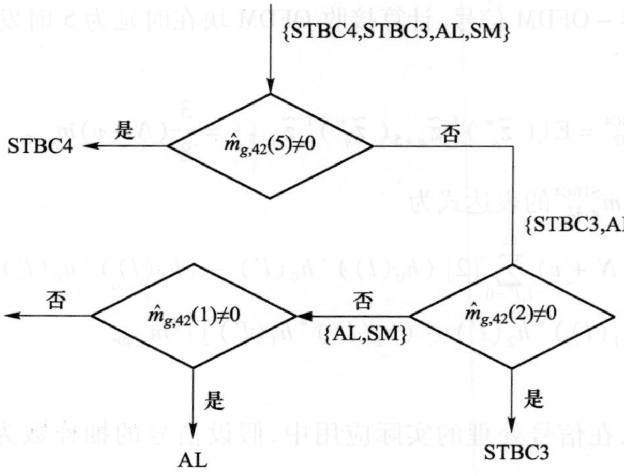

图 5－26　算法流程图

5.5.3　实验验证

以四阶相关方程法为例验证算法性能。

1. 初始条件及算法性能

算法性能由 1000 次蒙特卡罗仿真验证，每次的蒙特卡罗仿真实验条件：采用频率选择性瑞利衰落信道，它的概率分布函数服从指数模型，将每一个信道抽头建模为独立复高斯随机变量，其功率服从指数的概率分布函数，最大路径数 $p_a=4$。零均值加性高斯白噪声，且 $\mathrm{SNR}=10\lg\left(\dfrac{n_t}{\sigma_w^2}\right)$，信号采用 QPSK 调制，OFDM 信号采用 IEEE 802.11e 标准，OFDM 信号子载波数量 $N=256$，循环前缀长度 $v=N/4$，接收天线数量 $n_r=1$，接收的 OFDM 块数量 $N_b=1000$，时间同步且频率无偏差。

所提出算法的性能如图 5－27 所示。由图 5－27 可见，该算法在 SNR＝－2dB条件下，平均正确识别概率 $P_c\approx 1$，说明该算法适合低信噪比环境；比较了 OFDM 子载波数量 N 为 128、256、512、1024 条件下平均正确识别概率 P_c 的变化。由图 5－27 可见，算法随着 OFDM 子载波数量 N 的提高，性能也逐步提高。原因是 OFDM 子载波数量 N 提高，$m_{g,42}^{\mathrm{AL}}$ 显著增大，$m_{g,42}^{\mathrm{AL}}$ 与 0 的欧几里得距离更大，因此算法的性能提高。

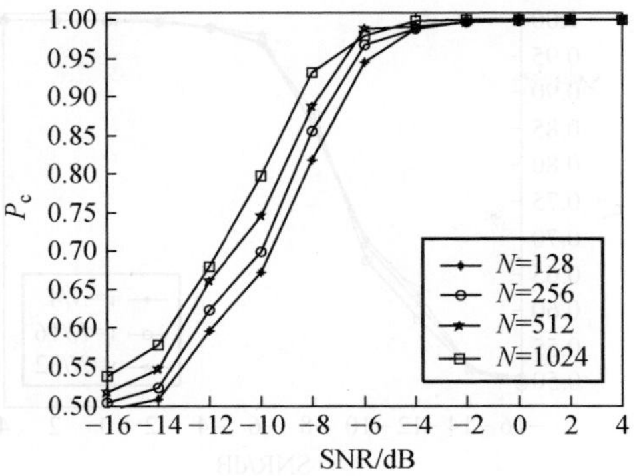

图 5-27 P_c 与 OFDM 子载波数量的关系

2. OFDM 块数量 N_b 的影响

平均正确识别概率 P_c 与 OFDM 块数量的关系如图 5-28 所示。在仿真时，N_b 为 500、1000、2000、3000。由图 5-28 可见，算法随着 OFDM 块数量 N_b 的增大，性能提高。原因是 N_b 越大，四阶矩的估计值误差越小，因此识别的性能更优。

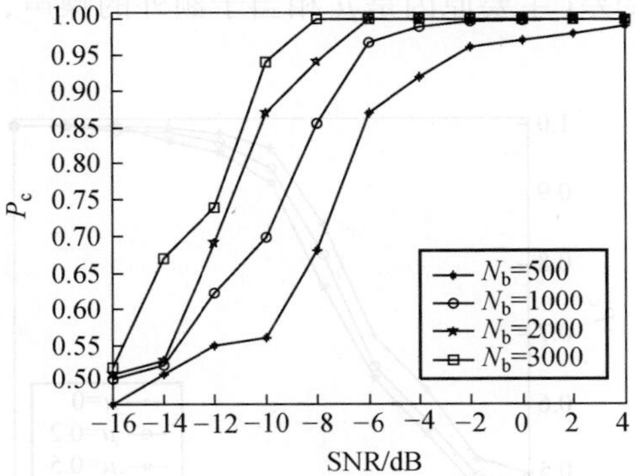

图 5-28 P_c 与 OFDM 块数量的关系

3. 循环前缀长度 v 的影响

平均正确识别概率 P_c 与循环前缀长度 v 的关系如图 5-29 所示。在仿真时，v 为 $N/4$、$N/16$、$N/32$。由图 5-29 可见，算法的性能随循环前缀长度 v 变化不大。主要原因是在式(5-135)、式(5-137)和式(5-139)中 $m_{g,42}$ 随着 v 的增大其值变化不明显，$m_{g,42}$ 与 0 的欧几里得距离变化不大。而 $m_{g,42}$ 随着 N 的增大其值变化更明显，这点在图 5-29 中可以体现。

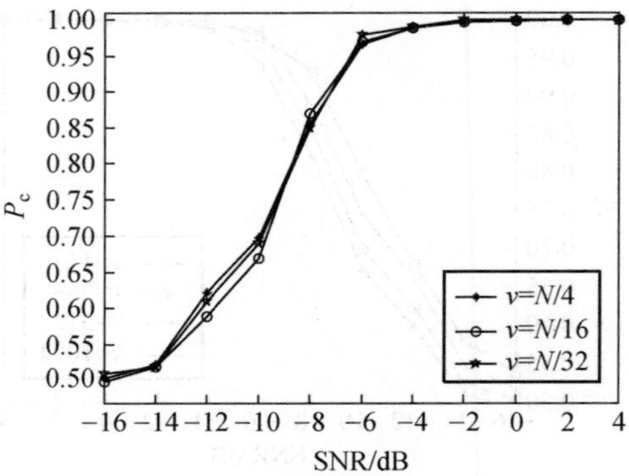

图 5-29 平均识别概率与循环前缀的关系

4. 时间同步偏差的影响

在前面的研究中,假定不存在时间同步偏差。本节讨论算法在存在时间同步偏差时的算法性能。对于矩形脉冲,当存在时间同步误差μ时,μ经过匹配滤波之后转换为等效的两条路径信道$[1-\mu,\mu]$,这里μ分别取0、0.2、0.5。

由图5-30可见:在高信噪比下,算法性能不受μ的影响;在低信噪比下,算法性能稍微变差(主要原因是μ相当于额外的噪声,对$m_{g,42}$的估计值产生干扰)。

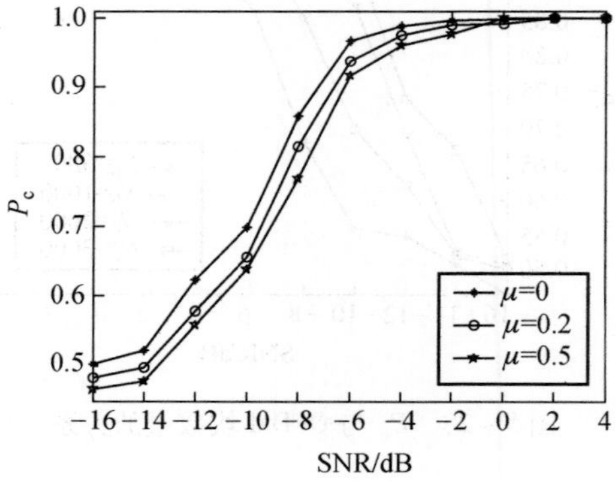

图 5-30 平均识别概率与时间同步偏差的关系

第6章

STBC信号的调制识别

6.1 基于最大似然法

最大似然法能够提供识别性能的上界，但其需要信道信息、噪声功率等先验信息，因此不适合应用在非合作通信场合。

6.1.1 系统模型

在正交 STBC 系统中，由星座 M（假设其具有 M 个状态）调制后的每 N 个符号被分成一组，记为$\boldsymbol{s}_v=[s_1,s_2,\cdots,s_n]^{\mathrm{T}}$。向量$\boldsymbol{s}_v$ 被编码为一个 $n_{\mathrm{t}}\times L$（n_{t} 为发射天线数量，L 为分组长度）维复矩阵：

$$\boldsymbol{C}(\boldsymbol{s}_v)=\sum_{k=1}^{N}(\boldsymbol{A}_k\mathrm{Re}(\boldsymbol{s}_k)+\boldsymbol{B}_k\mathrm{Im}(\boldsymbol{s}_k)) \tag{6-1}$$

且满足

$$\boldsymbol{C}(\boldsymbol{s}_v)\boldsymbol{C}^{\mathrm{H}}(\boldsymbol{s}_v)=\|\boldsymbol{s}_v\|^2 I_{n_{\mathrm{t}}} \tag{6-2}$$

其中：$\boldsymbol{A}_k$、$\boldsymbol{B}_k$ 均为 $n_{\mathrm{t}}\times L$ 维的空时编码矩阵；$\mathrm{Re}(\boldsymbol{s}_k)$、$\mathrm{Im}(\boldsymbol{s}_k)$ 分别表示取变量的实部和虚部。

多输入单输出的空时分组码系统的信号模型为

$$\boldsymbol{y}_v=\boldsymbol{h}\boldsymbol{C}(\boldsymbol{s}_k)+\boldsymbol{n}_v \tag{6-3}$$

式中：$\boldsymbol{y}_v$ 为第 v 个组接收到的信号；$\boldsymbol{h}$ 为信道传输向量，假设信道环境为频率平坦衰落瑞利信道；$\boldsymbol{n}_v$ 为每个分组的加性高斯白噪声，其在时间和空间上是不相关的。传输符号的功率假定是经过归一化的，即 $\mathrm{E}(|\boldsymbol{s}_v|^2)=1$。

6.1.2 基于最大似然的调制分类器

将$\boldsymbol{y}_v$ 的实部和虚部拼接为一个向量 $\bar{\boldsymbol{y}}$：

$$\bar{\boldsymbol{y}}=\begin{bmatrix}\mathrm{vec}(\mathrm{Re}(\boldsymbol{y}_v^{\mathrm{T}}))\\ \mathrm{vec}(\mathrm{Im}(\boldsymbol{y}_v^{\mathrm{T}}))\end{bmatrix}=\boldsymbol{A}(\boldsymbol{h})\bar{\boldsymbol{s}}+\bar{\boldsymbol{n}} \tag{6-4}$$

式中：vec(·)表示向量化；$\boldsymbol{A}(\boldsymbol{h})$为$2L\times 2N$维虚拟信道矩阵，且有

$$\boldsymbol{A}(\boldsymbol{h})=\begin{bmatrix}\mathrm{vec}(\mathrm{Re}\,(\boldsymbol{h}\boldsymbol{A}_1)^{\mathrm{T}}) & \cdots & \mathrm{vec}(\mathrm{Re}\,(\boldsymbol{h}\boldsymbol{A}_n)^{\mathrm{T}}) & \mathrm{vec}(\mathrm{Re}\,(\boldsymbol{h}\boldsymbol{B}_1)^{\mathrm{T}}) & \cdots & \mathrm{vec}(\mathrm{Re}\,(\boldsymbol{h}\boldsymbol{B}_n)^{\mathrm{T}})\\ \mathrm{vec}(\mathrm{Im}\,(\boldsymbol{h}\boldsymbol{A}_1)^{\mathrm{T}}) & \cdots & \mathrm{vec}(\mathrm{Im}\,(\boldsymbol{h}\boldsymbol{A}_n)^{\mathrm{T}}) & \mathrm{vec}(\mathrm{Im}\,(\boldsymbol{h}\boldsymbol{B}_1)^{\mathrm{T}}) & \cdots & \mathrm{vec}(\mathrm{Im}\,(\boldsymbol{h}\boldsymbol{B}_n)^{\mathrm{T}})\end{bmatrix} \tag{6-5}$$

$$\bar{\boldsymbol{s}}=[\,\mathrm{Re}(\boldsymbol{s}_1)\quad\cdots\quad\mathrm{Re}(\boldsymbol{s}_n)\quad\mathrm{Im}(\boldsymbol{s}_1)\quad\cdots\quad\mathrm{Im}(\boldsymbol{s}_n)\,] \tag{6-6}$$

$$\bar{\boldsymbol{n}}=\begin{bmatrix}\mathrm{vec}(\,\mathrm{Re}(\boldsymbol{n}_v^{\mathrm{T}})\,)\\ \mathrm{vec}(\,\mathrm{Im}(\boldsymbol{n}_v^{\mathrm{T}})\,)\end{bmatrix} \tag{6-7}$$

根据单个接收天线的系统模型，最大似然的调制识别类型可以表示为

$$M=\arg\max_{M\in\Theta}\sum_{k=1}^{N_{\mathrm{b}}}\lg[\,\Lambda(\,\bar{y}(k)\mid M)\,] \tag{6-8}$$

其中：$\Lambda(\bar{y}(k)\mid M)$表示以$M$为条件的似然函数；$\bar{y}(k)$表示随机向量$\bar{\boldsymbol{y}}$的第$k$个样本；$\Theta$表示由调制类型组成的集合；$N_{\mathrm{b}}$表示接收到的分组数。

不失一般性，假定随机向量$\boldsymbol{s}$的各分量独立并且服从均匀分布，则其概率密度函数$f(s(k))=1/m^n$，其中m表示调制类型M的状态数。又由于$\bar{\boldsymbol{n}}$服从高斯分布，因此

$$\hat{M}=\arg\max_{M\in\Theta}\left[-N_{\mathrm{b}}\lg(m^n\,(\pi\sigma^2)^{n_{\mathrm{r}}L})+\sum_{k=1}^{N_{\mathrm{b}}}\lg\left(\sum_{s(k)\in M^n}\exp(\,\|\boldsymbol{y}(k)-\boldsymbol{A}(\boldsymbol{h})\underline{\boldsymbol{s}}(k)\|_{\mathrm{F}}^2/\sigma^2)\right)\right] \tag{6-9}$$

式中：σ^2为噪声平均功率。

在实际场景中，信道信息往往是未知的。这里先利用正交空时分组码的特性用二阶统计量的方法来预估信道，具体方法如下：

（1）如果$\boldsymbol{\Phi}^{\mathrm{T}}(I_{2K}\otimes\boldsymbol{R})\boldsymbol{\Phi}$的主特征值是$m$（$m$取值由具体的正交空时分组码决定）重的，那么$\hat{\boldsymbol{h}}=\boldsymbol{U}\boldsymbol{w}$，其中$4nL\times n_t$维矩阵$\boldsymbol{\Phi}$为$\boldsymbol{h}$与vec($\boldsymbol{A}(\boldsymbol{h})$)之间的过渡矩阵，第$k$列构造方式为vec($\boldsymbol{A}(\boldsymbol{e}_k)$)，$\boldsymbol{e}_k$为第$k$个元素为1、其余元素为零的$2n_{\mathrm{t}}$维行向量，$\boldsymbol{R}$为接收数据按式(6-4)重排后的自相关矩阵，$\boldsymbol{U}$为主分量特征向量张成的空间，$\boldsymbol{w}=[\,w_1,w_2,\cdots,w_m\,]$为待估计实向量。此时，$\hat{\boldsymbol{s}}=\boldsymbol{A}^{\mathrm{T}}(\hat{\boldsymbol{h}})\underline{\boldsymbol{y}}/\|\hat{\boldsymbol{h}}\|_{\mathrm{F}}^2$，$\hat{\boldsymbol{s}}=[\,\boldsymbol{I}_n\quad \mathrm{j}\boldsymbol{I}_n\,]\underline{\boldsymbol{s}}$。

（2）通过最大化估计出来的源信号峭度的绝对值求解。

由于大多数数字调制（PAM、PSK、QAM）的峭度为负值，因此最大化估计出来的源信号峭度的绝对值等价于最小化估计出来的源信号峭度。而$\hat{\boldsymbol{s}}$由$\boldsymbol{w}$决定，所以最小化$\hat{\boldsymbol{s}}$峭度就等价于

$$\hat{w}:\begin{cases}\min J(w) = \sum_{k=1}^{n}[\mathrm{E}(|\hat{s}_k|^4) - 2\mathrm{E}(|\hat{s}_k|^2) - \mathrm{E}(\hat{s}_k^2)\mathrm{E}(\hat{s}_k^{*2})] \\ \text{s. t. } \boldsymbol{w}\boldsymbol{w}^{\mathrm{H}} = 1\end{cases} \tag{6-10}$$

采用经典的梯度下降法优化式(6-10),其中:

$$\begin{aligned}T_w &= \frac{\mathrm{d}J(w)}{\mathrm{d}w} \\ &= \sum_{p=1}^{m}\sum_{k=1}^{n}\boldsymbol{e}_p^{(m)}\{2\mathrm{E}[|\hat{\boldsymbol{s}}_k^v|(\hat{\boldsymbol{s}}_k^v\boldsymbol{q}_{pk}^{(2)} + \hat{\boldsymbol{s}}_k^{(v)*}\boldsymbol{q}_{pk}^1)\underline{\boldsymbol{y}}] \\ &\quad - 4\mathrm{E}(|\hat{\boldsymbol{s}}_k^v|^2)\mathrm{E}[(\hat{\boldsymbol{s}}_k^v\boldsymbol{q}_{pk}^{(2)} + \hat{\boldsymbol{s}}_k^{(v)*}\boldsymbol{q}_{pk}^1)\underline{\boldsymbol{y}}] \\ &\quad - 2[\mathrm{E}(\hat{\boldsymbol{s}}_k^{(v)2})\mathrm{E}(\hat{\boldsymbol{s}}_k^{(v)*}\boldsymbol{q}_{pk}^{(2)}\underline{\boldsymbol{y}}) + \mathrm{E}(\hat{\boldsymbol{s}}_k^{(v)*2})\mathrm{E}(\hat{\boldsymbol{s}}_k^{(v)*}\boldsymbol{q}_{pk}^1\underline{\boldsymbol{y}})]\}\end{aligned} \tag{6-11}$$

式中

$$\boldsymbol{q}_{pk}^1 = [\boldsymbol{e}_k^{(n)} \quad \mathrm{j}\boldsymbol{e}_k^{(n)}]\boldsymbol{A}^{\mathrm{T}}(\boldsymbol{U}\boldsymbol{e}_p^{(m)}), \boldsymbol{q}_{pk}^{(2)} = [\boldsymbol{e}_k^{(n)} \quad -\mathrm{j}\boldsymbol{e}_k^{(n)}]\boldsymbol{A}^{\mathrm{T}}(\boldsymbol{U}\boldsymbol{e}_p^{(m)})$$

其中:$\boldsymbol{e}_p^{(m)}$ 为第 p 个元素为1、其余元素为0的 m 维列向量。

之所以在计算梯度时忽略 $1/\|\hat{h}\|_{\mathrm{F}}^2$,是因为考虑信源功率归一化的假设。这样用估计的信道 $\hat{\boldsymbol{h}} = U\hat{\boldsymbol{w}}$ 解码得到的源信号估计为

$$\hat{s} = [\boldsymbol{I}_n \quad \mathrm{j}\boldsymbol{I}_n]\boldsymbol{A}^{\mathrm{T}}(\hat{h})\underline{\boldsymbol{y}} \tag{6-12}$$

在无噪声条件下,估计源信号和真实源信号有一个置换、幅度、相位的模糊,即

$$\hat{s} = \partial \boldsymbol{D}\boldsymbol{P}s \tag{6-13}$$

式中:$\boldsymbol{D}$ 为对角矩阵,其对角线上元素均为 $\mathrm{e}^{\mathrm{j}\theta_1}, \mathrm{e}^{\mathrm{j}\theta_2}, \cdots, \mathrm{e}^{\mathrm{j}\theta_n}$;$\boldsymbol{P}$ 为交换矩阵。

(3)幅度和相位的部分校正:由于传输符号的功率是经过归一化的,即 $\mathrm{E}[|\boldsymbol{s}|^2] = 1$,因此 $\alpha = \sqrt{\mathrm{E}|\boldsymbol{s}|^2}$。若不是归一化的符号,则 $\alpha = \sqrt{\mathrm{E}|\hat{\boldsymbol{s}}|^2/\mathrm{E}(|\boldsymbol{s}|^2)}$。消除式(6-13)中每个分量的相位旋转模糊 $\theta_i(i=0, 1, \cdots, n)$[4-7],估计算法为

$$\hat{\theta}_i = \frac{1}{q}\phi[\mathrm{E}(s_i^*)\sum_{k=0}^{N-4}(s_i^k(k))^q] \tag{6-14}$$

式中:$\phi(\cdot)$表示取一个复数的相位角;系数 q 与调制类型有关,对于PAM调制,星座的旋转对称角度为 π,$q=2$,对于 MPSK调制,$q=m$,对于正方形或矩形

MQAM 调制，$q=4$。

定义 $\hat{\boldsymbol{D}}$ 为对角矩阵，其对角线上元素为 $e^{j\theta_1},e^{j\theta_2},\cdots,e^{j\theta_n}$，$\hat{\boldsymbol{D}}_q$ 为对角矩阵，其对角线上元素为 $e^{j2\pi\rho_1/q},e^{j2\pi\rho_2/q},\cdots,e^{j2\pi\rho_n/q}$，则 $\boldsymbol{D}=\hat{\boldsymbol{D}}\hat{\boldsymbol{D}}_q$。其中：$\hat{\boldsymbol{D}}_q$ 为剩余的相位模糊；$\rho_1,\rho_2,\cdots,\rho_n$ 均为整数，取值范围为 $[-(m-1),(m-1)]$，m 为调制类型 M 的状态数。

接下来证明似然函数对剩余相位模糊并不敏感。由式(6-13)可得

$$\begin{aligned}&[\boldsymbol{I}_n\quad \mathrm{j}\boldsymbol{I}_n]\boldsymbol{A}^{\mathrm{T}}(h)\underline{\boldsymbol{y}}=\partial\,\boldsymbol{DP}[\boldsymbol{I}_n\quad \mathrm{j}\boldsymbol{I}_n]\boldsymbol{A}^{\mathrm{T}}(h)\underline{\boldsymbol{y}}=\\&[\boldsymbol{I}_n\quad \mathrm{j}\boldsymbol{I}_n]\begin{bmatrix}\partial\mathrm{Re}(\hat{\boldsymbol{D}}\hat{\boldsymbol{D}}_q)\boldsymbol{P} & -\partial\mathrm{Im}(\hat{\boldsymbol{D}}\hat{\boldsymbol{D}}_q)\boldsymbol{P}\\ \partial\mathrm{Im}(\hat{\boldsymbol{D}}\hat{\boldsymbol{D}}_q)\boldsymbol{P} & \partial\mathrm{Re}(\hat{\boldsymbol{D}}\hat{\boldsymbol{D}}_q)\boldsymbol{P}\end{bmatrix}\boldsymbol{A}^{\mathrm{T}}(h)\underline{\boldsymbol{y}}\end{aligned}\tag{6-15}$$

所以

$$\boldsymbol{A}^{\mathrm{T}}(h)=\boldsymbol{A}^{\mathrm{T}}(h)\begin{bmatrix}\partial\mathrm{Re}(\hat{\boldsymbol{D}}\hat{\boldsymbol{D}}_q)\boldsymbol{P} & -\partial\mathrm{Im}(\hat{\boldsymbol{D}}\hat{\boldsymbol{D}}_q)\boldsymbol{P}\\ \partial\mathrm{Im}(\hat{\boldsymbol{D}}\hat{\boldsymbol{D}}_q)\boldsymbol{P} & \partial\mathrm{Re}(\hat{\boldsymbol{D}}\hat{\boldsymbol{D}}_q)\boldsymbol{P}\end{bmatrix}\tag{6-16}$$

似然函数可以表示为

$$\begin{aligned}\hat{M}=\arg\max_{M\in\Theta}\Big\{&-N_{\mathrm{b}}\lg(m^n(\pi\sigma^2)^{n_{\mathrm{r}}L})\\&+\sum_{k=1}^{N_{\mathrm{b}}}\lg\Big(\sum_{s(k)\in M^n}\exp[\|\boldsymbol{y}(k)-\boldsymbol{A}(\hat{\boldsymbol{h}})\overline{\boldsymbol{D}}\underline{\boldsymbol{s}}(k)\|_{\mathrm{F}}^2/\sigma^2]\Big)\Big\}\end{aligned}\tag{6-17}$$

又由于

$$\begin{aligned}&\sum_{s(k)}\exp[\|\boldsymbol{y}(k)-\boldsymbol{A}(\hat{\boldsymbol{h}})\overline{\boldsymbol{D}}\underline{\boldsymbol{s}}(k)\|_{\mathrm{F}}^2/\sigma^2]\\&=\sum_{s(k)}\exp[\|\boldsymbol{y}(k)-\boldsymbol{A}(\hat{\boldsymbol{h}})\overline{\boldsymbol{D}}_1\underline{\boldsymbol{s}}(k)\|_{\mathrm{F}}^2/\sigma^2],s(k)\in M^n\end{aligned}\tag{6-18}$$

式中：$\overline{\boldsymbol{D}}$ 和 $\overline{\boldsymbol{D}}_1$ 为

$$\overline{\boldsymbol{D}}=\frac{1}{\partial}\begin{bmatrix}\partial\{\mathrm{Re}(\hat{\boldsymbol{D}}\hat{\boldsymbol{D}}_q)\boldsymbol{P}\}^{\mathrm{T}} & -\partial\{\mathrm{Im}(\hat{\boldsymbol{D}}\hat{\boldsymbol{D}}_q)\boldsymbol{P}\}^{\mathrm{T}}\\ -\partial\{\mathrm{Im}(\hat{\boldsymbol{D}}\hat{\boldsymbol{D}}_q)\boldsymbol{P}\}^{\mathrm{T}} & \partial\{\mathrm{Re}(\hat{\boldsymbol{D}}\hat{\boldsymbol{D}}_q)\boldsymbol{P}\}^{\mathrm{T}}\end{bmatrix}^{-1}\tag{6-19}$$

$$\overline{\boldsymbol{D}}_1=\frac{1}{\partial}\begin{bmatrix}\mathrm{Re}(\hat{\boldsymbol{D}}) & \mathrm{Im}(\hat{\boldsymbol{D}})\\ -\mathrm{Im}(\hat{\boldsymbol{D}}) & \mathrm{Re}(\hat{\boldsymbol{D}})\end{bmatrix}^{-1}\tag{6-20}$$

因此，似然函数可以进一步简化为

$$\hat{M}=\arg\max_{M\in\Theta}\Big\{-N_{\mathrm{b}}\lg(m^n(\pi\sigma^2)^{n_{\mathrm{r}}L})$$

$$+\sum_{k=1}^{N_b}\lg\left(\sum_{s(k)\in M^n}\exp\left[\ \|\boldsymbol{y}(k)-\boldsymbol{A}(\hat{\boldsymbol{h}})\overline{\boldsymbol{D}}_1\underline{\boldsymbol{s}}(k)\|_F^2/\sigma^2\right]\right)\Bigg\} \tag{6-21}$$

因此,似然函数对剩余的相位模糊不敏感。

6.2 基于四阶累积量的STBC信号调制识别方法

先研究STBC信号的调制识别问题,再延伸到STBC－OFDM信号。选择四阶累积量作为识别算法的分析工具,主要是由于6.1节算法需要估计信道系数,在非合作场合不再适用,因此选择四阶累积量作为分析工具,利用不同STBC信号的四阶累积量的特征参数不同达到识别STBC信号类型的目的。

6.2.1 定义

四阶累积量定义以下两种形式:

$$C_{40}=\mathrm{cum}(y(n),y(n),y(n),y(n)) \tag{6-22}$$

$$C_{42}=\mathrm{cum}(y(n),y(n),y^*(n),y^*(n)) \tag{6-23}$$

6.2.2 估计值

在信号处理的实际应用中,信号的四阶累积量需要从有限长度的接收信号中估计。假定$y(n)$是零均值,则四阶累积量可以表示为

$$\hat{C}_{40}=\frac{1}{K}\sum_{n=1}^{K}y^4(n)-3\hat{C}_{20}^2 \tag{6-24}$$

$$\hat{C}_{42}=\frac{1}{K}\sum_{n=1}^{K}|y(n)|^4-|\hat{C}_{20}|-2\hat{C}_{21}^2 \tag{6-25}$$

6.2.3 四阶累积量理论值和方差推导

空时分组码系统中不同星座的信号,由式(6－22)和式(6－23)可以计算四阶累积量的理论值。假定所有星座符号是等概率发送的,理论值是无噪声的星座符号的总体平均值。对于QAM和PSK星座,$C_{20}=0$,C_{21}是信号能量。计算方差分以下两种情况讨论:

(1) 在C_{21}已知的条件下,累积量的估计是无偏估计,因此

$$\mathrm{E}[\hat{C}_{40}]=C_{40} \tag{6-26}$$

$$\mathrm{E}[\hat{C}_{42}]=C_{42} \tag{6-27}$$

$$\mathrm{var}[\hat{C}_{40}]=\frac{1}{K}(M_{84}-|M_{40}|^2) \tag{6-28}$$

$$\mathrm{var}[\hat{C}_{42}]=\frac{1}{K}(M_{84}-|M_{42}|^2) \tag{6-29}$$

（2）在 C_{21} 未知的条件下，对累积量的估计是有偏估计，因此

$$\mathrm{var}[\hat{C}_{40}]=\frac{1}{K}(M_{84}-|M_{40}|^2) \tag{6-30}$$

$$\mathrm{var}[\hat{C}_{42}]=\mathrm{var}[\hat{M}_{42}]+4\mathrm{var}[\hat{M}_{21}]-4\mathrm{cov}[\hat{M}_{42},\hat{M}_{21}] \tag{6-31}$$

$$\mathrm{var}[\hat{M}_{42}]=\frac{1}{K}(M_{84}-M_{42}^2) \tag{6-32}$$

$$\mathrm{E}(M_{21}^2)=\frac{1}{K^4}\sum_{m}^{K}\sum_{n}^{K}\sum_{k}^{K}\sum_{i}^{K}\mathrm{E}\,|y(m)y(n)y(k)y(i)|^2 \tag{6-33}$$

由于在 $m\neq n\neq k\neq i$ 产生一个 $O(K)$ 项，$m\neq n\neq k\neq i$ 再产生一个 $O(1/K)$ 项，余下的项是 $O(1/K^2)$ 和 $O(1/K^3)$，可以省略。因此 $\mathrm{var}[\hat{M}_{21}]$ 可表示为

$$\begin{aligned}\mathrm{var}[\hat{M}_{21}^2]=&\frac{(K-1)(K-2)(K-3)}{K^3}M_{21}^4\\&+\frac{6(K-1)(K-2)}{K^3}M_{21}^2M_{42}-\left(M_{21}^2+\frac{\alpha}{k}\right)^2+O(1/K^2)\end{aligned} \tag{6-34}$$

$$\begin{aligned}\mathrm{cov}[\hat{M}_{42},\hat{M}_{21}]&=\frac{1}{K^2}\sum_{m=1}^{K}\sum_{k=1}^{K}\sum_{i=1}^{K}\mathrm{E}\,|y(m)y(k)y(i)|^2-\mathrm{E}[\hat{M}_{42}]\mathrm{E}[\hat{M}_{21}^2]\\&\approx M_{42}M_{21}^2+\frac{1}{K}[2M_{63}M_{21}+M_{42}^2]-M_{42}[M_{21}^2+\frac{1}{K}(M_{42}-M_{21}^2)]\\&=\frac{M_{21}}{K}[2M_{63}+M_{42}M_{21}]\end{aligned} \tag{6-35}$$

将式(6-32)~式(6-35)代入式(6-31)，可得

$$K\,\mathrm{var}[\hat{C}_{42}]\approx[M_{84}-M_{42}^2]+4M_{21}[3M_{42}M_{21}-2M_{63}+2M_{21}^3] \tag{6-36}$$

空时分组码系统中，不同星座符号的理论值和方差见表6-1。

表6-1 不同星座符号四阶累积量的理论值和方差

星座	C_{40}	C_{42}	var[C_{40}]	var[C_{42}]
BPSK	-4	-4	0.0005	0.00015
QPSK	-2	-2	0.0006	0.00017
8PSK	0	-2	0.0005	0.00013
16QAM	-0.92	-1.36	0.0004	0.00019

6.2.4 阈值的求法

考虑统计量 T,在 H_0 下均值为 μ_0、方差为 σ_0^2,在 H_1 下均值为 μ_1、方差为 σ_1^2,一般假定 $\sigma_0^2<\sigma_1^2$ 和先验概率相等,使似然比检测达到最小错误概率的临界值为假设检验的阈值:

$$H_0: T\in[a-b,a+b] \tag{6-37}$$

$$H_1: T\notin[a-b,a+b] \tag{6-38}$$

式中

$$a=\left(\frac{\mu_0}{\sigma_0^2}-\frac{\mu_1}{\sigma_1^2}\right)\frac{\sigma_0^2\sigma_1^2}{\sigma_1^2-\sigma_0^2} \tag{6-39}$$

$$b^2=\frac{\sigma_0^2\sigma_1^2}{\sigma_1^2-\sigma_0^2}\left[\ln\frac{\sigma_1^2}{\sigma_0^2}+\frac{(a_1-a_2)^2}{\sigma_1^2-\sigma_0^2}\right] \tag{6-40}$$

若 $\sigma_0^2=\sigma_1^2$,阈值可以表示为

$$\xi=(\mu_0+\mu_1)/2 \tag{6-41}$$

6.2.5 联合检测算法

由表6-1可见,C_{42}的方差比 C_{40}的方差小,因此 C_{42}更适合作为统计量。但是,由于8PSK和QPSK的 C_{42}理论值相同,因而 C_{42}无法区分两者。而8PSK的 C_{40}理论值为零,所以可以采用 C_{42}和 C_{40}联合检测。以 $\Omega=\{$BPSK,QPSK,8PSK,16QAM$\}$为研究对象,对于 $|C_{42}|$,定义统计量为 T,均值为 μ_i、($\mu_1<\mu_2<\mu_3<\mu_4$)方差为 σ^2。由表6-1可见,$|C_{42}|$和 $|C_{40}|$的方差基本相等,由式(6-41)可得

$$C_{42}>3\Rightarrow \text{BPSK} \tag{6-42}$$

$$1.68<|\hat{C}_{42}|<3\Rightarrow \text{QPSK} \tag{6-43}$$

$$|\hat{C}_{42}|<1.68\Rightarrow \text{16QAM} \tag{6-44}$$

$$|\hat{C}_{40}| < 0.46 \Rightarrow 8\text{PSK} \tag{6-45}$$

由$|\hat{C}_{40}|$的取值范围识别 8PSK，再由$|\hat{C}_{42}|$的取值范围识别其余三种调制方式。

6.2.6 实验验证

1. 仿真条件设定

在没有特别说明的情况下，发射数据的样本数 $K=1024$，采用 AL 码，噪声设置为均值为 0、方差为 σ_w^2 的高斯白噪声，$\text{SNR}=10\lg\left(\dfrac{n_t}{\sigma_w^2}\right)$。经过 1000 次蒙特卡罗仿真，采用平均识别概率和正确识别概率 $P(\lambda|\lambda)$，$\lambda\in\Omega$ 衡量仿真结果。

2. 识别不同调制方式

在 $h(n)=\delta(n)$，没有频偏和相位抖动且噪声为零均值的复高斯理想条件下，BPSK、QPSK、8PSK 和 16QAM 正确识别概率曲线如图 6-1 所示。由图 6-1 可以看出，BPSK、QPSK、8PSK 和 16QAM 的识别概率随着信噪比增大而增大。这是由于在低信噪比下，噪声会对四阶累积量的估计值产生较大的误差，从而影响算法的性能。

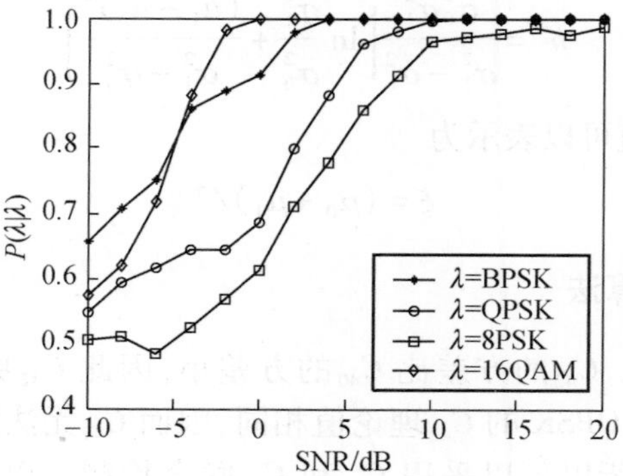

图 6-1 不同调制方式的正确识别概率 $P(\lambda|\lambda)$

3. 相位抖动和频率偏差

在识别不同调制方式的基础上，引入相位抖动 θ，相位抖动设为均匀分布在 $\left[-\dfrac{\pi}{2},\dfrac{\pi}{2}\right]$ 内的随机变量，以及考虑频率偏差 f_e 对算法的影响，频率偏差设为均

匀分布在$\left[-\frac{15}{N},\frac{15}{N}\right]$内的随机变量,其中 N 为抽样的数量。相位抖动和频率偏差对平均识别概率 P_c 的影响如图6-2所示。由图6-2可以看出,在该范围内的相位抖动和频率偏差内基本不影响算法的性能,说明算法对相位抖动和频率偏差是稳健的。原因是本节算法采用的是 $|C_{42}|$,相位抖动和频率偏差并不会改变它的模,因此基本不会影响算法的性能。

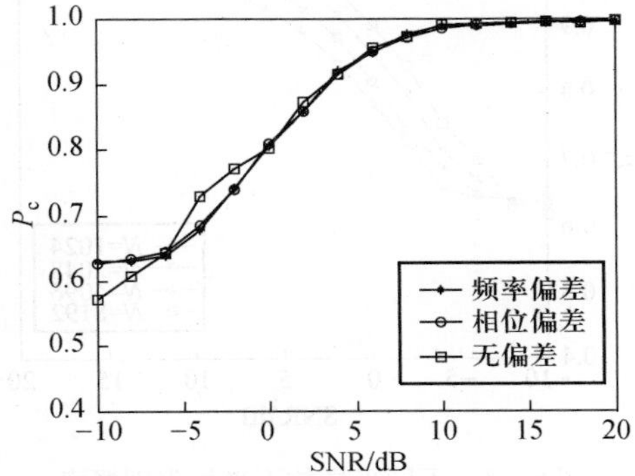

图6-2 相位抖动和频率偏差对平均正确识别概率 P_c 的影响

4. 在频率平坦的Nakagami-m信道下算法的性能

在实际的无线环境测试中,Nakagami分布提供了更好的与实际测试的匹配度。本节验证该算法在频率平坦的Nakagami-m信道的性能,并且比较不同 m 下算法的性能。仿真结果如图6-3所示。算法只能在 $m\geqslant2$ 时适用,平均识别概率随着 m 值的增大而增大,主要是因为较好的信道条件增大了 $\hat{C}_{42,v}$ 之间的距离,有利于调制方式的识别。

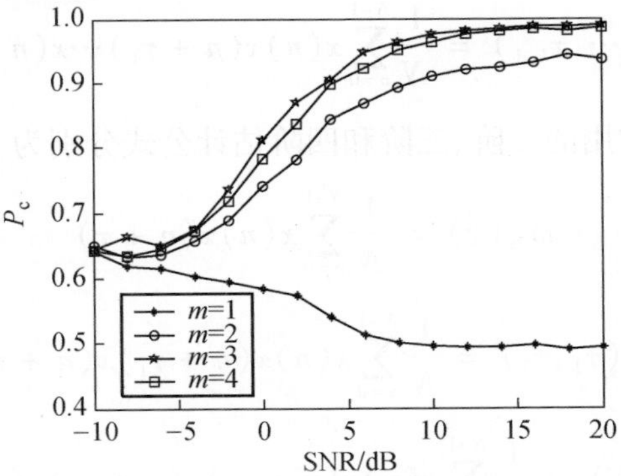

图6-3 不同Nakagami-m信道平均正确识别概率 P_c

5. 采样数 N 对算法的影响

在信道为频率平坦的 Nakagami $-m$ 信道且 $m=3$，采样数 N 为 1024、2048、4096、8192 时，平均识别概率的变化如图 6－4 所示。算法的平均识别概率在采样数为 8192 时效果最理想。原因是低样本数不利于抑制噪声和信道对 C_{42} 和 C_{40} 的估计值的影响，导致算法在低样本数量时性能劣于高样本数量。

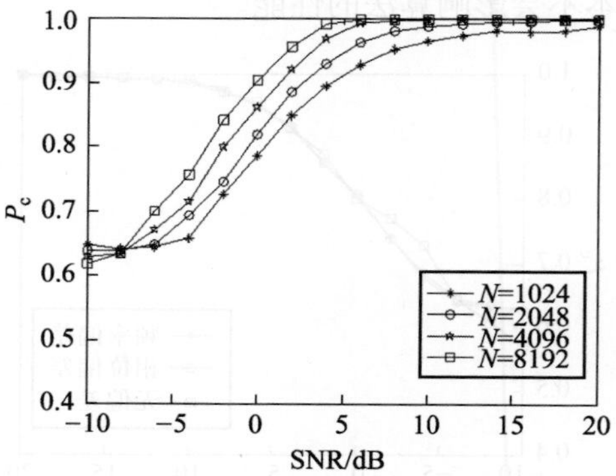

图 6－4　不同采样数下平均识别概率

6.3 基于四阶累积量的 STBC－OFDM 信号调制识别方法

6.3.1 高阶矩的估计值

若只有 N 个样本 $x(0),x(1),\cdots,x(N-1)$，则离散信号 $x(n)$ 的 k 阶矩定义公式中数学期望用时间平均代替后，得到 k 阶矩的估计值为

$$\hat{m}_{kx}(\tau_1,\cdots,\tau_{k-1}) = \frac{1}{N}\sum_{n=0}^{N-1} x(n)x(n+\tau_1)\cdots x(n+\tau_{N-1}) \qquad (6-46)$$

因此，信号处理中常用的二阶、三阶和四阶估计公式分别为

$$\hat{m}_{2x}(\tau) = \frac{1}{N}\sum_{n=0}^{N-1} x(n)x(n+\tau) \qquad (6-47)$$

$$\hat{m}_{3x}(\tau_1,\tau_2) = \frac{1}{N}\sum_{n=0}^{N-1} x(n)x(n+\tau_1)x(n+\tau_2) \qquad (6-48)$$

$$\hat{m}_{4x}(\tau_1,\tau_2,\tau_3) = \frac{1}{N}\sum_{n=0}^{N-1} x(n)x(n+\tau_1)x(n+\tau_2)x(n+\tau_3) \qquad (6-49)$$

6.3.2 四阶时延矩的理论值推导与方差推导

STBC－OFDM 通信系统的不同调制星座的信号，由式(6－22)和式(6－23)计算四阶时延矩的理论值。假定所有星座的符号是等概率发射的，理论值是无噪声和信道影响的四阶时延矩的总体平均值。

接收端的 OFDM 块可以表示为

$$\boldsymbol{r}=[\cdots,\boldsymbol{a}_{-1},\boldsymbol{a}_0,\boldsymbol{a}_1,\cdots] \tag{6-50}$$

$\boldsymbol{a}_q$ 可表示为

$$\boldsymbol{a}_q=[\boldsymbol{a}_q(0),\cdots,\boldsymbol{a}_q(N+v-1)] \tag{6-51}$$

$$\boldsymbol{a}_q(p)=\boldsymbol{r}[q(N+v)+p],p=0,1,\cdots,N+v-1 \tag{6-52}$$

对式(6－51)转置，使其变为一个列向量 $\boldsymbol{b}_q$：

$$\boldsymbol{b}_q=[\boldsymbol{a}_q(0),\cdots,\boldsymbol{a}_q(N+v-1)]^{\mathrm{T}} \tag{6-53}$$

因此，接收的 OFDM 块 $\boldsymbol{B}$ 可表示为

$$\boldsymbol{B}=[\boldsymbol{b}_0,\boldsymbol{b}_1,\cdots,\boldsymbol{b}_{N_{\mathrm{b}}-1}] \tag{6-54}$$

接收 OFDM 块在时延为 τ 的时延四阶矩表示为

$$m_{b,42}=\mathrm{E}[(\boldsymbol{b}_q^*)^{\mathrm{T}}\boldsymbol{b}_{q+\tau_1}(\boldsymbol{b}_{q+\tau_2}^*)^{\mathrm{T}}\boldsymbol{b}_{q+\tau_3}] \tag{6-55}$$

式中：$\tau_1=\tau_3=\tau$ 和 $\tau_2=0$。τ 选值与 STBC－OFDM 的方式有关：当发射端发射的是 AL－OFDM 时，$\tau=1$；当发射端发射的是 STBC3－OFDM 时，$\tau=2$；当发射端发射的是 STBC4－OFDM 时，$\tau=5$。

以 AL－OFDM 为例，结合前面章节对 STBC－OFDM 信号建模，将式(6－50)～式(6－53)代入式(6－55)中，可得

$$\begin{aligned}m_{b,42}&=\mathrm{E}\{(\boldsymbol{b}_q^*)^{\mathrm{T}}\boldsymbol{b}_{q+\tau_1}(\boldsymbol{b}_{q+\tau_2}^*)^{\mathrm{T}}\boldsymbol{b}_{q+\tau_3}\}\\&=\sum_{p,p'=0}^{p_{\mathrm{a}}}[(h_0(p))^*h_1(p')-(h_1(p))^*h_0(p')]^2\\&\quad\times\mathrm{E}\{[(\tilde{z}_q^i)^*]^{\mathrm{T}}\tilde{z}_{q+\tau}^{(i')}[(\tilde{z}_q^i)^*]^{\mathrm{T}}\tilde{z}_{q+\tau}^{(i')}\}\end{aligned} \tag{6-56}$$

由式(6－56)可知，计算 $m_{b,42}$ 数值，必须计算 $\mathrm{E}\{[(\tilde{z}_q^i)^*]^{\mathrm{T}}\tilde{z}_{q+\tau}^{i'}[(\tilde{z}_q^i)^*]^{\mathrm{T}}\tilde{z}_{q+\tau}^{i'}\}$ 的表达式，因此需要分析发射端的 AL－OFDM 的相关性。

发射端 AL－OFDM 块中 z_{2k+0}^i 与 $z_{2k+1}^{i'}$ 的表达式为

$$z_{2k+0}^i(n)=\frac{1}{\sqrt{N}}\sum_{n_1=0}^{N-1}c_{2k+0}^0(n_1)\mathrm{e}^{\mathrm{j}2\pi nn_1/N},n=0,1,\cdots,N-1 \tag{6-57}$$

$$z_{2k+1}^{i'}(n) = \frac{1}{\sqrt{N}}\sum_{n_1=0}^{N-1} c_{2k+1}^{1}(n_1)\mathrm{e}^{\mathrm{j}2\pi n' n_1/N}, n' = 0,1,\cdots,N-1 \quad (6-58)$$

AL 编码矩阵存在如下关系：

$$c_{2k+1}^{1}(n) = (z_{2k+0}^{0}(n))^{*} \quad (6-59)$$

对式(6－59)求复共轭，可得

$$(z_{2k+1}^{1}(n'))^{*} = \frac{1}{\sqrt{N}}\sum_{n_1=0}^{N-1} c_{2k+0}^{0}(n_1)\mathrm{e}^{\mathrm{j}2\pi n' n_1/N}, n' = 0,1,\cdots,N-1 \quad (6-60)$$

因此，有如下结论：

$$(z_{2k+1}^{1}(n))^{*} = z_{2k+0}^{0}(n'), n'=0,1,\cdots,N-1, n=0,1,\cdots,N-1 \quad (6-61)$$

式中：$n'-v=\mathrm{mod}(-(n-v),N)$。

同理，可得

$$-(z_{2k+0}^{1}(n))^{*} = z_{2k+1}^{0}(n'), n'=0,1,\cdots,N-1, n=0,1,\cdots,N-1 \quad (6-62)$$

以 $N=6$ 和 $v=1$ 为例，$z_{2k+0}^{0}(n)$ 和 $z_{2k+0}^{i}(n')$ 的关系如表 6－2 所列。

表 6－2　$z_{2k+0}^{0}(n)$ 与 $z_{2k+0}^{i}(n')$ 的关系

n	0	1	2	3	4	5	6
$z_{2k+0}^{0}(n)$	$z_{2k+0}^{0}(5)$	$z_{2k+0}^{0}(0)$	$z_{2k+0}^{0}(1)$	$z_{2k+0}^{0}(2)$	$z_{2k+0}^{0}(3)$	$z_{2k+0}^{0}(4)$	$z_{2k+0}^{0}(5)$
$z_{2k+1}^{1}(n)$	$z_{2k+0}^{(0)*}(1)$	$z_{2k+0}^{(0)*}(0)$	$z_{2k+0}^{(0)*}(5)$	$z_{2k+0}^{(0)*}(4)$	$z_{2k+0}^{(0)*}(3)$	$z_{2k+0}^{(0)*}(2)$	$z_{2k+0}^{(0)*}(1)$

因此，发射端 $m_{z,42}$ 的表达式为

$$m_{z,42} = \mathrm{E}[((\boldsymbol{z}_q^{i})^{*})^{\mathrm{T}}\boldsymbol{z}_{q+\tau}^{i'}((\boldsymbol{z}_q^{i})^{*})^{\mathrm{T}}\boldsymbol{z}_{q+\tau}^{i'}] = \frac{1}{2}(N+v)m_{s,40} \quad (6-63)$$

将式(6－63)代入式(6－56)，可得

$$m_{g,42}^{\mathrm{AL}} \approx \frac{1}{2}\sum_{l,l'=0}^{p_a}[(h_0(l))^{*}h_1(l') - (h_1(l))^{*}h_0(l')]^{2} m_{s,40} \quad (6-64)$$

在实际的信号处理中，采用有限长度的信号计算 $m_{g,42}^{\mathrm{AL}}$ 的估计值。假设给定的观测数据为 $y(k)(k=0,1,\cdots,N)$，可以用以下的表达式来估计信号的四阶时延矩：

$$\hat{m}_{g,42} = \lim_{N_b\to\infty}\frac{1}{N_b}\sum_{q=0}^{N_b-1}(\boldsymbol{b}_q^{*})^{\mathrm{T}}\boldsymbol{b}_{q+\tau}(\boldsymbol{b}_q^{*})^{\mathrm{T}}\boldsymbol{b}_{q+\tau} = m_{b,42} + \varepsilon \quad (6-65)$$

式中：ε 为估计误差，主要是用于信道噪声分布和有限长度的信号计算 $m_{g,42}^{\mathrm{AL}}$ 的误差。

$m_{k,m}$是一个无偏近似高斯分布的估计值,它的方差为$(m_{2k,k}-|m_{k,m}|^2)/N$。因此,对于$m_{b,42}$的方差为

$$N\ \mathrm{var}[\hat{m}_{42}] = m_{42} - |m_{42}|^2 \tag{6-66}$$

式中

$$m_{42} = \mathrm{E}[\mathrm{E}\{[(z_q^{2i})^*]^{\mathrm{T}} z_{q+\tau}^{2i'}[(z_q^{2i})^*]^{\mathrm{T}} z_{q+\tau}^{2i'}\}] \tag{6-67}$$

考虑信号星座集合$\Omega=\{\mathrm{BPSK},\mathrm{QPSK},8\mathrm{PSK},16\mathrm{QAM}\}$,在SNR = 10dB和频率选择信道下,STBC - OFDM信号的OFDM块的四阶时延矩理论值和方差如表6 - 3所列,这是识别算法的重要依据。

表6 - 3 STBC - OFDM通信系统不同星座符号四阶时延矩的理论值和方差

星座	$m_{b,42}$	$\mathrm{var}(m_{b,42})$
BPSK	2	0.00015
QPSK	1	0.00017
8PSK	0	0.00013
16QAM	0.5	0.00019

6.3.3 算法阈值确定和检测算法

由表6 - 3可知,估计值$m_{g,42}$的方差差别很小,因此m_{42}适合作为统计量。阈值的计算原理见式(6 - 37)~式(6 - 41)。值得注意的是,本节的四阶时延矩是以OFDM块为单位,充分利用了OFDM和STBC的特性,其中时延的取值与发射端的STBC方式有关,因此本节算法需要预先知道STBC的编码方式。以$\Omega=\{\mathrm{BPSK},\mathrm{QPSK},8\mathrm{PSK},16\mathrm{QAM}\}$为研究对象,对于$|m_{42}|$,定义统计量为$S$,均值为$\mu_i(\mu_1<\mu_2<\mu_3<\mu_4)$、方差为$\sigma^2$。表6 - 3中计算信号在频率选择信道且SNR = 10dB时四阶时延矩的理论值。由式(6 - 41)可得

$$|\hat{m}_{g,42}| > 1.5 \Rightarrow \mathrm{BPSK} \tag{6-68}$$

$$0.75 < |\hat{m}_{g,42}| < 1.5 \Rightarrow \mathrm{QPSK} \tag{6-69}$$

$$0.25 < |\hat{m}_{g,42}| < 0.75 \Rightarrow 16\mathrm{QAM} \tag{6-70}$$

$$0 < |\hat{m}_{g,42}| < 0.25 \Rightarrow 8\mathrm{PSK} \tag{6-71}$$

6.3.4 算法流程

算法流程如下:

(1) 预先估计STBC - OFDM的编码方式;

（2）获取截获信号 $y(k)$；

（3）通过式(6－65)计算 $\hat{m}_{g,42}$；

（4）由式(6－41)求得相应的阈值 ξ_i；

（5）识别 $\Omega=\{\mathrm{BPSK},\mathrm{QPSK},\mathrm{8PSK},\mathrm{16QAM}\}$ 中调制方式，根据式(6－68)～式(6－71)中的取值范围识别 STBC－OFDM 通信系统的调制方式。

6.3.5 实验验证

1. 仿真条件设定

如无特殊说明，默认的仿真条件：算法性能由 1000 次蒙特卡罗仿真实验衡量，OFDM 采用 AL 编码方式，OFDM 符号子载波数量 $N=128$，循环前缀长度 $v=N/4$，接收天线的数量 $n_r=1$，接收的 OFDM 块数量 $N_b=4000$，采用频率选择性瑞利衰落信道，且包含 4 条统计独立的路径，以上 4 条路径具有指数功率时延且 $\sigma^2(p)=\exp(-p/5)$，$p=0,1,\cdots,p_a-1$。零均值加性高斯白噪声，且 $\mathrm{SNR}=10\lg\left(\dfrac{n_t}{\sigma_w^2}\right)$，信号采用 QPSK 调制方式。

2. 识别不同调制方式的性能

在频率选择信道下，没有频率偏差和相位抖动且噪声为零均值的复高斯的理想条件下，BPSK、QPSK、8PSK 和 16QAM 正确识别概率的曲线如图 6－5 所示。由图 6－5 可见，BPSK 正确识别概率在 SNR＞－6dB 时能达到 100%，QPSK 正确识别概率在 SNR＞0dB 时能达到 100%，16QAM 正确识别概率在 SNR＞4dB 时能达到 100%，8PSK 正确识别概率在 SNR＞8dB 时能达到 100%。算法的性能即使在低信噪比下识别性能也较好，主要是由于采用 OFDM 块为单位计算接收信号四阶时延矩，充分利用了 OFDM 块间的特性。

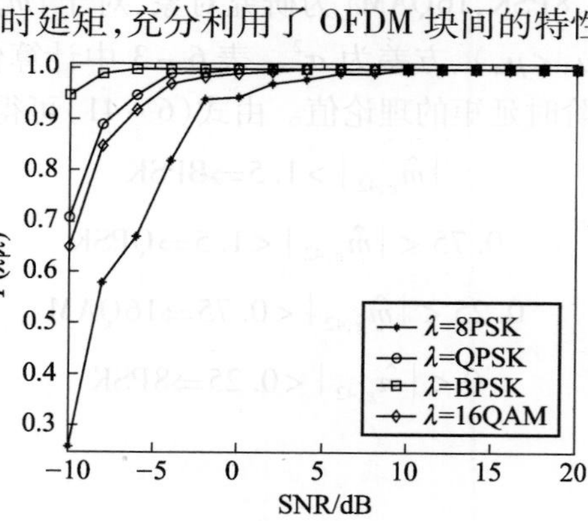

图 6－5 不同调制方式的正确识别概率 $P(\lambda|\lambda)$

3. 子载波数量 N 对算法的影响

图 6-6 为 OFDM 子载波数量不同时平均正确识别概率 P_c 的变化，OFDM 子载波数量 N 为 64、128、256、512。由图 6-6 可知，在低信噪比下识别性能随着子载波数量增大而提高。主要是当子载波数量 N 增加时，式(6-53)中的 OFDM 块 $\boldsymbol{b}_q$ 的元素增多，因此式(6-63)计算更准确，其平均正确识别概率随着子载波数量而提高。

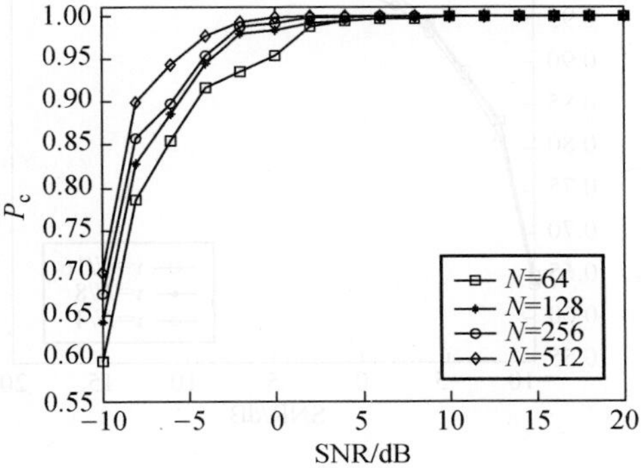

图 6-6 P_c 与 OFDM 子载波数量的关系

4. OFDM 块数量 N_b 对算法的影响

图 6-7 为 OFDM 块数量不同时平均正确识别概率的变化，OFDM 块数量 N_b 为 2000、3000、4000、5000。由图 6-7 可知：在低信噪比环境下，平均正确识别概率 P_c 在 OFDM 块数量为 5000 时识别效果更理想；在高信噪比下，OFDM 块数量为 2000 时识别效果最不理想，其他的 OFDM 块数量下平均正确识别概率都几乎达到 1。当 OFDM 块数量较小时，$\hat{m}_{b,42}$ 误差较大，会对后续的识别性能产生较大影响，从而使其平均正确识别概率 P_c 下降。

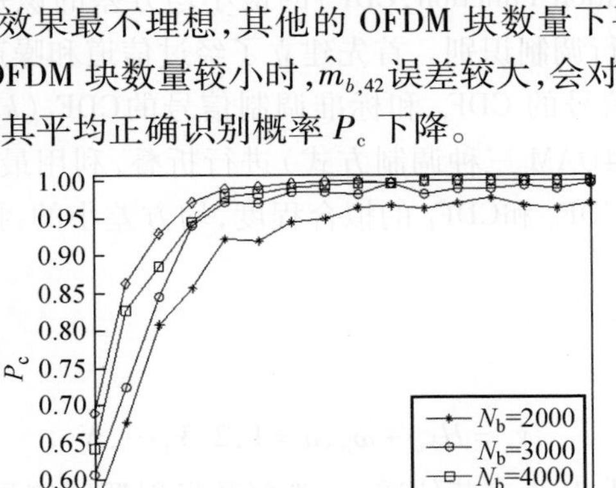

图 6-7 P_c 与 OFDM 块的关系

5. OFDM 前缀对算法的影响

图 6 - 8 为前缀长度不同时平均正确识别概率 P_c 的变化，前缀长度 v 为 $N/4$、$N/8$、$N/16$。由图 6 - 8 可以看出，本节算法的性能基本不随前缀长度变化。因为前缀长度并不改变四阶时延矩 $m_{b,42}$ 估计值，所以前缀长度 v 对算法基本无影响。

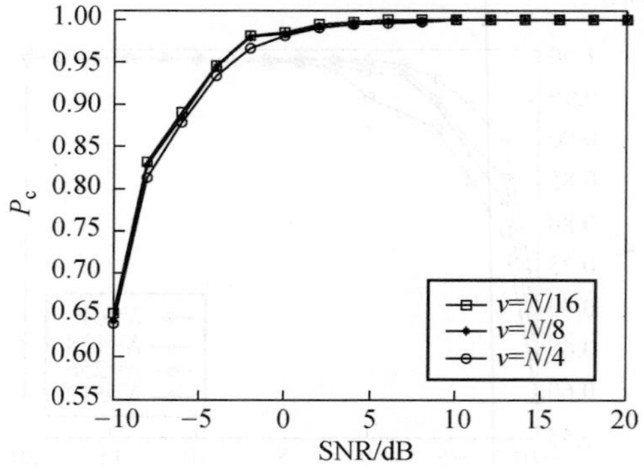

图 6 - 8　P_c 与 OFDM 前缀的关系

6.4 基于最小均方拟合调制识别

考虑信道参数对调制识别的影响，本节提出了基于折叠经验累积分布函数（Cumulative Distribution Function，CDF）的最小均方差的识别方法，对瑞利时不变信道下的信号进行调制识别。首先建立了经过信道和噪声的 QAM 调制信号模型，然后对接收信号的 CDF_0 和标准调制信号的 CDF_k（$k = 1,2,3$，分别对应 4QAM、16QAM 和 64QAM 三种调制方式）进行折叠，利用最小均方差准则判断检测信号折叠后的 CDF_0 和 CDF_k 的拟合程度，均方差小的，拟合程度高，从而达到调制识别的目的。

6.4.1　系统模型

$$y_n = Hx_n + \omega_n, n = 1, 2, 3, \cdots, N \tag{6-72}$$

式中：y_n 为接收信号；H 为衰落信道；x_n 为复数发射调制符号；ω_n 为时刻 n 处的噪声采样，为加性循环复高斯白噪声。

传输的符号 x_n 是 4QAM、16QAM 或 64QAM 理想调制中的星座图点组成的序列，该星座属于一组调制格式 $\{M_1, M_2, \cdots, M_k\}$。假设信道 H 为时不变瑞利信道，循环复高斯白噪声 $\omega \sim N(0,\sigma^2)$，因此 ω_n 的实部和虚部独立同分布，且分布服从 $N(0,\sigma^2/2)$，考虑单位功率星座，$\mathrm{SNR}=1/\sigma^2$。调制识别就是研究接收信号 $\{y_n\}(n=1,2,3,\cdots,N)$ 为何种调制方式问题。

6.4.2 基于 CDF 的最小均方差准则

当对接收信号 $\{y_n\}$ 进行调制识别时，首先找到关于 $\{y_n\}$ 的一个特征序列 $\{z_n\}$，当进行 PSK 调制识别时，$\{z_n\}$ 可以是信号相位，当进行 QAM 调制识别时，$\{z_n\}$ 可以是信号幅度或者信号的实部和虚部[110]；其次计算关于 $\{z_n\}$ 的经验累积分布函数 F_0 和理论的理想 4QAM、16QAM、64QAM 调制 $\{z_n\}$ 的经验累积分布函数 $F_k(k=1,2,3$，分别对应 4QAM、16QAM 和 64QAM 三种调制方式)；然后对上述 CDF 进行折叠，使不同调制的 CDF 有明显的区别；最后利用最小均方差准则分别计算折叠后的 F_0 和 $F_k(k=1,2,3)$ 之间的均方差，即

$$E_k = \sqrt{\sum_{n=1}^{N} (F_0(z_n) - F_k(z_n))^2/N},k = 1,2,3 \tag{6-73}$$

根据最小均方差准则

$$r=\arg\min(E_k),k=1,2,3 \tag{6-74}$$

均方差越小的，表示两者的 CDF 拟合程度越高，取三者中均方差最小的即为拟合程度最高的，其所对应的调制方式即为所接收信号的调制方式。

6.4.3 QAM 调制识别

对于 QAM 调制识别，4QAM、16QAM 和 64QAM 调制的单位能量星座的信号点集合分别为

$$\begin{aligned}
M_{4\mathrm{QAM}} &= \left\{\frac{1}{\sqrt{2}}(a+\mathrm{j}b) \mid a,b=-1,1\right\} \\
M_{16\mathrm{QAM}} &= \left\{\frac{1}{\sqrt{10}}(a+\mathrm{j}b) \mid a,b=-3,-1,1,3\right\} \\
M_{64\mathrm{QAM}} &= \left\{\frac{1}{\sqrt{72}}(a+\mathrm{j}b) \mid a,b=-7,-5,-3,-1,1,3,5,7\right\}
\end{aligned} \tag{6-75}$$

对于 QAM 调制信号，由于信号的虚部和实部相互独立且同分布，因此可以将接收信号 y_n 的虚部和实部组成特征序列 $\{z_n\}$，$z_{2n-1}=\mathrm{Re}\{y_n\}$，$z_{2n}=\mathrm{Im}\{y_n\}$。对于上述系统模型，由于噪声 ω_n 为循环复高斯白噪声，其实部与虚部独立同分布于 $N(0,\sigma^2/2)$，因此 $\{z_{2n}\}$ 的实部与虚部也独立同分布。

$$
\begin{aligned}
\mathrm{E}(z_{2n-1}) = \mathrm{E}(z_{2n}) &= \mathrm{E}(\mathrm{Re}(y_n)) = \mathrm{E}(\mathrm{Im}(y_n)) \\
&= \mathrm{E}(\mathrm{Re}(Hx_n + \omega_n)) = \mathrm{E}(\mathrm{Im}(Hx_n + \omega_n)) \\
&= \mathrm{E}(\mathrm{Re}(Hx_n)) + \mathrm{E}(\mathrm{Re}(\omega_n)) \\
&= \mathrm{Re}(Hx_n)
\end{aligned} \tag{6-76}
$$

$$
\begin{aligned}
\mathrm{D}(z_{2n-1}) = \mathrm{D}(z_{2n}) &= \mathrm{D}(\mathrm{Re}(y_n)) = \mathrm{D}(\mathrm{Im}(y_n)) \\
&= \mathrm{D}(\mathrm{Re}(Hx_n + \omega_n)) = \mathrm{D}(\mathrm{Im}(Hx_n + \omega_n)) \\
&= \mathrm{D}(\mathrm{Re}(Hx_n)) + \mathrm{D}(\mathrm{Re}(\omega_n)) \\
&= \frac{\sigma^2}{2}
\end{aligned} \tag{6-77}
$$

因此，$z_{2n} \sim N(0, \sigma^2/2)$。

z_{2n}的 PDF 为

$$
\mu_k(z) = \frac{1}{\sigma\sqrt{\pi\,|M_k|}} \sum_{x \in \mathrm{Re}\{M_k\}} \mathrm{e}^{-\frac{(z-Hx)2}{\sigma^2}}, z \in \mathbf{R} \tag{6-78}
$$

式中：$x \in \mathrm{Re}\{M_k\}$指的是信号的实部。

将 PDF 经过积分得到关于 z 的 CDF 为

$$
F_k(z) = \int_{-\infty}^{z} \mu_k(t)\,\mathrm{d}t \tag{6-79}
$$

此时，未经过折叠的 PDF 和 CDF 如图 6－9 所示。

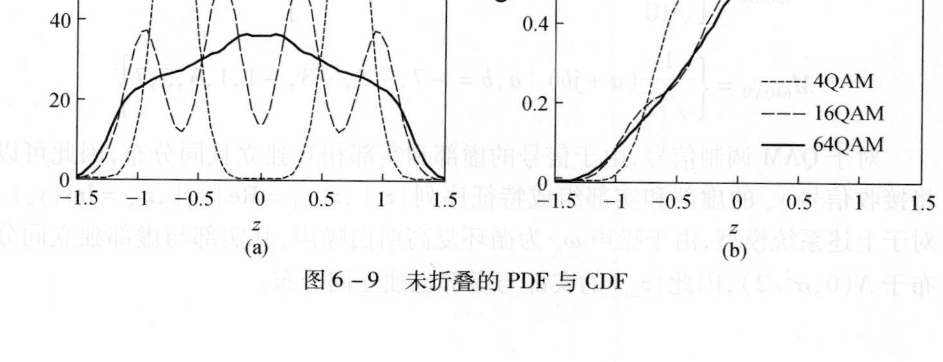

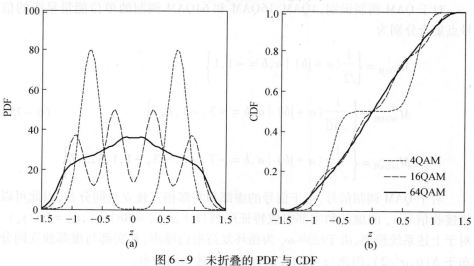

图 6－9 未折叠的 PDF 与 CDF

从图 6-9 中可以看出，三者的 PDF 区分度不是特别高，特征不明显。接下来，通过折叠，使得三者的 PDF 更容易区分。

上述 PDF 关于 $z=0$ 对称，接下来将 PDF 沿着 $z=0$ 对折，得到一次折叠的 $\text{PDF}^{[1]}$ 如下：

$$\mu_k^{[1]}(z^{[1]}) = \frac{2}{\sigma\sqrt{\pi\,|M_k|}}\sum_{x\in\text{Re}+\{M_k\}} \mathrm{e}^{-\frac{(z[1]-Hx)2}{\sigma^2}},z^{[1]}\geqslant 0 \qquad (6-80)$$

式中：$x\in\text{Re}+\{M_k\}$ 指的是星座点的正实部。

当 $z^{[1]}\leqslant 0$ 时，$\mu_k^{[1]}(z^{[1]})=0$，将一次折叠的 $\text{PDF}^{[1]}$ 经过积分得到关于 $z^{[1]}$ 的 $\text{CDF}^{[1]}$ 为

$$F_k^{[1]}(z^{[1]}) = \int_{-\infty}^{z[1]} \mu_k^{[1]}(t)\,\mathrm{d}t \qquad (6-81)$$

经过一次折叠后的 $\text{PDF}^{[1]}$ 和 $\text{CDF}^{[1]}$ 如图 6-10 所示。

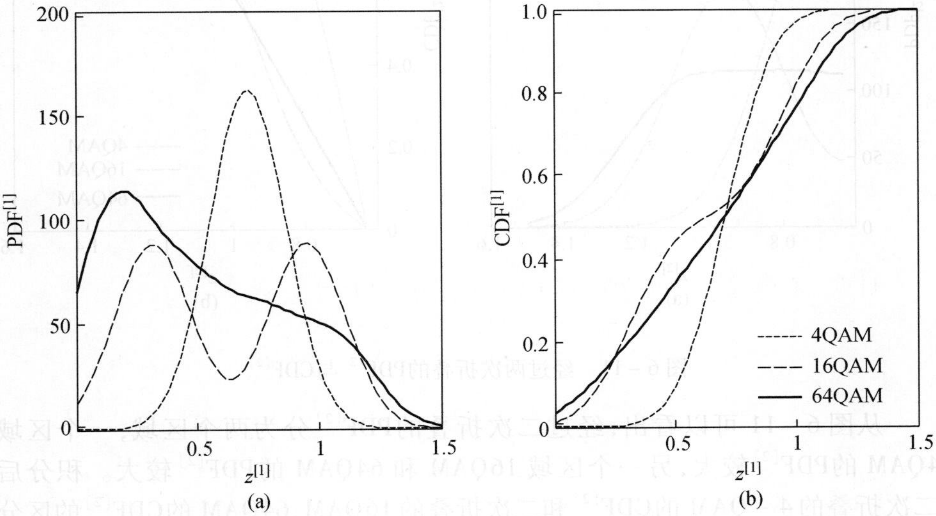

图 6-10 经过一次折叠的 $\text{PDF}^{[1]}$ 与 $\text{CDF}^{[1]}$

从图 6-10 中可以看到，经过一次折叠后 4QAM 与 16QAM 的 $\text{PDF}^{[1]}$ 有两个交点 z_1、z_2，在两个交点之间的范围内 4QAM 的 $\text{PDF}^{[1]}$ 较大，将一次折叠的 $\text{PDF}^{[1]}$ 沿着 $(z_1+z_2)/2$ 再一次折叠，其中每次折叠的对称轴可以根据计算得到，三次折叠的对称轴分别为 $s^{[1]}=0$，$s^{[2]}=2/\sqrt{10}$，$s^{[3]}=3/\sqrt{10}$，$s^{[i]}$ 代表第 i 次折叠的对称轴。

输入决策 $z^{[i]}$ 与 $s^{[i]}$ 关系如下：

$$z^{[i+1]} = \left| z^{[i]} - s^{[i+1]} \right| + s^{[i+1]} \tag{6-82}$$

经过二次折叠的PDF[2]如下：

$$\mu_k^{[2]}(z^{[2]}) = \mu_k^{[1]}(z^{[2]}) + \mu_k^{[1]}(2s^{[2]} - z^{[2]}), z^{[2]} \geqslant s^{[2]} \tag{6-83}$$

当$z^{[2]} \leqslant s^{[2]}$时，$\mu_k^{[2]}(z^{[2]}) = 0$。将二次折叠的PDF[2]积分得到CDF[2]如下：

$$F_k^{[2]}(z^{[2]}) = \int_{-\infty}^{z^{[2]}} \mu_k^{[2]}(t)\,\mathrm{d}t = \int_{-\infty}^{z^{[2]}} \mu_k^{[1]}(t)\,\mathrm{d}t - \int_{-\infty}^{2s^{[2]}-z^{[2]}} \mu_k^{[1]}(t)\,\mathrm{d}t \tag{6-84}$$

经过二次折叠的PDF[2]和CDF[2]如图 6-11 所示。

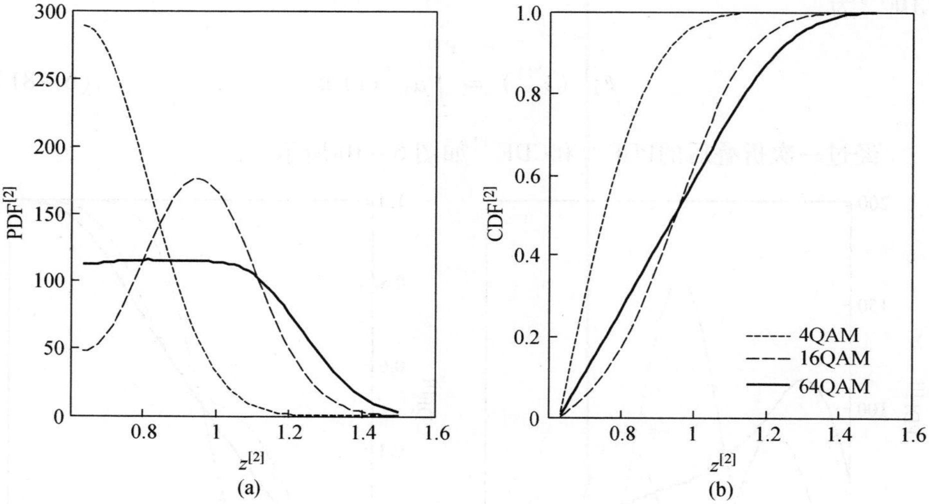

图 6-11　经过两次折叠的PDF[2]与CDF[2]

从图 6-11 可以看出，经过二次折叠的PDF[2]分为两个区域，一个区域 4QAM 的PDF[2]较大，另一个区域 16QAM 和 64QAM 的PDF[2]较大。积分后二次折叠的 4-QAM 的CDF[2]和二次折叠的 16QAM、64QAM 的CDF[2]的区分度较大，这时用到最小均方差准则计算出给定样本的二次折叠CDF[2]与二次折叠 4QAM 的CDF[2]、二次折叠的 16QAM 的CDF[2]的均方差$E_1^{[2]}$和$E_2^{[2]}$，若$E_1^{[2]} < E_2^{[2]}$，则判定信号采用的是 4QAM 调制；若$E_1^{[2]} > E_2^{[2]}$，则信号采用的是 16QAM 或者是 64QAM。这时需要对PDF[2]进行第三次折叠，使得折叠后的 16QAM 和 64QAM 的PDF[2]区分度明显。三次折叠的PDF[3]与CDF[3]表达式如下：

$$\begin{aligned}\mu_k^{[3]}(z^{[3]}) &= \mu_k^{[2]}(z^{[3]}) + \mu_k^{[2]}(2s^{[3]} - z^{[3]}) \\ &= \mu_k^{[1]}(2s^{[2]} - 2s^{[3]} + z^{[3]}) + \mu_k^{[1]}(2s^{[3]} - z^{[3]}) \\ &\quad + \mu_k^{[1]}(2s^{[2]} - z^{[3]}) + \mu_k^{[1]}(z^{[3]}), z^{[3]} \geqslant s^{[3]}\end{aligned} \tag{6-85}$$

$$F_k^{[3]}(z^{[3]}) = \int_{-\infty}^{z^{[3]}} \mu_k^{[3]}(t)\,\mathrm{d}t \tag{6-86}$$

经过三次折叠的$\mathrm{PDF}^{[3]}$和$\mathrm{CDF}^{[3]}$如图 6－12 所示。

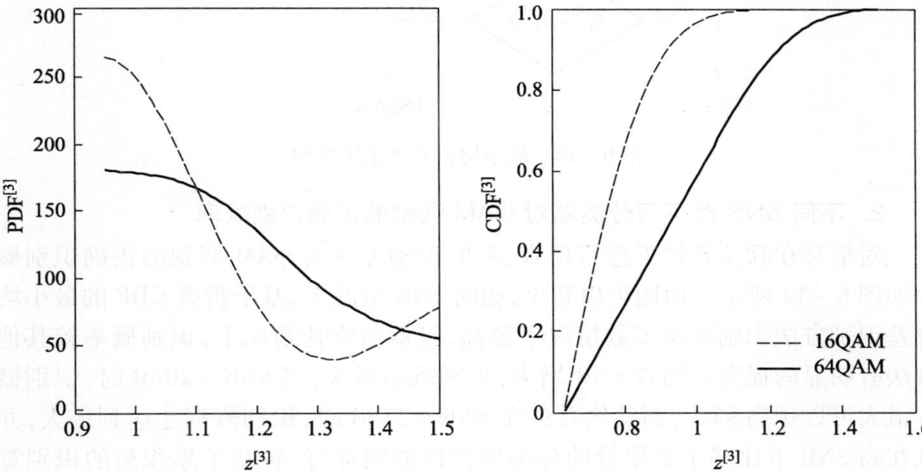

图 6－12 经过三次折叠的$\mathrm{PDF}^{[3]}$和$\mathrm{CDF}^{[3]}$

此时再一次用到最小均方差准则判断拟合程度：若$E_3^{[3]} > E_3^{[3]}$，则为 16QAM 调制；否则，为 64QAM 调制。

检测算法可以归纳为如图 6－13 所示的决策树。

6.4.4 实验验证

1. 仿真条件

仿真经过 1000 次蒙特卡罗仿真，接收信号为随机产生的 QAM 调制信号，如无特殊说明，仿真条件设置如下：样本数量 $N = 4000$，调制信号x_n为随机产生的序列，H 信道模型为时不变瑞利信道，信噪比$\mathrm{SNR} = 10\lg(1/\sigma^2)$。

在实验中，采用正确的识别概率 P 衡量算法的性能：

$$P(\lambda = \varepsilon \mid \varepsilon), \varepsilon \in \Omega \tag{6-87}$$

式中：$\Omega = \{4\mathrm{QAM}, 16\mathrm{QAM}, 64\mathrm{QAM}\}$。

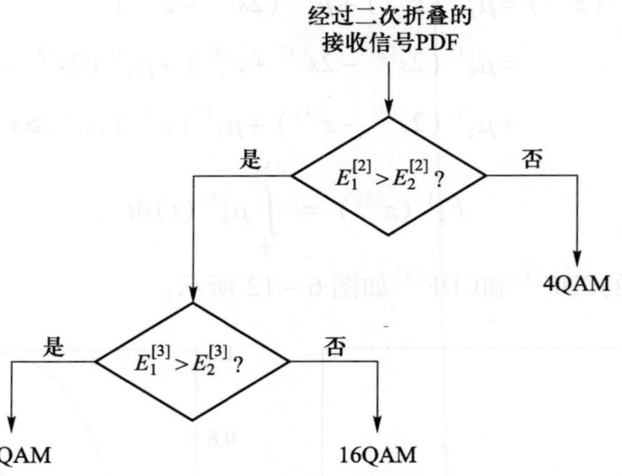

图 6－13　最小均方差方法决策树

2. 不同 SNR 时不同分类器对 QAM 调制的正确识别概率

对信号在默认条件下进行仿真，不同识别方法对 QAM 调制的正确识别概率如图 6－14 所示。由图可以看出，相同 SNR 情况下，基于折叠 CDF 的最小均方差识别方法识别概率多数情况下最高，且低信噪比情况下，识别概率较其他方法有明显的提高。随着 SNR 增大，识别概率增大，当 SNR＝20dB 时，识别概率最大可以达到 95%，而其他方法在 SNR＝25dB 时，识别概率才达到最大，并且在高 SNR 下比基于累积量的分类器的性能明显好，较基于累积量的识别算法，最大识别率提高了 5%。

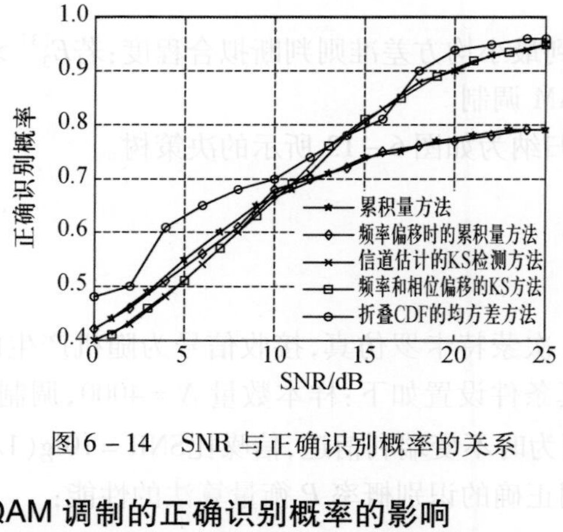

图 6－14　SNR 与正确识别概率的关系

3. 样本数对 QAM 调制的正确识别概率的影响

在不同样本数量条件下对 QAM 调制的正确识别概率如图 6－15 所示。由图可以看出，算法的正确识别概率随着样本数量 N 的增大而增大。这是由于样

本数 N 增多，PDF 和 CDF 的统计特性会更加明显，更加有利于拟合程度判断。在样本数 $N=4000$ 时，算法在低信噪比的识别概率得到了明显提升。

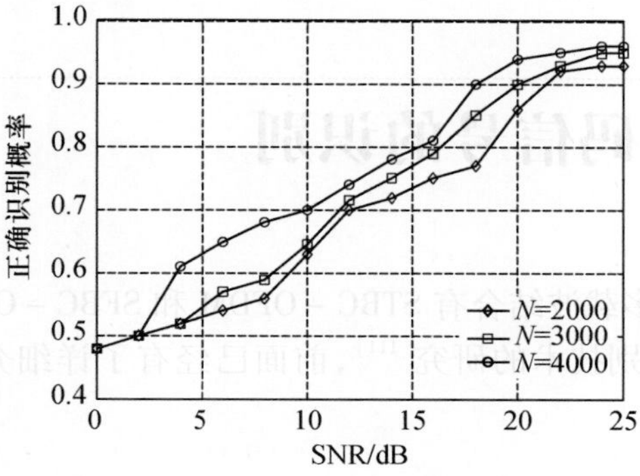

图 6－15 样本数量与正确识别概率的关系

第 7 章

空频分组码信号的识别

空间分组码与多载波结合有 STBC - OFDM 和 SFBC - OFDM 两种方法。对于 STBC - OFDM 识别技术的研究[111]，前面已经有了详细介绍，本章将介绍空频分组码识别技术。

7.1 空频分组码模型和假设条件

7.1.1 信号模型

以 AL 为例，STBC - OFDM 编码方式：第一个发射天线在 OFDM 第 m、$m+1$ 个符号通过子信道 k 发射符号 d_1、$-d_2^*$，第二个发射天线在 OFDM 第 m、$m+1$ 个符号通过子信道 k 发射符号 d_2、d_1^*，如图 7 - 1 所示。

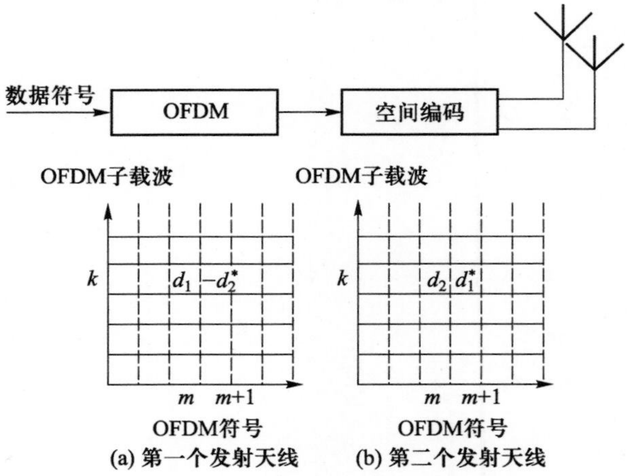

图 7 - 1　STBC - OFDM 发射结构

以 AL 为例，SFBC - OFDM 编码方式：第一个发射天线通过子信道 k、l 在第 m 个符号发射符号 d_1、$-d_2^*$，第二个发射天线通过子信道 k、l 在第 m 个符号发射符号 d_2、d_1^*，如图 7 - 2 所示。

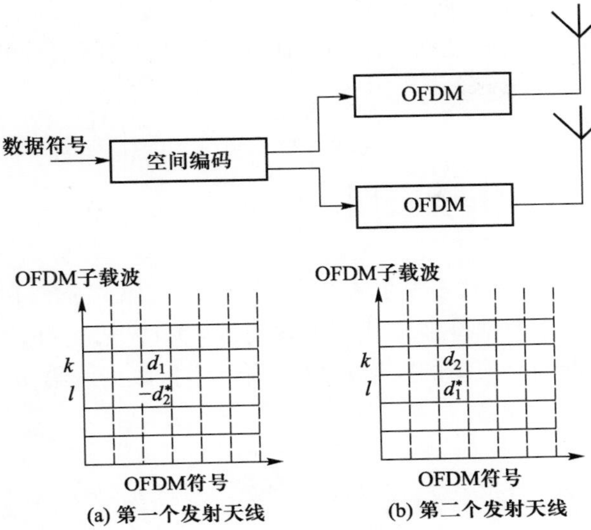

图 7-2 SFBC-OFDM 发射结构

本章考虑包含 AL 和 SM 的 SFBC-OFDM 信号，发射天线数量 $n_t=2$。数据流分解为数据向量，SM 向量长度为 $2N$，AL 向量长度为 N。这里强调，为了使每个发射天线的调制符号等于 N，数据向量 SM 长度是 AL 长度的 2 倍。

在 AL 系统中，第 b 个数据向量$[d^{(b)}(0),d^{(b)}(1),d^{(b)}(2),\cdots,d^{(b)}(N-1)]$编码为两个长度为 N 的向量：

$$\boldsymbol{u}^{(b,0)}=[d^{(b)}(0),-d^{(b)*}(1),d^{(b)}(2),\cdots,d^{(b)}(N-2),-d^{(b)*}(N-1)] \tag{7-1}$$

$$\boldsymbol{u}^{(b,1)}=[d^{(b)}(1),d^{(b)*}(0),d^{(b)}(3),d^{(b)*}(2),\cdots,d^{(b)}(N-1),d^{(b)*}(N-2)] \tag{7-2}$$

在 SM 系统中，长度为 $2N$ 的数据向量通过两个发射天线复用，生成两个长度为 N 的独立频域向量：

$$\boldsymbol{q}^{(b,0)}=[d^{(b)}(0),d^{(b)}(2),\cdots,d^{(b)}(2N-2)] \tag{7-3}$$

$$\boldsymbol{q}^{(b,1)}=[d^{(b)}(1),d^{(b)}(3),\cdots,d^{(b)}(2N-1)] \tag{7-4}$$

对于 AL 的 SFBC-OFDM 信号，第 b 个数据向量编码为新的数据向量 $\boldsymbol{u}$：

$$\boldsymbol{u}^{(b,0)}=[d^{(b)}(0),-d^{(b)*}(1),d^{(b)}(2),-d^{(b)*}(3),\cdots,d^{(b)}(N-2),-d^{(b)*}(N-1)] \tag{7-5}$$

$$\boldsymbol{u}^{(b,1)}=[d^{(b)}(1),d^{(b)*}(0),d^{(b)}(3),d^{(b)*}(2),\cdots,d^{(b)}(N-1),d^{(b)*}(N-2)] \tag{7-6}$$

式中：$\boldsymbol{u}^{(b,0)}$、$\boldsymbol{u}^{(b,1)}$分别代表两个不同发射天线，其长度为 N。

对数据进行傅里叶逆变换，并加上循环前缀，可得时域信号第 n 个样本为

$$x^{(b,f)}(n)=\begin{cases}\dfrac{1}{\sqrt{N}}\sum\limits_{k=0}^{N-1}u^{(b,f)}(k)\mathrm{e}^{\frac{\mathrm{j}2\pi kn}{N}},\mathrm{AL}\\ \dfrac{1}{\sqrt{N}}\sum\limits_{k=0}^{N-1}q^{(b,f)}(k)\mathrm{e}^{\frac{\mathrm{j}2\pi kn}{N}},\mathrm{SM}\end{cases} \tag{7-7}$$

式中：$n=-v,\cdots,N-1$；f 代表发射天线，$f=0,1$；$u^{(b,f)}(k)$、$q^{(b,f)}(k)$是频域信号 $\boldsymbol{u}^{(b,f)}$、$\boldsymbol{q}^{(b,f)}$的第 k 个数据符号，k 代表子载波，$k=0,1,\cdots,N-1$。

两个发射天线组合成新的向量 $\boldsymbol{s}^0$ 和 $\boldsymbol{s}^1$，第 i 个接收天线第 m 个接收信号样本为

$$r^i(m)=\sum_{f=0}^{1}\sum_{l=0}^{L_\mathrm{h}-1}h_{fi}(l)s^f(m-l)+n^i(m) \tag{7-8}$$

式中：$i=0,1,\cdots,n_\mathrm{r}-1$；$h_{fi}(l)$为第 f 个发射天线和第 i 个接收天线的信道系数；$n^i(m)$为噪声；$s^f(m)$为序列 s^f的第 m 个元素。

$$\boldsymbol{s}^0=[\boldsymbol{x}^{(0,0)},\boldsymbol{x}^{(1,0)},\boldsymbol{x}^{(2,0)},\cdots] \tag{7-9}$$

$$\boldsymbol{s}^1=[\boldsymbol{x}^{(0,1)},\boldsymbol{x}^{(1,1)},\boldsymbol{x}^{(2,1)},\cdots] \tag{7-10}$$

7.1.2 假设条件

(1) 数据源信号是独立同分布且功率为 $\mathrm{E}[|d^{(b)}(k)|^2]=\sigma_\mathrm{s}^2$ 和 $\mathrm{E}[d^{(b)2}(k)]=0$；

(2) 信号与噪声是不相关的；

(3) 本书算法适用的调制方式为 MPSK 和 MQAM($M>2$)。

7.2 发射端信号相关性

SM 信号发射符号独立，因此

$$\mathrm{E}[x^{(b,0)}(n)x^{(b,1)}(n+N/2)]=0 \tag{7-11}$$

由式(7-7)可得

$$\mathrm{E}[x^{(b,0)}(n)x^{(b,1)}(n+N/2)]=\frac{1}{N}\mathrm{E}\left[\sum_{k_0=0}^{N-1}u^{(b,0)}(k_0)\mathrm{e}^{\frac{\mathrm{j}2\pi k_0n}{N}}\sum_{k_1}^{N-1}u^{(b,1)}(k_1)\mathrm{e}^{\frac{\mathrm{j}2\pi k_1(n+N/2)}{N}}\right] \tag{7-12}$$

式中：k_0 为第 0 个天线的 $u^{(b,0)}$ 的序号，k_1 代表第 1 个天线的 $u^{(b,1)}$ 的序号，且区间范围为$[0,N-1]$。

根据式(7－5)和式(7－6)的数据向量间关系，推导 OFDM 后符号之间关系。由式(7－12)可知，互相关函数主要由 $u^{(b,0)}(k_0)$ 和 $u^{(b,1)}(k_1)$ 决定，指数部分只决定其相位，因此对于每一项 $u^{(b,0)}(k_0)$，只有一项 $u^{(b,1)}(k_1)$ 互为共轭，且 $k_1=k_0\pm1$。

为了进一步推导式(7－12)的精确值，以 $N=64$ 为例，将 k_0 和 k_1 存在相关关系项的序号由表 7－1 给出，表中的序号代表此两项相关。

表 7－1　k_0 和 k_1 对应序列

k_0	0	1	2	3	…	62	63
k_1	1	0	3	2	…	63	62

由式(7－12)可得

$$\begin{aligned}\mathrm{E}[x^{(b,0)}(n)x^{(b,1)}(n+N/2)] &= \frac{1}{N}\sigma_s^2\left[-2\mathrm{e}^{\mathrm{j}\frac{2\pi n}{N}}-2\mathrm{e}^{\mathrm{j}\frac{2\pi\times5n}{N}}-2\mathrm{e}^{\mathrm{j}\frac{2\pi\times9n}{N}}+\cdots-2\mathrm{e}^{\mathrm{j}\frac{2\pi\times(N+N-1)n}{N}}\right]\\ &=\frac{-2\sigma_s^2}{N}\left\{\mathrm{e}^{\mathrm{j}\frac{2\pi n}{N}}+\mathrm{e}^{\mathrm{j}\frac{2\pi\times5n}{N}}+\cdots+\mathrm{e}^{\mathrm{j}\frac{2\pi\times(N+N-1)n}{N}}\right\}\end{aligned} \tag{7-13}$$

式(7－13)可简化为

$$\mathrm{E}[x^{(b,0)}(n)x^{(b,1)}(n+N/2)]=\begin{cases}-\sigma_s^2, & n=0\\ -\mathrm{j}\sigma_s^2, & n=N/4\\ \sigma_s^2, & n=N/2\\ \mathrm{j}\sigma_s^2, & n=3N/4\\ 0, & 其他\end{cases} \tag{7-14}$$

7.3 接收信号相关性

与发射端相似，接收信号相关函数定义为

$$y^{(i,i')}(n)=\mathrm{E}[r^i(n)r^{(i')}(n+N/2)] \tag{7-15}$$

对于 SM 信号，由于发射端信号相互独立，因此接收端信号的相关函数也为零，即

$$y^{(i,i')}(n)=0,\forall n \tag{7-16}$$

对于 AL 信号,将式(7-8)代入式(7-15),可得接收信号的相关函数为

$$\begin{aligned}y^{(i,i')}(m) &= \mathrm{E}[r^{i}(m)r^{i'}(m+N/2)]\\ &= \sum_{d,d'=0}^{1}\sum_{l,l'=0}^{L_{\mathrm{h}}-1}h_{di}(l)h_{d'i'}(l')\times\mathrm{E}[s^{(b,f)}(m-l)s^{(b,f')}(m+N/2-l')]\end{aligned} \tag{7-17}$$

将式(7-14)代入式(7-17),并进一步化简,可得

$$y^{(i,i')}(m)=\sigma_{\mathrm{s}}^{2}\sum_{l,l'=0}^{L_{\mathrm{h}}-1}(h_{0i}(l)h_{1i'}(l')-h_{1i}(l)h_{0i'}(l'))\times\Pi(m,m+N/2-l-l')$$
$$\times\begin{cases}-1, & m=\dfrac{l'-l}{2}+(N+v)\lceil m+v\rceil_{N+v}\\ -\mathrm{j}, & m=\dfrac{N}{4}+\dfrac{l'-l}{2}+(N+v)\lceil m+v\rceil_{N+v}\\ 1, & m=\dfrac{N}{2}+\dfrac{l'-l}{2}+(N+v)\lceil m+v\rceil_{N+v}\\ \mathrm{j}, & m=\dfrac{3N}{4}+\dfrac{l'-l}{2}+(N+v)\lceil m+v\rceil_{N+v}\\ 0, & 其他\end{cases} \tag{7-18}$$

式中:$\Pi(m,m+N/2-l-l')$为指示函数,其含义是$s^{(b,f)}(m-l)$和$s^{(b,f')}(m+N/2-l')$在同一个 OFDM 块中。

由式(7-16)和式(7-18)可知,接收信号 AL-OFDM 信号存在峰值,而 SM-OFDM 信号不存在峰值。

7.4 在时域上的识别算法

7.4.1 时域上特征分析

由式(7-14)可知,AL 发射信号在子载波周期内有四个峰值,分别在 n 为 0、$N/4$、$N/2$ 和 $3N/4$ 处。在 $\sigma_{\mathrm{s}}^{2}=1$、QPSK 调制方式、$N=64$ 和 $v=0$ 时,相

关函数的幅度值如图 7 - 3 所示。由图可以看出,有四个峰值,与式(7 - 14)推导一致。

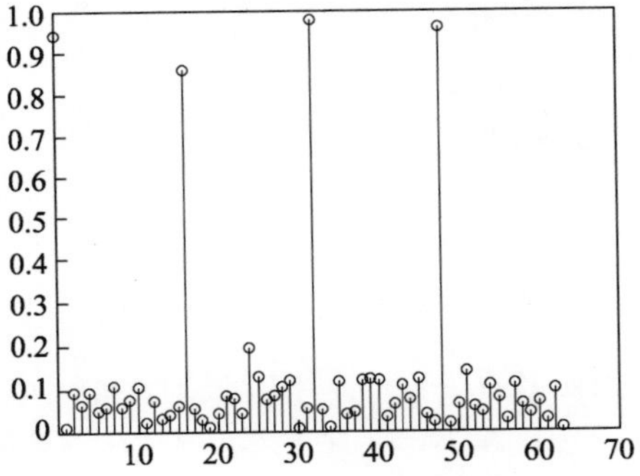

图 7 - 3 发射端相关函数幅度值

在经过信道后,由于多径和噪声的影响,峰值的位置发生了变化,其位置还与多径的路径数 L_h 有关。在 $\sigma_s^2=1$、QPSK 调制方式、$N=64$、$v=5$、$L_h=1$ 和信噪比为 10dB 时,相关函数的幅度值如图 7 - 4 所示。由图 7 - 4 可以看出,峰值也是四个,但是位置与图 7 - 3 相比后移了 5 个位置,后移的位置就是前缀的数量。改变 $L_h=3$,其他条件一样,仿真图如图 7 - 5 所示。由图 7 - 5 可以看出,与路径数量为 1 相比,在峰值位置旁边有两条旁瓣,包含主峰值在内是 3,与路径数量一致。

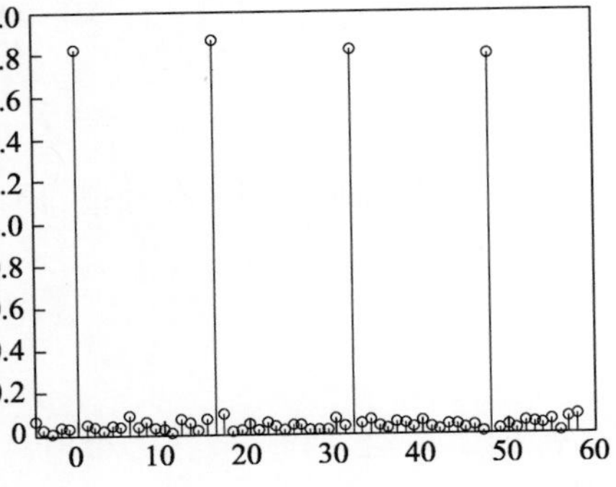

图 7 - 4 $L_h=1$ 接收端相关函数幅度值

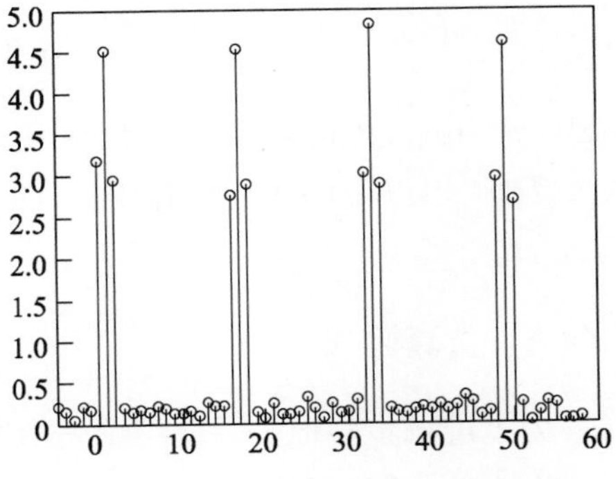

图 7 - 5 $L_h=3$ 接收端相关函数幅度值

7.4.2 峰值检测

由于在 n 分别为 0、$N/4$、$N/2$ 和 $3N/4$ 处,接收信号的相关函数有峰值,因此可以通过检测峰值位置达到识别的目的。算法流程如下:

（1）计算接收信号的互相关函数估计值 $y^{(i,i')}(m)$。

（2）求取互相关函数最大四个峰值，$n_j = \arg\max|y^{(i,i')}(m)|, j=1,2,3,4$。

（3）如果相邻的峰值的间距为 $N/4$，则接收信号是 AL 码；否则，是 SM 码。

7.5 在频域上的识别算法

7.5.1 频域上的特征分析

AL 接收信号的相关函数在一个周期内有四个峰值，对于 $y^{(i,i')}(m)$，当不存在噪声时，$y^{(i,i')}(m) = [C_1, 0, 0, \cdots, C_2, 0, 0, \cdots, C_3, 0, 0, \cdots, C_4, 0, 0, \cdots]$，其中，$C_1 = -1$、$C_2 = -\mathrm{j}$、$C_3 = 1$ 和 $C_4 = \mathrm{j}$，以子载波数量 $N=64$ 为例，中间是 15 个连零，因此序列 y^{AL} 是一个周期函数，其周期为 16。

假设 $\boldsymbol{Y} = [Y(0), Y(1), \cdots, Y(K-1)]$ 是 $y^{(i,i')}(m)$ 的 DFT：

$$Y(n) = \frac{1}{\sqrt{K}} \sum_{k=0}^{K-1} y(k) \mathrm{e}^{-\mathrm{j}2\pi kn/K}, n = 0, 1, \cdots, K-1 \tag{7-19}$$

由此可得

$$Y^{\mathrm{SM}}(n) = \boldsymbol{\Psi}^{\mathrm{SM}}, n = 0, 1, \cdots, K-1 \tag{7-20}$$

$$Y^{\mathrm{AL}}(n) = \begin{cases} \zeta + \boldsymbol{\Psi}^{\mathrm{AL}}(n), & \text{每隔 } K/16 \\ \boldsymbol{\Psi}^{\mathrm{AL}}(n), & \text{其他} \end{cases} \tag{7-21}$$

式中：$\boldsymbol{\Psi}$ 为频域上的噪声项；ζ 为频域上峰值的大小。

因此，可以说明 Y^{SM} 没有峰值，而 Y^{AL} 存在峰值，且每隔 $K/16$ 有峰值，周期为 $K/16$。

7.5.2 仿真验证

为了进一步验证推导的结论，分别观察 AL 码发射信号和接收信号峰值。

由式(7-14)可知，发射信号的相关函数 $\mathrm{E}[x^{(b,0)}(n) x^{(b,1)}(n+N/2)]$ 在一个子载波周期内有四个峰值，分别在 n 为 0、$N/4$、$N/2$ 和 $3N/4$ 处。在 $\sigma_s^2 = 1$、QPSK 调制方式、$N=64$ 和 $v=0$ 时，互相关函数的幅度值如图 7-6 所示。由图可以看出，发射信号的相关函数在时域上的一个子载波周期内有四个峰值，与式(7-14)推导一致。

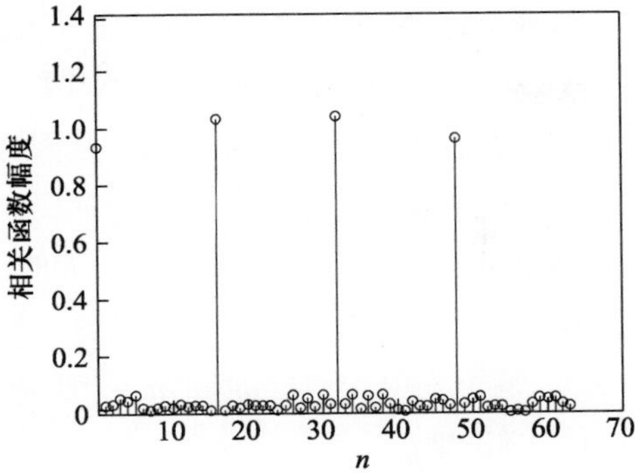

图 7-6 发射端相关函数幅度值

AL 信号在经过信道后，由于多径和噪声的影响，峰值的位置发生了变化，其位置还与多径的路径数 L_h 有关。在 $\sigma_s^2=1$、QPSK 调制方式、$N=64$、$v=0$、$L_h=3$ 和信噪比为 10dB，$N_b=2000$ 时，$|Y(n)|$实验结果如图 7-7 所示。由图 7-7 分析可知，$|Y(n)|$确实每隔 $K/16$ 有一个尖峰，主峰值的数量为 16 个，在每组主峰值旁边还有两个次峰值，数量也是 16 个，对相对位置的次峰值，它们之间的间隔也是 $K/16$，因此仿真结果与之前理论推导一致。

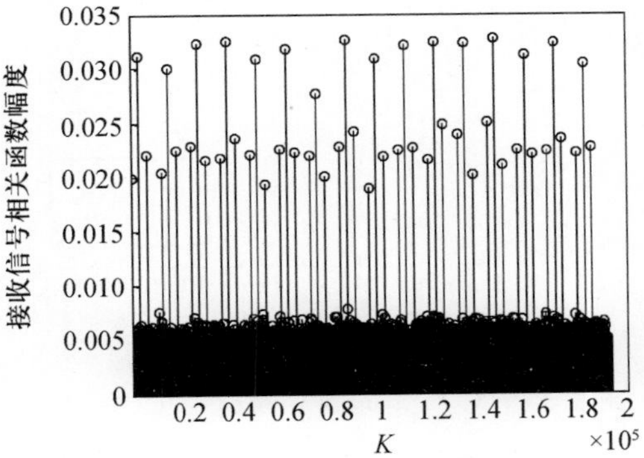

图 7-7 $L_h=3$ 接收端相关函数幅度值

7.6 实验验证

7.6.1 时域上识别方法

1. 仿真条件设置

为了验证算法的性能，采用 1000 次蒙特卡罗仿真验证算法性能。在实验中采用 AL SFBC – OFDM 和 SM SFBC – OFDM 两种信号，参数设置：子载波数量 $N=64$，循环前缀 $v=5$，OFDM 块数量 $N_b=400$，QPSK 调制方式；采用频率选择性信道，且包含 $L_h=3$ 独立路径，将每一个信道抽头建模为独立复高斯随机变量，其功率服从指数概率分布函数，且 $\sigma_h^2=B_h\exp(-l/5)(l=0,1,\cdots,L_h-1)$。为了保证平均接收功率等于 1，第一个抽头功率 B_h 设为使每个子载波功率归一化为 1。在每个观察周期内，信道系数保持不变。接收天线数量 $n_r=2$，信噪比 $\mathrm{SNR}=2\sigma_a^2/\sigma_n^2$（其中，$\sigma_a^2$ 为每个发射天线的能量，σ_n^2 为噪声的方差）。算法性能采用正确识别概率 $P(\lambda\mid\lambda)$ 识别。

2. 算法性能

在信噪比为 –10 ~20dB 时，算法性能如图 7 – 8 所示。由图可以看出，SM 码在所有的信噪比正确识别概率几乎为 1（因为其互相关函数不存在峰值），而 AL 码随着信噪比增大其正确识别概率增大，在 SNR = 5dB 时几乎达到 98%，因此本书识别算法能够满足低信噪比场合要求。

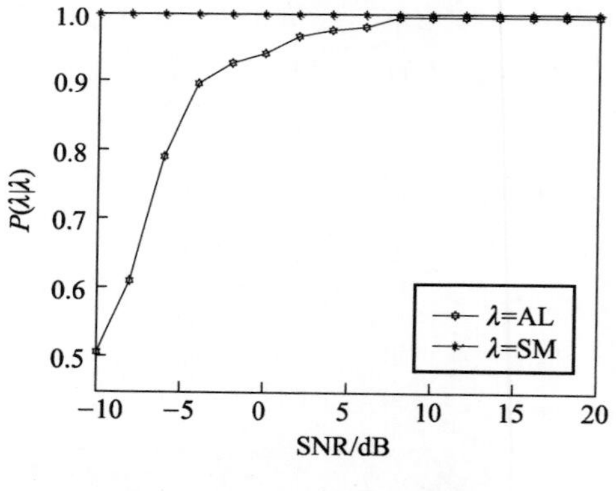

图 7 – 8 AL 和 SM 信号正确识别概率

3. 正确识别概率与 OFDM 块数量关系

图 7 –9 为正确识别概率随着 OFDM 块数量的变化曲线。由图可以看出：在低信噪比下，增加 OFDM 块数量，对性能提高较明显；在高信噪比下，提高 OFDM 块数量，对性能提高不明显，特别当 OFDM 块数量大于 200 时，主要原因是块数量增大，根据大数定律，其估计值更接近真实值，识别效果更理想。另外，增加 OFDM 块数量对 SM 几乎无影响，由式(7 – 16)可知，其相关函数不存在峰值，因此其独立于块数量。

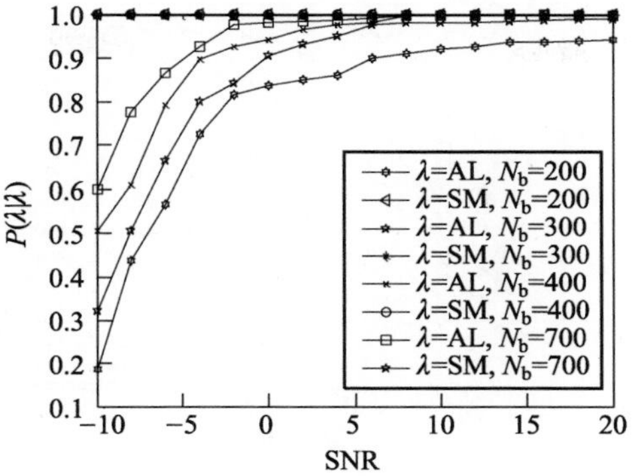

图7－9　正确识别概率与OFDM块数量的关系

7.6.2　频域上识别方法

为了验证算法的性能，采用1000次蒙特卡罗仿真验证算法性能。在实验中对通过SM和AL编码的SFBC－OFDM信号进行识别，其中参数设置：子载波数量$N=64$，循环前缀$v=5$，OFDM块数量$N_b=1000$，QPSK调制方式；采用频率选择性信道，且包含$L_h=3$独立路径，将每一个信道抽头建模为独立复高斯随机变量，其功率服从指数概率分布函数，且$\sigma_h^2=B_h\exp(-l/5)(l=0,1,\cdots,L_h-1)$。为了保证平均接收功率等于1，第一个抽头功率$B_h$设为使每个子载波功率归一化为1。在每个观察周期内，信道系数保持不变。接收天线$n_r=2$，$\mathrm{SNR}=2\sigma_a^2/\sigma_n^2$（其中，$\sigma_a^2$为每个发射天线的能量，$\sigma_n^2$为噪声的方差）。算法性能采用正确识别概率$P(\lambda|\lambda)$识别。

为衡量本书算法性能，将本书算法与文献[110]中算法在不同OFDM块数量下进行对比，取OFDM块数量N_b为200、500、1000、2000。如图7－10所示，本书算法在OFDM块数量为200和500时性能较差；当OFDM块数量为1000时，本书算法性能有了明显提升，在信噪比为5dB时识别准确率达到0.96左右；当OFDM块数量为2000时，本书算法性能与文献[110]算法性能区别不大，高信噪比下识别率达到0.98左右，低信噪比下性能也较好。总体来看，本书算法优点是不需要接收信号OFDM块大小以及接收端与发射端的同步信息，缺点是所需要的接收信号数更多。显然，更多的信号数比后者更容易得到，因此本书算法更适用于非合作通信侦察领域。

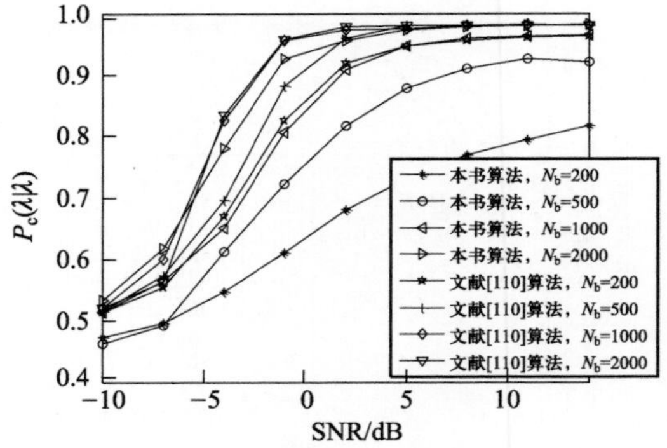

图 7 - 10　正确识别概率与 OFDM 块数量的关系

图 7 - 11 为正确识别概率随着接收天线数量的变化曲线。对于 AL 码，增加接收天线数量，在低信噪比下其识别性能提高。增加接收天线数量实质上是增加样本数量，因为接收的样本总体多了，所以识别的准确度提高。

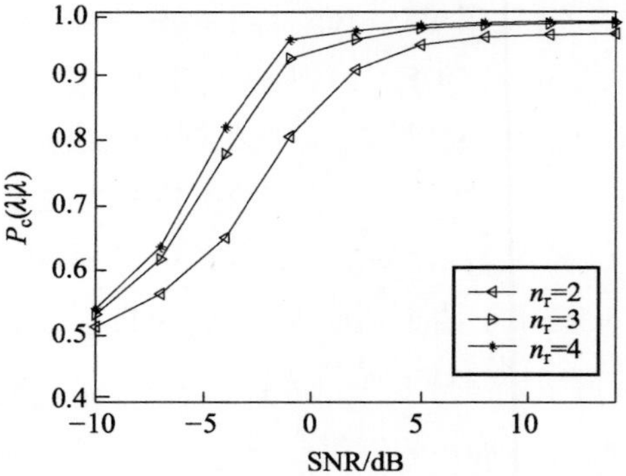

图 7 - 11　正确识别概率与接收天线数量的关系

附录A

3.2.3节中常数C的求法

以 AL 码为例,不失一般性,令接收信号第一个符号对应传输信号中空时分组码矩阵第一列,当 $\tau=1$ 时,$T_0(1)=C$,$T_1(1)=0$。由式(3-32)可得

$$
\begin{aligned}
T_0(\tau) &= \frac{2}{N-2}\sum_{k=0}^{(N-4r)2r} y_0(k)y_0(k)y_0(k+1)y_0(k+1) \\
&= \frac{2}{N-2}[(y_0(0)y_0(0)y_0(1)y_0(1)+y_0(2)y_0(2)y_0(3)y_0(3)+\cdots \\
&+y_0(N-4)y_0(N-4)y_0(N-3)y_0(N-3)] \\
&= A-B
\end{aligned}
\tag{A-1}
$$

式中

$$
\begin{aligned}
A = 2\Big\{&\frac{1}{N-2}[y_0(0)y_0(0)y_0(1)y_0(1)+y_0(1)y_0(1)y_0(2)y_0(2) \\
&+y_0(2)y_0(2)y_0(3)y_0(3)+\cdots+y_0(N-3)y_0(N-3)y_0(N-2)y_0(N-2)]\Big\}
\end{aligned}
\tag{A-2}
$$

$$
\begin{aligned}
B = &\frac{2}{N-2}[y_0(1)y_0(1)y_0(2)y_0(2)+y_0(3)y_0(3)y_0(4)y_0(4)+\cdots \\
&+y_0(N-3)y_0(N-3)y_0(N-2)y_0(N-2)]
\end{aligned}
\tag{A-3}
$$

可以看出,式(A-2)等号右侧的部分恰好为信号$[y_0(0), y_0(1), y_0(2), \cdots, y_0(K-2)]$在时延$[0,0,1,1]$下的四阶矩。由于 AL 信号的四阶矩可表示为它的四阶累积量的形式[37],即

$$m_4 = h^4 c_4 \tag{A-4}$$

式中:四阶累积量 $c_4=\mathrm{E}\{|x|^4\}-2(\mathrm{E}\{|x|^4\})^2$,其在 QPSK、8PSK、16QAM 和

64QAM 下的值分别为 1、1、0.68、0.618[53]；h 为信道参数，在理想的 Nakagami - m 信道下，$\mathrm{E}[h^4] = -1$，因此在特定调制方式下，m_4 值恒定且非零。则式（A - 2）中，$A = 2c_4$。B 的形式恰好与 $T_1(1)$ 相同，即 $B = 0$，有

$$T_0(1) = A - B = 2c_4 \tag{A-5}$$

不失一般性，设调制方式为 QPSK，则 AL 信号四阶矩的理论值 $m_4 = -1$，即

$$C = T_0(1) = A - B = -2 \tag{A-6}$$

同理，8PSK、16QAM 和 64QAM 下的常数 C 分别为 -2、-1.36 和 -1.236，这些数值与 0 的差别都较大，容易区分。

STBC3 和 STBC4 下常数 C 求法同理可得，由于篇幅问题，不在此一一求取。

附录B

3.3.2节中相关矩阵的证明

首先证明当且仅当 $\|\boldsymbol{R}_{X,T}(\tau)\|_{\mathrm{F}}^{2}=0$ 时，$\|\boldsymbol{R}_{Y,T}(\tau)\|_{\mathrm{F}}^{2}=0$。

为此,需要分别证明

$$\text{当}\ \|\boldsymbol{R}_{X,T}(\tau)\|_{\mathrm{F}}^{2}=0\ \text{时},\ \|\boldsymbol{R}_{Y,T}(\tau)\|_{\mathrm{F}}^{2}=0 \tag{B-1}$$

$$\text{当}\ \|\boldsymbol{R}_{Y,T}(\tau)\|_{\mathrm{F}}^{2}=0\ \text{时},\ \|\boldsymbol{R}_{X,T}(\tau)\|_{\mathrm{F}}^{2}=0 \tag{B-2}$$

在假设条件中,曾假设信道矩阵为满秩矩阵,因此

$$\operatorname{rank}(\boldsymbol{H})=\min(n_{\mathrm{t}},n_{\mathrm{r}})=n_{\mathrm{t}} \tag{B-3}$$

式(B-1)的证明:

$$\begin{aligned}
&\|\boldsymbol{R}_{X,T}(\tau)\|_{\mathrm{F}}^{2}=0\\
&\Rightarrow \boldsymbol{R}_{X,T}(\tau)=\boldsymbol{0}_{n_{\mathrm{t}}}\\
&\Rightarrow \boldsymbol{H}\boldsymbol{R}_{X,T}(\tau)\boldsymbol{H}^{\mathrm{T}}=\boldsymbol{0}_{n_{\mathrm{r}}}\\
&\Rightarrow \|\boldsymbol{H}\boldsymbol{R}_{X,T}(\tau)\boldsymbol{H}^{\mathrm{T}}\|_{\mathrm{F}}^{2}=0\\
&\Rightarrow \|\boldsymbol{R}_{Y,T}(\tau)\|_{\mathrm{F}}^{2}=0
\end{aligned} \tag{B-4}$$

式(B-2)的证明:

$$\begin{aligned}
&\|\boldsymbol{R}_{Y,T}(\tau)\|_{\mathrm{F}}^{2}=0\\
&\Rightarrow \boldsymbol{R}_{Y,T}(\tau)=\boldsymbol{0}_{n_{\mathrm{r}}}\\
&\Rightarrow \boldsymbol{H}\boldsymbol{R}_{X,T}(\tau)\boldsymbol{H}^{\mathrm{T}}=\boldsymbol{0}_{n_{\mathrm{r}}}\\
&\Rightarrow \boldsymbol{H}^{\mathrm{H}}\boldsymbol{H}\boldsymbol{R}_{X,T}(\tau)\boldsymbol{H}^{\mathrm{T}}\boldsymbol{H}^{*}=\boldsymbol{H}^{\mathrm{H}}\boldsymbol{0}_{n_{\mathrm{r}}}\boldsymbol{H}^{*}\\
&\Rightarrow (\boldsymbol{H}^{\mathrm{H}}\boldsymbol{H})\boldsymbol{R}_{X,T}(\tau)(\boldsymbol{H}^{\mathrm{H}}\boldsymbol{H}^{*})=\boldsymbol{0}_{n_{\mathrm{t}}}
\end{aligned} \tag{B-5}$$

对于满秩矩阵 $\boldsymbol{H}$,$\boldsymbol{H}^{\mathrm{H}}\boldsymbol{H}$ 是可逆的,在方程的两边分别乘以 $(\boldsymbol{H}^{\mathrm{H}}\boldsymbol{H})^{-1}$ 和 $((\boldsymbol{H}^{\mathrm{H}}\boldsymbol{H})^{-1})^{\mathrm{T}}$ 可得

$$\begin{aligned}
&\|\boldsymbol{R}_{Y,T}(\tau)\|_{\mathrm{F}}^{2}=0\\
&\Rightarrow \boldsymbol{R}_{Y,T}(\tau)=(\boldsymbol{H}^{\mathrm{H}}\boldsymbol{H})^{-1}\boldsymbol{0}_{n_{\mathrm{r}}}((\boldsymbol{H}^{\mathrm{H}}\boldsymbol{H})^{-1})^{\mathrm{T}}\\
&\Rightarrow \boldsymbol{R}_{X,T}(\tau)=\boldsymbol{0}_{n_{\mathrm{r}}}\\
&\Rightarrow \|\boldsymbol{R}_{X,T}(\tau)\|_{\mathrm{F}}^{2}=0
\end{aligned} \tag{B-6}$$

当且仅当 $\|\boldsymbol{R}_{X,H}(\tau)\|_{\mathrm{F}}^{2}=0$ 时，$\|\boldsymbol{R}_{Y,H}(\tau)\|_{\mathrm{F}}^{2}=0$ 的证明过程是类似的，不再赘述。

附录C

5.2.3节中A、B和C的推导

本节在极端的接收天线数 $n_{\mathrm{r}}=1$ 的情况下对 A、B 和 C 值进行推导,其他接收天线数下的推导过程类似。

对于 AL-OFDM 信号,当时延参数 $\tau=1$ 时,由式(5-10)和式(5-15)可得

$$
\begin{aligned}
\mathrm{E}[\tilde{\boldsymbol{g}}_{2b+0}^{0}(n_1)\ \tilde{\boldsymbol{g}}_{2b+1}^{1}(n_2)] &= \frac{1}{N}\sum_{k,k'=0}^{N-1}\mathrm{E}[d_{2b+0}(k)d_{2b+0}^{*}(k')]\mathrm{e}^{\mathrm{j}2\pi(kn_1+k'n_2)/N} \\
&= \frac{\sigma_{\mathrm{s}}^2}{N}\sum_{k=0}^{N-1}\mathrm{e}^{\mathrm{j}2\pi k(n_1+n_2)/N} \\
&= \sigma_{\mathrm{s}}^2\delta(\mathrm{mod}(n_1+n_2,N))
\end{aligned} \tag{C-1}
$$

式中:σ_{s}^2 为传输信号能量。

同理,可得

$$
\begin{aligned}
\mathrm{E}[\tilde{\boldsymbol{g}}_{2b+1}^{0}(n_1)\ \tilde{\boldsymbol{g}}_{2b+0}^{1}(n_2)] &= \frac{1}{N}\sum_{k,k'=0}^{N-1}\mathrm{E}[-d_{2b+1}(k)d_{2b+1}^{*}(k')]\mathrm{e}^{\mathrm{j}2\pi(kn_1+k'n_2)/N} \\
&= -\sigma_{\mathrm{s}}^2\delta(\mathrm{mod}(n_1+n_2,N))
\end{aligned} \tag{C-2}
$$

由式(5-17)可得

$$
\begin{aligned}
\mathrm{E}[y^{\mathrm{AL}}(q,1)] &= \mathrm{E}[\boldsymbol{r}_q\boldsymbol{r}_q^{\mathrm{T}}\boldsymbol{r}_{q+\tau}\boldsymbol{r}_{q+\tau}^{\mathrm{T}}] \\
&= \mathrm{E}[(r(n+q(N+v)))^2(r(n+(q+1)(N+v)))^2] \\
&= \sum_{f,f'=0}^{1}\sum_{l,l'=0}^{p_{\max}-1}h_{f0}^2(l)h_{f'0}^2(l')\mathrm{E}[s^{f}(n+q(N+v)-l)s^{f'} \\
&\quad (n+(q+1)(N+v)-l')]^2 \\
&= \sum_{l,l'=0}^{p_{\max}-1}\mathrm{E}[(h_{00}^2(l)[s^0(n+q(N+v)-l)]^2+h_{10}^2(l) \\
&\quad [s^1(n+q(N+v)-l)]^2)
\end{aligned}
$$

$$\times (h_{00}^2(l')[s^0(n+(q+1)(N+v)-l')]^2 + h_{10}^2(l')[s^1(n+(q+1)(N+v)-l')]^2)]$$

$$= \sigma_s^4 \sum_{l,l'=0}^{p_{\max}-1} \{[h_{00}^2(l)h_{10}^2(l') - h_{10}^2(l)h_{00}^2(l')]\delta[\mathrm{mod}((2n+(q+2)v-l-l'),N)]\}$$

(C-3)

由于 $h_0^2(l)h_1^2(l') - h_1^2(l)h_0^2(l')$ 不全为0,因此 AL-OFDM 的 FOLP 序列中的非零值,即

$$A = \mathrm{E}[y^{\mathrm{AL}}(q,1)] \neq 0 \tag{C-4}$$

同理,对于 STBC3-OFDM 信号,当时延参数 $\tau=1$ 时,根据式(5-11)、式(5-15)和式(5-17)可得常数 B_1 值为

$$\mathrm{E}[y^{\mathrm{STBC3}}(q,1)] = \mathrm{E}[(r(n+q(N+v)))^2(r(n+(q+1)(N+v)))^2]$$

$$= \sum_{f,f'=0}^{2}\sum_{l,l'=0}^{p_{\max}-1} h_{f0}^2(l)h_{f'0}^2(l')\mathrm{E}[s^f(n+q(N+v)-l)s^{f'}(n+(q+1)(N+v)-l')]^2$$

$$= \sigma_s^4 \sum_{l,l'=0}^{p_{\max}-1} \{[h_{10}^2(l)h_{20}^2(l') - h_{20}^2(l)h_{10}^2(l')]\delta[\mathrm{mod}((2n+(q+2)v-l-l'),N)]\}$$

$$= B_1 \tag{C-5}$$

B_2 值为

$$\mathrm{E}[y^{\mathrm{STBC3}}(q,1)]$$

$$= \mathrm{E}[(r(n+q(N+v)))^2(r(n+(q+1)(N+v)))^2]$$

$$= \sum_{f,f'=0}^{2}\sum_{l,l'=0}^{p_{\max}-1} h_{f0}^2(l)h_{f'0}^2(l')E[s^f(n+q(N+v)-l)s^{f'}(n+(q+1)(N+v)-l')]^2$$

$$= \sigma_s^4 \sum_{l,l'=0}^{p_{\max}-1} \{[h_{00}^2(l)h_{10}^2(l') - h_{10}^2(l)h_{00}^2(l')]\delta[\mathrm{mod}((2n+(q+2)v-l-l'),N)]\}$$

$$= B_2 \tag{C-6}$$

对于 STBC4-OFDM,当时延参数 $\tau=4$ 时,由式(5-12)、式(5-15)和式(5-17)可得常数 C 值为

$$\mathrm{E}[y^{\mathrm{STBC4}}(q,4)]$$

$$= \mathrm{E}[(r(n+q(N+v)))^2(r(n+(q+1)(N+v)))^2]$$

$$= \sigma_s^4 \sum_{l,l'=0}^{p_{\max}-1} \{[h_{00}^2(l)h_{00}^2(l') + h_{10}^2(l)h_{10}^2(l') + h_{20}^2(l)h_{20}^2(l')]$$

$$\times \delta[\mathrm{mod}((2n+(q+2)v-l-l'),N)]\}$$

$$= C \tag{C-7}$$

同样,B_1、B_2 和 C 的值也不为零。

附录D

式（5-74）推导过程

$$\begin{aligned} c^{\mathrm{AL}}(m,\tau) = \sum_{p_0,p_1=0}^{L_h-1} & h_{00}(p_0)h_{10}(p_1)\mathrm{E}[s^0(m-\vartheta(p_0))s^0(m+\tau-\vartheta(p_1))] \\ & + h_{00}(p_0)h_{11}(p_1)\mathrm{E}[s^0(m-\vartheta(p_0))s^1(m+\tau-\vartheta(p_1))] \\ & + h_{01}(p_0)h_{10}(p_1)\mathrm{E}[s^1(m-\vartheta(p_0))s^0(m+\tau-\vartheta(p_1))] \\ & + h_{01}(p_0)h_{11}(p_1)\mathrm{E}[s^1(m-\vartheta(p_0))s^1(m+\tau-\vartheta(p_1))] \end{aligned} \tag{D-1}$$

可以发现，式(D-1)中的第一项和最后一项都等于零。结合式(5-71)和式(5-73)可得

$$\begin{aligned} & \mathrm{E}[s^1(m-\vartheta(p_0))s^0(m+\tau-\vartheta(p_1))] \\ & = -\mathrm{E}[s^0(m-\vartheta(p_0))s^1(m+\tau-\vartheta(p_1))] \end{aligned} \tag{D-2}$$

因此，定义$c_s(m,\tau)$为发射符号的互相关方程为

$$c_s(m,\tau) = \mathrm{E}[s^0(m)s^1(m+\tau)] \tag{D-3}$$

可得

$$\begin{aligned} c^{\mathrm{AL}}(m,\tau) = & \sum_{p_0,p_1=0}^{L_h-1} (h_{00}(p_0)h_{11}(p_1) - h_{01}(p_0)h_{10}(p_1)) \\ & \times c_s^{\mathrm{AL}}(m-\vartheta(p_0), \tau+\vartheta(p_0)-\vartheta(p_1)) \end{aligned} \tag{D-4}$$

式中

$$\begin{aligned} c_s^{\mathrm{AL}}(m,\tau) = & \sum_{k_0,k_1=-\infty}^{\infty} \sum_{u_0,u_1=0}^{1} \sum_{n_0,n_1}^{N+N_W-1} \mathrm{E}[z_{2k_0+u_0}^0(n_0) z_{2k_1+u_1}^1(n_1)] \\ & \times \sigma(m-(2k_0+u_0)(N+v)-n_0) \\ & \times \sigma(m+\tau-(2k_1+u_1)(N+v)-n_1) \end{aligned} \tag{D-5}$$

结合式(5-73)，式(D-5)可写为

$$
\begin{aligned}
c_{\mathrm{s}}^{\mathrm{AL}}(m,\tau) = & \sum_{k=-\infty}^{\infty} \sum_{n_0,n_1=-v}^{N+N_W-1} \sigma_{\mathrm{s}}^2 W_{n_0} W_{n_1} \delta(\mathrm{mod}(n_0+n_1,N)) \\
& \times (\delta(m-2k(N+v)-n_0)\delta(m+\tau-(2k+1)(N+v)-n_1) \\
& - \delta(m-(2k+1)(N+v)-n_0)\delta(m+\tau-2k(N+v)-n_1))
\end{aligned}
\tag{D-6}
$$

进一步写为

$$
\begin{aligned}
c_{\mathrm{s}}^{\mathrm{AL}}(m,\tau) = & \sum_{k=-\infty}^{\infty} \delta(m-2k(N+v)) \otimes \sum_{n_0,n_1=-v}^{N+N_W-1} \sigma_{\mathrm{s}}^2 W_{n_0} W_{n_1} \delta(\mathrm{mod}(n_0+n_1,N)) \\
& \times (\delta(m-n_0)\delta(m+\tau-(N+v)-n_1) - \delta(m-(N+v)-n_0)\delta(m+\tau-n_1))
\end{aligned}
\tag{D-7}
$$

利用克罗内克函数的特性可得

$$
\begin{aligned}
c_{\mathrm{s}}^{\mathrm{AL}}(m,\tau) = & \sum_{k=-\infty}^{\infty} \delta(m-2k(N+v)) \otimes \sum_{n_0,n_1=-v}^{N+N_W-1} \sigma_{\mathrm{s}}^2 W_{n_0} W_{n_1} \delta(\mathrm{mod}(n_0+n_1,N)) \\
& \times (\delta(m-n_0)\delta(\tau-(N+v)+n_0-n_1) \\
& - \delta(m-(N+v)-n_0)\delta(\tau+(N+v)+n_0-n_1))
\end{aligned}
\tag{D-8}
$$

将式(D-8)代入式(D-4)得式(5-74)。

附录E

5.4.2节中AL-OFDM信号的CCF推导过程

由式(5-76)中三个克罗内克符号函数,对于式中非零项,$\delta(\mathrm{mod}(n_0+n_1,N))\neq 0$,并且$\delta(\tau-(N+v)+n_0-n_1)\neq 0$或$\delta(\tau+(N+v)+n_0-n_1)\neq 0$。当且仅当$n_0+n_1=qN$时,$\delta(\mathrm{mod}(n_0+n_1,N))\neq 0$,其中$q\in T$。由于$-v<n_0,n_1\leqslant N+N_W-1,v<(N/2),2(N_W-1)<N$,显然有$-N<-2v<n_0+n_1\leqslant 2(N+N_W-1)<3N$,因此$q=0,1,2$。需要解以下方程:

$$\begin{cases}n_0+n_1=qN\\ n_0-n_1=\tau-\rho(N+v)\end{cases},\ -v\leqslant n_0,n_1\leqslant N+N_W-1,q=0,1,2,\rho=-1,1 \tag{E-1}$$

式中:$\rho=-1,1$分别对应$\delta(\tau-(N+v)+n_0-n_1)$和$\delta(\tau+(N+v)+n_0-n_1)$。在给定参数$q$和$\tau$的情况下,$n_0$和$n_1$可表示为

$$n_0=\frac{qN-\tau+\rho(N+v)}{2} \tag{E-2}$$

$$n_1=\frac{qN+\tau-\rho(N+v)}{2} \tag{E-3}$$

针对每个q的取值,τ的求法如下:

(1) 当$q=0$时,可得

$$\tau=-2n_0+\rho(N+v) \tag{E-4}$$

由于$n_0+n_1=0$,且考虑$-v\leqslant n_0,n_1\leqslant N+N_W-1$,可得$n_0\in\{-v,\cdots,v\}$。由式(E-4)可得:当$\rho=1$时,$\tau\in\{N-v,N-v+2,\cdots,N+3v-2,N+3v\}$;当$\rho=-1$时,$\tau\in\{-N-3v,-N-3v+2,\cdots,-N+v-2,-N+v\}$。因此,可以得到结论:$|\tau|\in T_0$,其中$T_0\in\{N-v,N-v+2,\cdots,N+3v-2,N+3v\}$。

(2) 当$q=1$时,可得

$$\tau=N-2n_0+\rho(N+v) \tag{E-5}$$

由于$n_0+n_1=N$,且考虑$-v\leqslant n_0,n_1\leqslant N+N_W-1$,可得$n_0\in\{1-N_W,\cdots,$

$N+N_W-1\}$。由式(E-5)可得：当$\rho=1$时，$\tau\in\{v-2N_W+2, v-2N_W+4, \cdots, 2N+v+2N_W-4, 2N+v+2N_W-2\}$；当$\rho=-1$时，$\tau\in\{-2N-v-2N_W+2, -2N-v-2N_W+4, \cdots, -v+2N_W-4, -v+2N_W-2\}$。因此，可以得到结论：$|\tau|\in T_1$，其中$T_1\in\{v-2N_W+2, v-2N_W+4, \cdots, 2N+v+2N_W-4, 2N+v+2N_W-2\}$。

(3)当$q=1$时，可得

$$\tau=2N-2n_0+\rho(N+v) \tag{E-6}$$

由于$n_0+n_1=2N$，且考虑$-v\leqslant n_0, n_1\leqslant N+N_W-1$，可得$n_0\in\{1-N_W, \cdots, N+N_W-1\}$。由式(E-6)可得：当$\rho=1$时，$\tau\in\{N+v-2N_W+2, N+v-2N_W+4, \cdots, N+v+2N_W-4, N+v+2N_W-2\}$；当$\rho=-1$时，$\tau\in\{-N+v-2N_W+2, -N+v-2N_W+4, \cdots, -N-v+2N_W-4, -N-v+2N_W-2\}$。

因此，可以得到结论：$|\tau|\in T_2$，其中$T_2\in\{N+v-2N_W+2, N+v-2N_W+4, \cdots, N+v+2N_W-4, N+v+2N_W-2\}$。

在实际系统中，$v-2N_W+2\leqslant N-v\leqslant N+v-2N_W+2$，$N+v+2N_W-2\leqslant N+3v\leqslant 2N+v+2N_W-2$，且$N$和$v$都是偶数。显然可得$T_2\subset T_1\subset T_0$。因此，可得：当$|\tau|\in T_2$时，$q\in\{0,1,2\}$；当$|\tau|\in T_0\cap T_2^c$时，$q\in\{0,1\}$，其中上标c为补集运算。同样可以看出：当$\rho=1$时，$\tau$始终为正；当$\rho=-1$时，$\tau$始终为负。

附 录 F

5.5.1节中命题5.1的证明

对 AL－OFDM 信号，$\tilde{g}_{2b+0}^{(0,\tau)}$和 $\tilde{g}_{2b+1}^{(1,\tau)}$可分别表示为

$$\tilde{g}_{2b+0}^{(0,\tau)}(n)=\begin{cases}\tilde{g}_{2b+0}^{(0,\tau)}(n+\tau),n=0,1,\cdots,N+v-\tau-1\\ \tilde{g}_{2b+0}^{(0,\tau)}(n+\tau-N-v),n=N+v-\tau,\cdots,N+v-1\end{cases} \tag{F-1}$$

$$\tilde{g}_{2b+1}^{(1,\tau)}(n)=\begin{cases}\tilde{g}_{2b+1}^{(1,\tau)}(n'+\tau),n=0,1,\cdots,N+v-\tau-1\\ \tilde{g}_{2b+1}^{(1,\tau)}(n'+\tau-N-v),n=N+v-\tau,\cdots,N+v-1\end{cases} \tag{F-2}$$

当 $\tau=0$ 时，$\tilde{g}_{2b+0}^{(0,\tau)}$和 $\tilde{g}_{2b+1}^{(1,\tau)}$可分别表示为

$$\tilde{g}_{2b+0}^{(0,0)}(n)=\tilde{g}_{2b+0}^{0}(n)=\frac{1}{\sqrt{N}}\sum_{p=0}^{N-1}c_{2b+0}^{0}(p)\mathrm{e}^{-\frac{\mathrm{j}2\pi p(n-v)}{N}},n=0,1,\cdots,N+v-1 \tag{F-3}$$

$$\tilde{g}_{2b+0}^{(1,0)}(n')=\tilde{g}_{2b+0}^{1}(n')=\frac{1}{\sqrt{N}}\sum_{p=0}^{N-1}c_{2b+1}^{1}(p)\mathrm{e}^{-\frac{\mathrm{j}2\pi p(n'-v)}{N}},n'=0,1,\cdots,N+v-1 \tag{F-4}$$

由于 $c_{2b+1}^{1}(p)=(c_{2b+0}^{0}(p))^{*}$，$p=0,1,\cdots,N-1$，对式(F－3)求共轭可得

$$\tilde{g}_{2b+0}^{(1,0)}(n')=\frac{1}{\sqrt{N}}\sum_{p=0}^{N-1}c_{2b+0}^{0}(p)\mathrm{e}^{-\frac{\mathrm{j}2\pi p(n'-v)}{N}},n'=0,1,\cdots,N+v-1 \tag{F-5}$$

显然，仅当 $n'-v=\mathrm{mod}(-(n-v),N)$时，有

$$\tilde{g}_{2b+0}^{(0,0)}(n)=\tilde{g}_{2b+0}^{(1,0)}(n'),n,n'=0,1,\cdots,N+v-1 \tag{F-6}$$

例如：当 $n=0$ 时，$n'=2v$；当 $n=v$ 时，$n'=v$；当 $n=v+1$ 时，$n'=N+v-1$；当 $n=N+v-1$ 时，$n'=v+1$。因此可得

$$n+n'=2v,n=0,1,\cdots,v \tag{F-7}$$

$$n+n'=N+2v,n=v+1,\cdots,N+v-1 \tag{F-8}$$

当 $\tau>0$ 时，$\tilde{g}_{2b+0}^{(0,\tau)}$ 和 $\tilde{g}_{2b+1}^{(1,\tau)}$ 属于同一个空时分组码矩阵。当 $n,n'=0,1,\cdots,N+v-\tau-1$，且 $n+n'=2v,N+2v$ 时，有

$$\tilde{g}_{2b+0}^{(0,\tau)}(n)=\tilde{g}_{2b+1}^{(1,\tau)\,*}(n'=\mathrm{mod}(-(n-v),N)+v) \tag{F-9}$$

当 $n+n'=2v,n+n'+2\tau=N+2v$ 时，有 $\tau=N/2,n=0,1,\cdots,v$。从另一个方面考虑，当 $n+n'=n+n'+2\tau$（结果为 $2v$ 和 $N+2v$ 中任意一个）时，有 $\tau=0$，$n=0,1,\cdots,N+v-1$。此外，当 $n+n'=N+2v,n+n'+2\tau=2v$ 时，有 $\tau=-N/2$。

因此，$\tilde{g}_{2b+0}^{(0,\tau)}$ 和 $\tilde{g}_{2b+1}^{(1,\tau)}$ 分别可表示为

$$\tilde{g}_{2b+0}^{(0,\tau)}(n)=\begin{cases}\tilde{g}_{2b-1}^{0}(n+\tau),n=0,1,\cdots,N+v-\tau-1\\ \tilde{g}_{2b+0}^{0}(n+\tau-N-v),n=N+v-\tau,\cdots,N+v-1\end{cases} \tag{F-10}$$

$$\tilde{g}_{2b+0}^{(1,\tau)}(n)=\begin{cases}\tilde{g}_{2b+0}^{1}(n'+\tau),n'=0,1,\cdots,N+v-\tau-1\\ \tilde{g}_{2b+1}^{1}(n'+\tau-N-v),n'=N+v-\tau,\cdots,N+v-1\end{cases} \tag{F-11}$$

参考文献

[1] Gorcin A, Arslan H. Signal identification for adaptive spectrum hyperspace access in wireless communications systems[J]. IEEE Communications Magazine, 2015, 52(10): 134 – 145.

[2] Dobre O A, Abdi A, Bar-Ness Y, et al. Survey of automatic modulation classification techniques: classical approaches and new trends[J]. IET Communications, 2007, 1(2): 137 – 156.

[3] Nee R V, Jones V K, Awater G, et al. The 802.11n MIMO-OFDM standard for wireless LAN and beyond [J]. Wireless Personal Communications, 2006, 37(3 – 4): 445 – 453.

[4] Ghosh A, Ratasuk R. Essentials of LTE and LTE-A[M]. Cambridge: Cambridge University Press, 2011.

[5] Larsson E G, Stoica P, Ganesan G. Space-time Block Coding for Wireless Communications[M]. Cambridge: Cambridge University Press, 2003.

[6] Hassibi B, Hochwald B M. High-rate codes that are linear in space and time[J]. IEEE Transactions on Information Theory, 2002, 48(7): 1804 – 1824.

[7] Alamouti S M. Simple transmit diversity technique for wireless communications[J]. IEEE J. Select. Areas. Commun, 1998, 16(8): 1451 – 1458.

[8] Tarokh V, Jafarkhani H, Calderbank A R. Space-time block codes from orthogonal designs[J]. IEEE Transactions on Information Theory, 1999, 45(5): 1456 – 1467.

[9] Jafarkhani H. A quasi-orthogonal space-time block code[J]. IEEE Transactions on Communications, 2005, 49(1): 1 – 4.

[10] 樊昌信,曹丽娜. 通信原理[M]. 6 版. 北京: 国防工业出版社, 2007.

[11] 周艳. STBC-OFDM 系统信道估计及空载波对信道估计的影响[D]. 南京: 南京邮电大学, 2010.

[12] Gini F, Giannakis G B. Frequency offset and symbol timing recovery in flat[J]. IEEE Transactions on Communications, 1998, 46(3): 400 – 411.

[13] Lee S J. A new non-data-aided feedforward symbol timing estimator using two samples per symbol[J]. IEEE Communications Letters, 2002, 6(5): 205 – 207.

[14] Azzouz E E, Nandi A K. Automatic Modulation Recognition of Communication Signals[M]. New York: Kluwer Academic Publisher, 1996.

[15] Dobre O A, Abdi A, BarNess Y, et al. Blind modulation classification: a concept whose time has come [C]. IEEE/Sarnoff Symposium on Advances in Wired and Wireless Communication. IEEE, Princeton, NJ, 2005: 223 – 228.

[16] Swami A, Sadler B M. Hierarchical digital modulation classification using cumulants[J]. IEEE Transactions

on Communications,2000,48(3):416 - 429.

[17] Chi C Y, Feng C C, Chen C H, et al. Blind Equalization and System Identification[M]. London: Springer,2006.

[18] Eldemerdash Y A, Dobre O A, Oner M. Signal identification for multiple-antenna wireless systems: achievements and challenges[J]. IEEE Communications Surveys & Tutorials,2016:1 - 28.

[19] Huan C Y, Polydoros A. Likelihood methods for MPSK modulation classification[J]. IEEE Transactions on Communications,1995,43(234):1493 - 1504.

[20] Su W. Feature space analysis of modulation classification using very high-order statistics[J]. IEEE Communications Letters,2013,17(9):1688 - 1691.

[21] Hassan K, Dayoub I, Hamouda W, et al. Automatic modulation recognition using wavelet transform and neural networks in wireless systems[J]. EURASIP Journal on Advances in Signal Processing,2010(1): 1 - 13.

[22] Wang B, Ge L. A novel algorithm for identification of OFDM signal[C]. International Conference on Wireless Communications, IEEE,2005:261 - 264.

[23] Punchihewa A, Zhang Q, Dobre O A, et al. On the cyclostationarity of OFDM and single carrier linearly digitally modulated signals in time dispersive channels: theoretical developments and application[J]. IEEE Transactions on Wireless Communications,2010,9(8):2588 - 2599.

[24] Bouzegzi A, Ciblat P, Jallon P. New algorithms for blind recognition of OFDM based systems[J]. Signal Processing,2010,90(3):900 - 913.

[25] Valaee S, Kabal P. An information theoretic approach to source enumeration in array signal processing[J]. IEEE Trausactions on Signal Processing,2004,52(5):1171 - 1178.

[26] Nadler B. Nonparametric detection of signals by information theoretic criteria: performance analysis and an improved estimator[J]. IEEE Transactions on Signal Processing,2010,58(5):2746 - 2756.

[27] Haddadi F, Malek-Mohammadi M, Nayebi M M, et al. Statistical performance analysis of MDL source enumeration in array processing[J]. IEEE Transactions on Signal Processing,2010,58(1):452 - 457.

[28] Shi M, Bar-Ness Y, Su W. Adaptive estimation of the number of transmit antennas[C]. Military Communications Conference, IEEE,2007.

[29] Mohammadkarimi M, Karami E, Dobre O A. A novel algorithm for blind detection of the number of transmit antenna[C]. International Conference on Cognitive Radio Oriented Wireless Networks. Springer, Cham,2015.

[30] Oularbi M R, Gazor S, Aissa-El-Bey A, et al. Enumeration of base station antennas in a cognitive receiver by exploiting pilot patterns[J]. IEEE Communications Letters,2013,17(1):8 - 11.

[31] Wahl T, Høye G K. New possible roles of small satellites in maritime surveillance[J]. Acta Astronautica, 2005,56(1 - 2):273 - 277.

[32] Eriksen T, Høye G K, Narheim B, et al. Maritime traffic monitoring using a space-based AIS receiver[J]. Acta Astronautica,2006,58(10):537 - 549.

[33] Zhang T, Guo M. Viterbi decoding for space-based AIS receiver[C]. IEEE,2016:383 - 387.

[34] Choqueuse V, Marazin M, Collin L, et al. Blind recognition of linear space time block codes: a likelihood-based approach [J]. IEEE Transactions on Signal Processing, 2010, 58(3): 1290 – 1299.

[35] Mohammadkarimi M, Dobre O A. Blind identification of spatial multiplexing and alamouti space-time block code via Kolmogorov-Smirnov (K-S) Test[J]. IEEE Communications Letters, 2014, 18(10): 1711 – 1714.

[36] Mohammadarimi M, Dobre O A. A novel non-parametric method for blind identification of STBC codes [C], IEEE CWIT, 2015: 97 – 100.

[37] 闫文君,张立民,凌青,等. 基于高阶统计特征的空时分组码识别方法[J]. 电子与信息学报,2016, 38(3): 668 – 673.

[38] Choqueuse V, Yao K, Collin L. Hierarchical space-time block code recognition using correlation matrices [J]. IEEE Transactions on Wireless Communications, 2008, 7(9): 3526 – 3534.

[39] Choqueuse V, Yao K, Collin L, et al. Blind recognition of linear space time block codes[C]. Proc IEEE International Conference Acoustics Speech and Signal Processing, 2008. Las Vegas: IEEE, 2008: 2833 – 2836.

[40] Luo M, Gan L, Li L. Blind recognition of space-time block code using correlation matrices in a high dimensional feature space [J]. Journal of Information & Computational Science, 2012, 9(6): 1469 – 1476.

[41] Marey M, Dobre O A, Liao B. Classification of STBC systems over frequency-selective channels[J]. IEEE Transactions on Vehicular Technology, 2015, 64(5): 2159 – 2164.

[42] 张立民,凌青,闫文君. 基于高阶累积量的空时分组码盲识别算法研究[J]. 通信学报,2016, 37(5): 1 – 8.

[43] 张立民,闫文君,凌青,等. 一种单接收天线下的空时分组码识别方法[J]. 电子与信息学报,2015, 37(11): 2621 – 2627.

[44] Yan W J, Zhang L M, Ling Q. An algorithm for space-time block code classification using higher-order statistics (HOS) [J]. Springer Plus, 2016(5): 517 – 529.

[45] Ling Q, Zhang L M, Yan W J, et al. Hierarchical space-time block codes signals classification using higher order cumulants [J]. Chinese Journal of Aeronautics, 2016, 29(3): 754 – 762.

[46] Eldemerdash Y A, Dobre O A, Marey M, et al. Fourth-order moment-based identification of SM and Alamouti STBC for cognitive radio [C]. IEEE International Conference on Communications, IEEE, 2012.

[47] Qian G, Li L, Luo M, et al. Blind recognition of space-time block code in MISO system [J]. EURASIP Journal on Wireless Communications and Networking, 2013(6): 201 – 205.

[48] Shi M, Bar-Ness Y, Su W. STC and BLAST MIMO modulation recognition [C]. IEEE Global Telecommunications Conference, Olando, FL, 2007: 3034 – 3039.

[49] Marey M, Dobre O A, Inkol R. Cyclostationarity-based blind classification of STBCs for cognitive radio systems [C]. IEEE International Conference on Communications 2012. Ottawa ON: IEEE, 2012: 1715 – 1720.

[50] Marey M, Dobre O A, Inkol R. Classification of space-time block codes based on second-order cyclostation-

arity with transmission impairments [J]. IEEE Transactions on Wireless Communications, 2012, 11(7): 2574 - 2584.

[51] Turan M, Öner M, Cirpan H. Space time block code classifications for MIMO signals exploiting cyclostationarity[C]. IEEE International Conference on Communications, IEEE, 2015: 4996 - 5001.

[52] Deyoung M, Health R, Ebans B L. Using higher order cyclostationarity to identify space-time block codes [C]. IEEE Global Telecommunications Conference. New Orleans, LO: IEEE, 2008: 3370 - 3374.

[53] Eldemerdash Y A, Marey M, Dobre O A, et al. Fourth-order statistics for blind classification of spatial multiplexing and Alamouti space-time block code signals[J]. IEEE Transaction on Communications, 2013, 61(6): 2420 - 2431.

[54] Eldemerdash Y A, Marey M, Dobre O A, et al. Blind identification of SM and Alamouti STBC signals based on fourth-order statistics[C]. IEEE International Conference on Communications, IEEE, 2013: 4666 - 4670.

[55] Eldemerdash Y A, Dobre O A, Marey M, et al. An efficient algorithm for space-time block code classification [C]. IEEE Global Communications Conference, 2013. Atlanta, GA: IEEE, 2013: 3329 - 3334.

[56] Marey M, Dobre O A, Inkol R. Novel algorithm for STBC-OFDM identification in cognitive radios [C]. IEEE Global Communications Conference, 2013. Atlanta, GA: IEEE, 2013: 2770 - 2774.

[57] Marey M, Dobre O A, Inkol R. Blind STBC identification for multiple-antenna OFDM systems [J]. IEEE Transactions on Communications, 2014, 62(5): 1554 - 1567.

[58] Eldemerdash Y A, Dobre O A, Liao B J. Blind identification of SM and Alamouti STBC-OFDM signals[J]. IEEE Transactions on Wireless Communications, 2014, 14(2): 972 - 982.

[59] Eldemerdash Y A, Dobre O A. Second-order correlation-based algorithm for STBC-OFDM signal identification[C]. IEEE International Conference on Communications, IEEE, 2015.

[60] Karami E, Dobre O A. Identification of SM-OFDM and AL-OFDM signals based on their second-order cyclostationarity[J]. IEEE Transactions on Vehicular Technology, 2015, 64(3): 942 - 953.

[61] 赵知劲, 陈林, 沈雷, 等. 一种正交空时分组码盲识别方法[J]. 压电与声光, 2012, 34(1): 143 - 147.

[62] 赵知劲, 陈林, 王海泉, 等. 基于独立分量分析的实正交空时分组码盲识别[J]. 通信学报, 2012, 33(11): 1 - 7.

[63] 闫文君, 张立民, 凌青, 等. 一种基于高阶累积量的正交空时分组码盲识别方法[J]. 电子学报, 2016, 44(5): 1258 - 1264.

[64] 钱国兵, 李立萍, 郭亨艺. 多入单出正交空时分组码的调制识别[J]. 电子信息学报, 2013, 35(1): 185 - 190.

[65] Choqueuse V. Interception des signaux issus de communications mimo[D]. Ph. D. dissertation, Université de Bretagne occidentale, 2008.

[66] Choqueuse V, Azou S, Yao K et al. Blind modulation recognition for MIMO systems[J]. Military Technical Academy Review, 2009, XIX(2): 183 - 196.

[67] Zhu Z, Nandi A K. Blind modulation classification for MIMO systems using expectation maximization[C].

IEEE Military Communications Conference,IEEE,2014:754 – 759.

[68] Kanterakis F,Su W. Modulation classification in MIMO systems[C]. IEEE Military Communications Conference,IEEE,2013: 35 – 39.

[69] Turan M,Oner M,Cirpan H. Joint modulation classification and antenna number detection for mimo systems [J]. IEEE Communications Letters,2016,20(1):193 – 196.

[70] Hassan K,Dayoub I,Hamouda W,et al. Blind digital modulation identification for spatially-correlated mimo systems[J]. IEEE Transactions on Wireless Communications,2012,11(2):683 – 693.

[71] Muhlhaus M S,Oner M,Dobre O A, et al. A low complexity modulation classification algorithm for MIMO systems[J]. IEEE Communications Letters, 2013,17(10):1881 – 1884.

[72] Muhlhaus M S,Oner M,Dobre O A,et al. A low complexity modulation classification algorithm for mimo systems[J]. IEEE Communications Letters,2013,17(10):1881 – 1884.

[73] 凌青,张立民,闫文君. 单接收天线空时分组码系统的分层调制识别[J]. 电子学报,2016,44(11): 2802 – 2806.

[74] Muhlhaus M S,Oner M,Dobre O A,et al. A novel algorithm for MIMO signal classification using higher-order cumulants [C]. 2013 IEEE Radio and Wireless Symposium (RWS),IEEE,2013:1 – 5.

[75] Kharbech S,Dayoub I,Zwingelstein-Colin M,et al. Blind digital modulation identification for time-selective mimo channels[J]. IEEE Wireless Communications Letters,2014,3(4):373 – 376.

[76] None. Blind modulation classification algorithm for single and multiple-antenna systems over frequency-selective channels[J]. IEEE Signal Processing Letters,2014,21(9):1098 – 1102.

[77] Marey M,Dobre O A. Blind modulation classification for alamouti stbc system with transmission impairments [J]. IEEE Wireless Communication Letters,2015,4(5): 521 – 524.

[78] Agirman-Tosun H,Liu Y,Haimovich AM,et al. Modulation classification of MIMO-OFDM signals by independent component analysis and support vector machines[C]. In Proc. IEEE ASILOMAR,IEEE,2011: 1903 – 1907.

[79] Chen J,Kuo Y,Liu X. Modulation identification for MIMO-OFDM signals [C]. In Proc. IET CCWMSN07, IET,2007:1013 – 1016.

[80] Liu Y,Simeone O,Haimovich A M,et al. Modulation classification for MIMO-OFDM signals via gibbs sampling[C]. In Proc. IEEE CISS,IEEE,2015:1 – 6.

[81] Wu Y,Chan S. On the symbol timing recovery in space-time coding systems [C]. In Proc. IEEE Wireless communication. Netw. Conf,New Orleans,LA,2003,420 – 424.

[82] Ciblat P,Loubaton P,Serpedin E,et al. Asymptotic analysis of blind cyclic correlation based symbol rate estimation[J]. IEEE Transactions on Information Theory,2002,48(7):1922 – 1934.

[83] Wei W,Mendel J M. Maximum-likelihood classification for digital amplitude-phase modulations[J]. IEEE Transactions on Communications,2000,48(2):189 – 193.

[84] Via J,Santamaria I. Correlation matching approaches for blind OSTBC channel estimation[J]. IEEE Transactions on Signal Processing,2008,56(12):5950 – 5961.

[85] Choqueuse V,Mansour A,Burel G,et al. Blind channel estimation for stbc systems using higher-order sta-

tistics[J]. IEEE Transactions on Wireless Communications,2011,10(2):495 –505.

[86] Anderson T W. Asymptotic theory for principal component analysis[J]. The Annals of Mathematical Statistics,1963,34(1):122 –148.

[87] Swindlehurst A L,Leus G. Blind and semi-blind equalization for generalized space-time block codes[J]. IEEE Transactions on Signal Processing,2002,50(10):2489 –2498.

[88] Larsson E G,Stoica P,Li J. Orthogonal space-time block codes: maximum likelihood detection for unknown channels and unstructured interferences[J]. IEEE Transactions on Signal Processing,2003,51(2): 362 –372.

[89] Shahbazpanahi S,Gershman A B,Manton J H. Closed-form blind MIMO channel estimation for orthogonal space-time block codes[J]. IEEE Transactions on Signal Processing,2005,53(12):4506 –4517.

[90] Vía J,Santamaría I,Pérez J. Code combination for blind channel estimation in general MIMO-STBC systems [J]. EURASIP Journal on Advances in Signal Processing,2009,2009(1):103483.

[91] Via J,Santamaria I. On the blind identifiability of orthogonal space – time block codes from second-order statistics[J]. IEEE Transactions on Information Theory,2008,54(2):709 –722.

[92] 张贤达. 信号分析与处理[M]. 北京:清华大学出版社,2011.

[93] Zhang G,Wang X,Liang Y C,et al. Fast and robust spectrum sensing via kolmogorov-smirnov test[J]. IEEE Transactions on Communications,2010,58(12):3410 –3416.

[94] Srinath M D,Rajasekaran P K,Viswanathan R. Introduction to statistical signal processing with application [M]. Englewood Cliffs,NJ: Prentice-Hall,1996: 192 –196.

[95] Coupechoux M,Braun V. Space-time coding for the EDGE mobile radio system[C]. In Proc. of IEEE international conference on personal wireless communication,IEEE,2000,Hyderabad: 28 –32.

[96] 同济大学应用数学系. 线性代数[M]. 4 版. 北京:高等教育出版社,2003.

[97] 赵知劲,陈林,沈雷,等. 一种正交空时分组码盲识别方法[J]. 压电与声光,2012,34(1):143 –147.

[98] Golub G,Loan C V. Matrix Computations [M]. Baltimore and London:The John Hopkins University Press, 1996.

[99] Gardner W,Spooner C. The cumulants theory of cyclostationarity time-series,Part I: Foundation [J]. IEEE Transactions on signal processing,1994,42(12):3387 –3408.

[100] Serpedin E,Panduru F,Sari I,et al. Bibliography on cyclostationarity [J]. Elsevier: Signal Processing, 2005,85(12): 2234 –2303.

[101] Dandawate A V,Giannakis G B. Statistical test for presence of cyclostationarity [J]. IEEE Transactions on Signal Processing,1994,42(9): 2355 –2359.

[102] Mendel J. Tutorial on higher-order statistics (spectra) in signal processing and system theory: theoretical results and some applications[J]. Proceedings of the,IEEE,1999,79(3):278 –305.

[103] Proakis J G,Salehi M. Communication Systems Engineering [M]. Englewood Cliffs: Prentice Hall,2002.

[104] Van Nee R,Awater G,Morikura M. New high-rate wireless LAN standards [J]. IEEE Communication magazine,1999,37(12): 82 –88.

[105] Li Y G,Winters J H,Sollenberger N R. MIMO-OFDM for wireless communications: signal detection with

enhanced channel estimation[J]. IEEE Transactions on Communications,2002,50(9):1471 - 1477.

[106] Punchihewa A, Bhargava V K, Despins C. Blind estimation of OFDM parameters in cognitive radio networks[J]. IEEE Transactions on Wireless Communications,2011,10(3):733 - 738.

[107] Yucek T, Arslan H. A survey of spectrum sensing algorithms for cognitive radio applications[J]. IEEE Communications Surveys & Tutorials,2009,11(1):116 - 130.

[108] Kay S M. Fundamental of Statistical Processing: Estimation Theory[M]. Englewood Cliffs: Prentice Hall, 1993.

[109] Beaulieu N C, Cheng C. Efficient Nakagami-m fading channel simulation[J]. IEEE Transactions on Vehicular Technology,2005,54(2):413 - 424.

[110] Abdelbar M, Tranter W H, Bose T. Cooperative cumulants-based modulation classification in distributed networks[J]. IEEE Transactions on Cognitive Communications and Networking,2018,4(3):446 - 461.

[111] Marey M, Dobre O A. Automatic identification of space-frequency block coding for ofdm systems[J]. IEEE Transactions on Wireless Communications,2017,16(1):117 - 128.

内 容 简 介

空时分组码是无线通信系统中通过发射分集极大提升系统性能的一种编码。本书是第一本系统介绍空时分组码识别理论和关键技术的专著，涉及的编码包括 STBC、STBC - OFDM 和 SFBC - OFDM 信号，不同程度地介绍了编码的正交性识别、调制识别和类型识别等内容，涵盖了目前空时分组码识别领域的大多数算法，能够帮助读者了解目前 STBC 识别方法的背景和思想，启发读者思考。

本书理论性较强，适合作为通信和信号处理相关专业的本科生及研究生的参考书和教辅书，也可作为从业技术人员的参考资料。

Space-Time Block Code is a kind of code which can greatly improve the performance of wireless communication system by transmitting diversity. This book is the first to systematically introduce STBC theory and techniques, including STBC, STBC-OFDM and SFBC-OFDM signals. The orthogonality, modulation type and type of codes are introduced in varying degrees, covering most of the algorithms in the field of STBC recognition currently. It will help readers understand the background and thought of STBC recognition, and inspire them to think.

This book is highly theoretical, and suitable for undergraduate and graduate students majoring in communication and signal processing. It can also be used as a reference for technical persons.